水泥起砂成因与对策

林宗寿　著

中国建材工业出版社

图书在版编目（CIP）数据

水泥起砂成因与对策/林宗寿著. —北京：中国建材工业出版社，2016.2

ISBN 978-7-5160-1341-0

Ⅰ.①水… Ⅱ.①林… Ⅲ.①水泥-生产工艺 Ⅳ.①TQ172.6

中国版本图书馆CIP数据核字(2015)第319103号

内 容 简 介

水泥起砂现象严重影响建筑物质量，但目前仍缺乏水泥抗起砂性能检测方法，更缺乏对提高水泥的抗起砂性能的了解。本书在系统研究了水泥起砂的原因及机理的基础上，研发成功了一种操作简单、重现性良好、可定量的水泥抗起砂性能检测设备及检测方法。并以此为基础，详细研究了水泥配比、粉磨工艺、外加剂等水泥生产工艺过程对水泥抗起砂性能的影响规律，力图从水泥生产控制角度提高水泥的抗起砂性能。此外，还研究了水泥施工时的水灰比、灰砂比、施工操作及养护条件等因素，对水泥砂浆及混凝土表面起砂量大小的影响，并从微观角度分析了水泥起砂的机理。最后，还详细探讨了水泥起砂的预防措施，以及水泥起砂后的修复方法。

本书可供从事水泥生产的厂家、使用水泥的施工单位、商品混凝土搅拌站等工程技术人员阅读参考，也可作为水泥科研、设计单位及高等学校无机非金属材料工程、硅酸盐工程专业的教学和参考用书。

水泥起砂成因与对策

林宗寿 著

出版发行：中国建材工业出版社
地 址：北京市海淀区三里河路1号
邮 编：100044
经 销：全国各地新华书店
印 刷：北京雁林吉兆印刷有限公司
开 本：889mm×1194mm 1/32
印 张：8.25
字 数：230千字
版 次：2016年2月第1版
印 次：2016年2月第1次
定 价：**58.00元**

本社网址：www.jccbs.com.cn 微信公众号：zgjcgycbs

本书如出现印装质量问题，由我社市场营销部负责调换。联系电话：(010) 88386906

前　言

水泥起砂是用户投诉最多的水泥质量问题之一，其成因多种多样。到目前为止，国内外学者对水泥起砂的研究，还主要从实际施工经验出发，对水泥起砂现象进行总结。虽然提出了不少水泥起砂的原因、预防和治理措施，但是这些研究绝大多数都集中在水泥的施工过程中，很少从水泥厂的生产角度，研究如何提高水泥的抗起砂性能。也很少从水泥生产环节和水泥水化微观结构角度进行研究，相关的水泥产品国家标准中也没有检测水泥抗起砂性能的方法及指标要求。为了研究水泥起砂的成因与影响因素，提高水泥的抗起砂性能，避免水泥混凝土产生起砂现象，必须要有一套可以定量的水泥抗起砂性能检验方法，并在此基础上进一步研究水泥起砂的影响因素，以达到消除或减轻发生水泥起砂现象的目的。

自从1985年林宗寿教授对外开展水泥技术服务以来，就不时听到水泥生产厂家反映水泥起砂的问题。2008年10月，林宗寿教授在研究推广新型低碳水泥时，发现用户反映水泥起砂的问题比较强烈，有时甚至影响到了水泥的销售。至此，林宗寿教授下决心开展水泥起砂问题的研究，并开始查找资料和构思研究方案。

2009年5月起，由林宗寿教授制订实验方案，武汉亿胜科技有限公司林宗寿教授的研发团队成员李大志工程师具体实验，正式开始研究水泥的起砂问题。2010年9月林宗寿教授的硕士研究生，来自多哥共和国的留学生贝格杜（BEGUEDOU ES-

SOSSINAM）先生，参与了水泥起砂问题的研究，林宗寿教授为其定的硕士论文题目为：水泥起砂成因与改善措施研究。通过上述的研究，取得了一定的成果，解决了一些水泥生产的实际问题。但还未能开发出一种可以定量的、重现性良好的水泥抗起砂性能检验装置。还不能形成一个检测标准，面向水泥生产企业和广大水泥用户推广应用。

2012年1月，林宗寿教授申请到了国家“863”高技术发展计划项目，课题编号为2012AA06A112，课题名称为多元固废复合制备高性能水泥及混凝土技术，主要研究内容是过硫磷石膏矿渣水泥的研发。由于过硫磷石膏矿渣水泥属于无熟料水泥，抗起砂性能较差，必须想办法改进。在此项目的支助和促进下，2012年9月，林宗寿教授终于构思出了一套切实可行的水泥抗起砂性能检验装置和检验方法，并绘制出了该装置的结构图，交由硕士研究生杜保辉作为硕士论文继续研究。不久实验取得了成功，并于2014年2月21日申请了发明专利，专利名称为一种水泥起砂性能的检测装置及检测方法，专利申请号为201410059030. x。随后，武汉亿胜科技有限公司的研发团队成员刘金军、李大志、陈世杰和马章奇等，相继参与了研发，形成了产品并开始了推广应用。最终，林宗寿教授将研发过程的主要成果撰写成了本书。

本书可供从事水泥生产的厂家、使用水泥的施工单位及商品混凝土搅拌站等工程技术人员阅读参考，也可作为水泥科研、设计单位及高等学校无机非金属材料工程、硅酸盐工程专业的教学和参考用书。

必须指出的是，由于水泥与混凝土科学本身还处于发展之中，在理论上还不尽完善，读者要有分析地阅读本书所介绍的一些理论观点，并且在实践中检验它、发展它。还要提到的是，本书所引用的一些数据，都是不同的研发人员在不同实验条件下取得的，在书中引用这些数据是为了说明某些原理和规律。希望读者在实际工作中，不要生搬书中的数据，而是要根据实际情况运用书中阐明的基本原理和规律，并且通过进一步的实验来解决生产实际问题。请读者注意，水泥与混凝土科学的原理和规律是通过实验建立的，而把这些原理和规律运用到某一具体的生产实践，还要通过实验，认识这一特点是十分重要的。

作者对参与本技术研发并作出贡献的成员武汉亿胜科技有限公司的李大志、陈世杰、马章奇，武汉理工大学的刘金军、贝格杜、杜保辉等表示衷心感谢。此外，对中国建材工业出版社的杨娜编辑，为提高本书质量付出的艰辛劳动，一并表示感谢。

限于作者的水平和条件，书中难免有疏漏、不当甚至是错误之处，恳请读者和广大师生提出宝贵意见，以便订正。

林宗寿

2015 年 12 月于武汉

目　录

1 绪　论

1.1 水泥起砂的定义与危害

水泥砂浆或混凝土地面因其结构简单、坚固、造价低、防潮、防水等特点，应用非常广泛。水泥砂浆或混凝土地面，一般要求具有良好的平整度、光洁度，美观，耐磨性能好，便于清扫。但在水泥的使用过程中，水泥砂浆或混凝土表面有时会出现一些不良症状，主要表现为：

① 混凝土表面强度比正常情况低很多，表面平滑性差，颜色发白；

② 经过一段时间使用后，水泥砂浆或混凝土表面会有松散的粉末出现，甚至细碎的颗粒会剥落下来，反复清扫也无法彻底处理干净，之后仍然会出现，且有升级演化的趋势。

这些现象会严重影响建筑物实体的外观和质量，如图 1-1 所示。

图 1-1　混凝土表面起砂照片

我们将上述现象称为水泥起砂。所谓水泥起砂是指：在水泥施工后，水泥砂浆或混凝土表面层强度较低，经受不住轻微的外力摩擦，出现扬灰、砂粒脱落的现象。通常水泥起砂是由于水泥品质差、施工时水灰比过大、砂石料级配不合理、施工后养护不良等原因所致。

水泥起砂除了对建筑物外观和质量造成影响之外，有时还会产生其他方面的负面影响。例如，由于水泥地面起砂导致设备的生产环境达不到要求，从而严重影响到了产品质量，导致工厂无法正常进行生产。

黑龙江省哈尔滨市某建筑工程责任有限公司就曾发现两个由于起砂而导致生产线产品不达标的案例。一是由于高温干燥的使用环境，导致铝锭熔铸生产车间的混凝土地面光洁度变差、发白，出现起砂现象，从而导致生产的产品精度不达标；二是由于冬季施工及养护不好等原因导致厂房扩建工程水泥地面起灰、起砂，从而导致压延出的卷材达不到质量要求[1]。

水泥起砂极易引起用户的不满，以及对工程质量的怀疑，对工程的验收和交付会产生较大影响。往往会引起水泥生产厂家、施工单位及用户之间的责任纠纷，损害水泥生产厂家的声誉，进而影响其水泥产品的销售。

通常情况下，经过正确设计，按要求规范施工的混凝土、水泥砂浆表面是不会出现起砂问题的，但是由于受不合格材料及施工操作不当等多种因素的影响，导致了起砂问题的产生。其中也有一部分是由于水泥质量问题导致的，在实际施工中，在相同的施工体积下，确实有的水泥容易起砂，而有的水泥不容易起砂。但由于目前对于水泥抗起砂性能还没有有效的检测方法和生产控制指标，水泥国家标准中也没有水泥起砂的相关规定，所以大部分情况下，为避免影响水泥厂家的声誉，水泥生产厂家经常是不得不赔偿用户的损失。

有鉴于此，对水泥抗起砂性能进行系统性的研究，从不同的角度研究水泥起砂行为的规律，进而为厂家的生产、用户的使用以及在水泥砂浆或混凝土表面产生起砂时，判定责任一方提供有效的参考，具有非常大的理论和实用价值。

1.2 水泥起砂的研究现状

对于水泥起砂现象的具体产生原因、预防和治理措施，国内外很多学者和相关从业者都从材料和施工方面进行了相关的研究，其研究结果具有很多的相似性。以下分别从起砂现象产生原因及防治措施等方面对其相同点加以概括。

1.2.1 水泥起砂的原因

水泥为什么会起砂？水泥起砂的机理如何？对水泥起砂进行深入、系统的研究，到目前为止，还未见有报道。但广大建筑工程施工的技术人员和工人[2-13]，从实际施工经验出发，对水泥起砂现象进行了探索和总结，提出了不少水泥起砂的原因、预防和治理措施，其研究结论具有很高的相似性。但是这些研究绝大多数都集中在水泥的施工过程中，很少从水泥厂的生产角度，研究如何提高水泥的抗起砂性能。这些水泥起砂原因的观点可以汇总如下：

(1) 水泥强度等级太低，或者使用了过期、受潮结块、安定性不合格的劣质水泥，使得水泥砂浆或混凝土表面最终强度达不到设计要求，从而影响其耐磨性能。过期和受潮结块的水泥由于变质，其胶结能力降低，进而使得施工后水泥砂浆或混凝土表面强度下降。安定性不合格的水泥硬化变形过大，从而导致水泥砂浆或混凝土表面层强度的减小。

(2) 水泥中的熟料含量太低。水泥为低碱度水泥，施工后空气中的二氧化碳与水泥中的碱性水化产物发生反应，导致水泥表面容易被碳化，破坏水泥凝胶结构，造成表面强度降低。

(3) 水泥细度粗，泌水严重。在搅拌混凝土时，拌合用水往往要比水泥水化所需的水量多1～2倍。这些多余水分在混凝土输送、浇捣过程中，以及在静止凝固以前，很容易渗到混凝土表面，在混凝土表面形成一层水膜，使混凝土表面的水灰比大大增加。由于水泥强度受水灰比影响很大，随着水灰比的增加，水泥强度直线下降。如果再加上水泥凝结慢，相当于延长了混凝土施工后的沉淀时间，表面水量将更多，混凝土表面层强度变得很低，抵抗不了外力的摩擦，产生起砂现象。

（4）水泥凝结时间过长，会引起混凝土凝结时间相应地成倍增长，进而导致新拌混凝土泌水，混凝土表层水灰比增大。由于水灰比增大不利于混凝土强度的发展，导致混凝土表面层强度下降，从而引起起砂。

（5）砂子的粒径太小，水灰比将会因为拌合时需水量的增加而增大，不利于强度发展。砂子含泥量大，由于水泥被黏土包裹，降低水泥与砂子的黏结力，不利于水泥水化和混凝土的凝结，还将导致混凝土进一步泌水。对于混凝土而言，粒径在2.5mm以上和0.315mm以下两个范围内的砂子对混凝土泌水性能影响很大。若所用的砂中粒径大的颗粒过多、细颗粒过少，相应的混凝土就容易泌水，导致表层水灰比增大。但是也不宜使用细砂，细砂同样会导致混凝土水灰比增大，强度降低。

（6）水泥砂浆拌合物搅拌不均匀，水灰比不当。若砂浆拌合物搅拌不均匀，由于不同部分对水分需求不均匀，在砂浆收缩时进行浇水，就容易在水量偏多的地方出现起砂现象。若水灰比过大，用水量较多，除去水泥水化用水，砂浆中剩余的水分蒸发会使得水泥面层出现很多毛细孔，砂浆的密实度、强度大大降低。同时，施工还将导致砂浆泌水，进一步使面层砂浆水灰比增大，养护后的表面层强度降低，易磨损、起砂。另外，水灰比过大，压光时间受表面水分过多的影响而延长，甚至超过水泥终凝时间，就使得工程质量难以得到保障；若水灰比过小，则会使得砂浆拌合物过于干硬，施工困难，破坏地面表层水泥砂浆的强度。

（7）由于对水泥硬化的基本过程缺乏了解，工艺流程安排不当，底部太干燥或太湿等，引起表面压光时间难以控制。若压光过早，表面仍然会有一层游离水，此时水泥刚开始水化，凝胶还未完全形成，气泡、表面孔隙等缺陷也难以消除，将影响砂浆的强度和耐磨性能。若压光过迟，水泥砂浆已经硬化，面层毛细孔和抹痕等缺陷也无法消除，硬性压光或洒水湿润后强行抹压都会破坏已凝结的水泥凝胶体的凝结结构，从而影响砂浆表面的强度，导致起砂。

(8) 施工过程中，由于操作不当或组分等原因，使得新拌混凝土泌水、离析，导致表层水灰比增大。若混凝土中的外加剂或缓凝组分过多，则会影响水泥水化及混凝土硬化，造成混凝土保水性下降，新拌混凝土泌水、离析。若施工时局部过振，也会导致泌水、离析，可能导致局部起砂。

(9) 养护不当，养护时间不够、洒水养护时间不当。水泥胶砂拌合物拌合后，要经历从初凝到终凝，再到硬化的过程。伴随着水化，硬化将从水泥颗粒表面逐渐发展到其内部，砂浆的强度也会相应增加。且上述过程都是在湿度足够的条件下发生的。如果在完工后，不对成品进行养护或者养护时间偏短，在干燥环境中将导致表面水分迅速蒸发，进而使得水泥硬化速度被延缓，严重时甚至会使水泥硬化被终止，从而对水泥地面强度和耐磨性能产生不利影响。另外，若水泥砂浆表面抹好后不到24h就进行洒水养护，由于表面太软，未达到施工要求，将导致表面出现砂粒外露、成片脱皮现象。

(10) 施工流向安排不合理，在水泥砂浆地面得到充分养护之前，表面就承受负荷，过早被使用。这样将导致水泥地面表层结构被破坏，强度降低，耐磨性能变差，且在低温时这种影响更为显著。

(11) 在低温气候下施工时未做好水泥地面防冻工作。若水泥砂浆受冻，一方面，由于其中水分结冰，体积膨胀，解冻后也难以恢复，从而导致结构中孔隙率增大，水泥地面强度大幅度下降；另一方面，起胶结作用的水泥浆层在受冻后，胶结能力下降，也将导致水泥地面强度降低。

(12) 在冬季低温室内施工时，用炉火进行升温时，如烟气排放不畅，也可能导致水泥砂浆地面起砂。这主要是由于生火时炭的燃烧会产生大量二氧化碳，若排气不畅，产生的二氧化碳就会与水泥水化过程中液相里尚未结晶硬化的氢氧化钙发生化学反应，阻碍水泥的进一步水化，从而造成水泥砂浆或混凝土表面强度降低，一经磨损易产生起砂现象。

（13）对雨季施工时水泥地面防护不足。如果雨季施工时水泥地面未得到有效防护，表层的水泥在尚未完全硬化时就遭雨水冲刷，将导致表层水泥浆流失或表层水灰比增大，水泥砂浆或混凝土表面强度降低，易产生起砂。

（14）表面碳化和风化。水泥水化时空气中的 CO_2 与凝胶中的 $Ca(OH)_2$ 作用生成 $CaCO_3$，从而使混凝土和砂浆表面碱度降低，使水泥不能很好地硬化；此外，已硬化的砂浆和混凝土经受风吹日晒、干湿循环、碳化作用和反复冻融等也会使表面强度大幅度下降，引起“起砂”。

1.2.2 水泥起砂的防治措施

针对上述可能的水泥起砂原因，国内外学者和相关从业人员也提出了相应的防治措施，概括起来主要有以下几点[14-19]：

（1）合理选择施工材料

① 水泥地面施工中所用水泥应优先选用硅酸盐水泥和普通硅酸盐水泥。要求水泥强度等级不得低于 32.5 级，最好达到 42.5 级，且严禁使用火山灰水泥或混用不同品种或强度等级的水泥。由于普通硅酸盐水泥相比于其他水泥具有早期强度增长较快、水化热较高、抗冻性较好等特点，所以冬季施工时，选用普通硅酸盐水泥有利于地面的早期防冻保护。对进场水泥一定要进行强度和体积安定性检测，保证水泥强度和安定性符合要求。

② 水泥的凝结时间要适宜。因为若凝结时间过长，可能导致泌水。若水泥初凝时间和终凝时间间隔太短，则不利于铺设后压光的操作，尤其是施工面积很大时，可能无法在有限的时间内完成全部地面的压光等操作。

③ 所用砂子，一般不得选用细砂或风化砂，宜采用含泥量不大于 3%的中砂或粗砂。要求用于混凝土面层的石子含泥量不得大于 2%，要求其粒径尺寸应处于不大于 15mm 的范围内，粗骨料最大粒径尺寸也不得大于面层厚度的 2/3。

④ 水的 pH 值不得低于 4，含有油类、糖、酸或其他污蚀物质的水，会影响水泥的正常凝结与硬化，不能使用。如果水中含

有大量的氯化物和硫酸盐，不得使用。

（2）严格控制水灰比和配合比。使用水泥砂浆作面层时，要严格控制其稠度，用标准圆锥体稠度计时，要求其测定值不高于35mm，使砂浆处于半干硬状态。砂浆应搅拌均匀，做到随搅拌随使用，且必须根据实际情况在规定的时间内用完。使用混凝土作面层时，要根据混凝土强度等级设计配合比，并按配合比进行规范施工，其坍落度不应大于30mm。在保证粗砂含泥量符合要求的前提下，选用粗砂时，配合比一般为1∶2.5。如果选用的中砂的粒径偏小，一般以1∶2的配合比为宜。浇筑混凝土时，要控制好物料高度和速度，使物料均匀落入，避免分离现象，而后均匀捣实。振捣时要做到不过振，也不漏振。要严格控制外加剂掺量，使其在适宜的范围内，不能过掺。

（3）事后的补救。工程施工后若局部表面渗出一小片清水，数量较少，如发现较早，可适量撒些干的水泥和砂，比例为1∶2，并抹平；如发现较晚，可在水分蒸发后，适量撒干的水泥，待吸潮后，先用木抹搓，后用铁抹子收光。如果是大面积渗出清水，可以考虑将水泥砂浆铲起，适量掺些干的1∶2水泥和砂，搅拌均匀，重抹。

（4）合理安排人员和工序。避免在地面未被充分养护前就承受负荷而遭到破坏，一般要在施工后15d以上才可上人。为避免原有光洁的面层污染、受损而变得粗糙，不得在新完工的水泥地面上进行砂浆搅拌。水泥砂浆地面施工前要完成对基层的清理、润湿，为正式施工做好准备。另外，施工应尽量在各装饰工序完成之后进行，且要保证施工一次完成。

（5）掌握好压光时间。要求水泥地面压光遍数不得低于3遍。第一遍在面层刚铺上料浆后就要进行，用木抹子压实抹平，直至表面无水层存在为止，其目的在于保证面层刚铺设的材料均匀、紧密、平整。第二遍压光要求在水泥初凝到终凝这段时间范围内完成，其目的主要是为了消除孔隙、气泡等面层缺陷。第三遍压光时间在上人时基本上无脚印时为宜，但不得在水泥终凝后压光，这一遍压光要达到消除抹痕，使表面光滑平整的目的。

（6）加强养护。水泥砂浆地面完成后，要根据面层物理状态来确定面层开始养护的时间。一般在指甲可在水泥砂浆地面表面划出白色的痕迹时就可以开始养护。养护应在常温湿润条件下进行，一般在24h后进行洒水养护或用草帘等覆盖后浇水养护。使用普通水泥时，养护时间不得少于7d，使用矿渣硅酸盐水泥时，养护时间不得少于10d。

（7）做好低温条件下施工和雨季施工时水泥地面的防护工作。由于水泥地面面积大，表面层的厚度薄，所以在冬季施工中必须做好防冰冻工作，特别是早期防冰冻工作。一般施工时周围环境温度要保持在5℃以上。冬季在室内使用炉火升温时，要保证燃烧产生的烟气能够顺利排放到室外，避免产生的二氧化碳与水泥水化产物中的氢氧化钙反应，导致面层强度急剧下降。雨季施工时，要事先准备好有效的防水措施，在混凝土终凝后用草帘、麻袋等覆盖，保护好新施工水泥地面。

（8）治理小面积且不严重的地面起砂时，要首先清除地面起砂部分至露出平整、坚硬的表面，然后按照“基层处理→冲洗润湿→纯水泥浆铺设→压光→养护”的程序，用纯水泥浆罩面法对起砂部分进行修补。

（9）大面积起砂的治理，用建筑胶（107胶、108胶、801胶等）水泥浆修补。其大致操作流程为：清除浮砂、冲洗干净→建筑胶加水（约一倍水）搅匀刷地面→用建筑胶水泥浆分层涂刷3～4遍（底层质量配合比为水泥∶胶∶水＝1∶0.25∶0.35，面层胶浆为水泥∶胶∶水＝1∶0.2∶0.45）→养护2～3d→打磨、上蜡。

（10）对于大面积且严重的地面起砂进行治理时，需将起砂的面层全部清除干净，进行翻修。操作步骤为：清除起砂面层和浮砂→对表面进行凿毛、湿润→用水灰比为0.4～0.5的素水泥浆刷一遍→用水泥砂浆对面层进行重新铺设且必须做到随刷浆随铺设→对新铺面层进行压光、养护。

1.2.3 水泥起砂的其他研究结果

万小平[20]，胡国平、曾祥春[21]等提出利用无砂细石混凝土代替水泥砂浆作地面以解决地面起砂问题。实践表明，这种地面不仅不空鼓、不起砂、耐磨性好，且抗压强度比水泥砂浆地面提高一倍，在解决地面起砂问题上效果很好。

姜正平、胥惠芬[22]针对地坪“露石起砂”问题，对相应的薄层修复砂浆进行了研究。结果表明，从经济和技术上综合考虑，混合掺加1%塑化树脂粉末+5%的水溶性聚合物的砂浆及掺加1.2%～2%塑化树脂粉末的砂浆最适用。该方法可以克服环氧砂浆罩面法、沥青罩面法存在的耐久性和色差问题以及拆除重建法带来的浪费问题。

杨兆春[23]认为起砂与水泥性能有关，掺加混合材将改变水泥保水性，特别是掺加量较大时，其保水性就会变差，泌水增大，水泥容易起砂，并通过实验得出结论，掺加5%或10%沸石，都能提高水泥的保水性能，改善起砂性能。

付贵[24]在西安地铁设备房施工中，将进口优质固化剂助剂、无溶剂环氧树脂和混凝土按合理配比搅拌，其反应产物将对混凝土的结构孔隙产生固封、堵塞作用。同时渗透到内部的化合物还会与混凝土中所含的氧化硅、游离钙以及未完全水化的水泥等物质经过复杂的化学反应，产生硬质性生成物。该生成物通过提高混凝土结构致密性，极大地提高了其表层的强度、耐磨性和起砂性能。

朱建强[25]采用无机/有机杂化反应技术制成了Sealent水泥地坪封固剂。涂抹在表面后，渗透到表层的特种离子与游离硅离子反应，生成高韧性、高强度的聚硅复合物，提高了水泥混凝土或水泥砂浆地坪的密实度，从而改善地坪的起砂性能。

王全志[26]研究了Fluat增强剂对水泥砂浆耐磨性的增强效果，结果表明，Fluat增强剂在2d内即可明显改善砂浆的耐磨性，1～14d内对耐磨性改善效果最明显，14d后砂浆的耐磨性可提高近60%。

潘珍香、王丽娜[27]等针对地面起砂的治理，研制出了一种修复材料A5硬化剂，它渗透到混凝土表层后会与水泥发生化学反应，生成致密结晶体，从而提高了地面表层强度，改善了水泥起砂性能。

龙新乐、谭远石[28]等人发明了一种处理混凝土地面起灰、起砂的方法。其实施步骤是：首先，清扫已起灰的混凝土地面，并对地面进行水洗并润湿，以保证混凝土基层上无松散颗粒存在；然后将水泥、建筑胶水和无水氯化钙混合搅拌，得到拌合料；最后，在保证混凝土表面无积水的情况下，将配制好的拌合料涂抹在混凝土基层表面，然后对表面进行压光，在拌合料硬化后对其进行洒水养护即可。该方法具有工艺简单、施工速度快的特点，能够满足起灰混凝土地面处理后快速投入使用的要求，且新老混凝土地面颜色相近，混凝土基层和处理层的粘结牢固，不会产生起灰、起砂现象。

1.3 研发目的与意义

由上可见，到目前为止国内外学者对水泥起砂的研究，还主要是从施工角度进行，很少从水泥生产环节和理论角度进行研究，相关的水泥产品国家标准中也没有检测水泥抗起砂性能的方法和指标要求。为此，BEGUEDOU Essossinam 等[29-30]提出了一种对水泥起砂性能进行定量检验的方法，并以此为基础，研究了养护制度、胶砂比、水泥品种及水灰比等因素对水泥起砂性能的影响。他提出的方法是：将水泥试样、砂子和水按 GB/T 17671—1999《水泥胶砂强度检验方法（ISO 法）》进行搅拌，然后用做标准稠度和凝结时间的试模成型，每次成型 5 个，刮平后将其放于相对湿度 50%、20℃的恒温恒湿箱中带模养护 6d。脱模后，再将试块放在 60℃环境中烘干 1d。称量并记录试块的初始质量，用塑料刷手工均匀用力，在试块表面刷 100 下，称重并记录试块最终质量。计算每个试块前后两次质量的差值，以 5 个试块质量差值的平均值作为检测结果，来表征水泥的抗起砂性能。

虽然，BEGUEDOU Essossinam 等[29-30]在文中介绍其所提出的方法具有可重复性，但是作者认为该方法还是存在缺陷。首先，用塑料刷手工刷试块时，很难保证每次所用的力是一样的、均匀的，操作人员、刷子不同，所用的力和产生的效果也会有所差别。其次，塑料刷的刷毛使用时易产生变形、弯曲，难以保证相同作用力下与试块的摩擦效果的稳定。

有鉴于此，在林宗寿教授的主持下[31-33]，武汉亿胜科技有限公司研发团队和林宗寿教授的硕士研究生杜保辉等，对水泥抗起砂性能进行了系统性的研究，经过艰苦努力，终于开发成功了一种全新的可以定量的水泥抗起砂性能检测设备和检验方法，如图 1-2 所示。

图 1-2　水泥抗起砂性能测定仪

在水泥的实际应用中，发现确实有的水泥极容易起砂，有的水泥很难起砂。作为水泥生产厂家，都希望所生产的水泥不容易起砂；而作为水泥的使用客户，也希望买到的水泥不容易起砂。水泥抗起砂性能测定仪可快速检验出水泥抗起砂性能的优劣，给出定量的水泥单位面积起砂量的数据，以判断水泥抗起砂性能的好坏，给水泥生产厂家改进水泥生产工艺参数，提高水泥抗起砂性能和为用户挑选优质水泥提供了可靠的依据，进而在水泥发生起砂现象时，为判定责任一方提供了有效的参考。水泥抗起砂性能测定仪的研发成功，具有较大的理论和实用价值。

2　原料与实验方法

2.1　原　　料

1. 水泥熟料

硅酸盐水泥熟料取自华新水泥股份有限公司咸宁分公司。熟料破碎后，每次称取 5kg，放入 ϕ500mm×500mm 的实验室标准球磨机中粉磨 32min。经测定，其密度为 3.18g/cm^3，比表面积为 371.8m^2/kg。

2. 矿渣粉

矿渣取自武汉钢铁股份有限公司，在烘箱中经 110℃烘干后，每次称取 5kg，放入 ϕ500mm×500mm 的实验室标准球磨机中粉磨 70min，得到矿渣粉。经测定，其密度为 2.90g/cm^3，比表面积为 429.5m^2/kg。

3. 粉煤灰

粉煤灰取自贵州科特林水泥有限公司，在 110℃的烘箱中烘干后，每次称取 5kg，放入 ϕ500mm×500mm 的实验室标准球磨机中粉磨 20min。经测定，其密度为 2.53g/cm^3，比表面积为 326.5m^2/kg。

4. 煤矸石

煤矸石取自贵州科特林水泥有限公司，在烘箱中经 110℃烘干后，破碎，每次称取 5kg，放入 ϕ500mm×500mm 的实验室标准球磨机中粉磨 20min。经测定，其密度为 2.63g/cm^3，比表面积为 602.6m^2/kg。

5. 石灰石

石灰石取自四川省资阳市天王水泥有限公司。石灰石经破碎机破碎后，每次称取 5kg，放入 ϕ500mm×500mm 的实验室标准球磨机中粉磨 12min。经测定，其密度为 2.71g/cm^3，比表面积为 410.1m²/kg。

6. 石膏

石膏取自武汉市梅山水泥有限公司，经破碎机破碎后，每次称取 5kg，放入 ϕ500mm×500mm 的实验室标准球磨机中粉磨 10min。经测定，其密度为 2.96g/cm³，比表面积为 347.8m²/kg。

各种原料化学成分见表 2-1。

表 2-1 各原料化学成分（%）

原料	烧失量	SiO_2	Al_2O_3	Fe_2O_3	CaO	MgO	K_2O	Na_2O	SO_3	合计
熟料	1.25	20.69	4.67	3.53	65.13	1.82	0.65	0.20	1.13	99.07
矿渣	−0.30	32.65	16.05	0.46	35.87	8.74	0.57	0.00	0.04	94.08
粉煤灰	8.56	43.95	19.74	17.41	3.31	1.43	0.43	0.07	1.26	96.16
煤矸石	13.69	61.81	11.72	4.80	1.13	1.62	0.55	0.32	1.34	96.98
石灰石	37.20	10.53	3.25	1.15	45.20	1.63	0.51	0.06	0.17	99.70
石膏	3.97	1.06	0.21	0.12	41.56	1.36	0.04	0.00	51.45	99.77

7. 商品水泥

实验中所用的商品水泥是武汉钢华水泥有限公司生产的 P·C32.5 复合水泥、P·S32.5 矿渣水泥和 P·O42.5 普通硅酸盐水泥。

8. 外加剂

BASF：市售的聚羧酸减水剂 Rheoplus26（LC）。

萘系减水剂：江苏博特新材料有限公司生产的 SBTJM-A 萘系高效减水剂。

化学试剂：NaOH、Na_2SO_4、NaCl。

HPMC：羟丙基甲基纤维素，为市售的化工原料。

JS 涂料：市售的 JS 聚合物水泥基防水涂料。

水玻璃：市售，其化学成分见表 2-2。

表 2-2 水玻璃的化学成分

成分	二氧化硅	氧化钠	波美度	水不溶物	铁	模数
含量（%）	≥26	≥8.2	39.0～41.0	≤0.38	≤0.09	3.1～3.4

9. 水

所用水为自来水。

2.2 实验方法

1. 水泥标准稠度用水量、凝结时间、安定性

水泥标准稠度用水量、凝结时间、安定性的检测按照GB/T 1346—2011《水泥标准稠度用水量、凝结时间、安定性检验方法》进行。

2. 水泥胶砂强度

水泥胶砂强度的测定方法，按GB/T 17671—1999《水泥胶砂强度检验方法（ISO法）》进行。

3. 水泥胶砂流动度

水泥胶砂流动度的测定方法，按照GB/T 2419—2005《水泥胶砂流动度测定方法》进行。

4. 密度

原料密度的测定方法，按照GB/T 208—2014《水泥密度测定方法》进行。

5. 比表面积

原料比表面积的测定方法，按照GB/T 8074—2008《水泥比表面积测定方法（勃氏法）》进行。

3　水泥抗起砂性能检验装置与方法

水泥混凝土表面起砂是用户投诉最多的水泥质量问题之一，其成因多种多样。为了研究水泥起砂的成因与影响因素，提高水泥的抗起砂性能，避免水泥混凝土产生起砂现象，必须要有一套可以定量的水泥抗起砂性能检验方法。并在此基础上研究水泥起砂的影响因素，以达到消除或减少水泥起砂的目的。

3.1　水泥抗起砂性能检测装置

目前，对于水泥抗起砂性能，在水泥产品的国家标准中，还没有相关的控制指标和要求，也没有一个可行的水泥抗起砂性能的检测方法。虽然从定性上可以认为：水泥胶砂表面强度越高，抗起砂性能越好，越不易起砂；水泥胶砂表面强度越低，抗起砂性能越差，越容易起砂，但现在还没有设备和装置能对水泥抗起砂性能进行可靠的表征，无法为水泥抗起砂性能的评价提供可靠、客观的定量数据。因而，需要开发一种能够满足上述需求、可定量、重现性好、操作简便的检测装置和检测方法。

林宗寿等[31]经过多年研究，提出了一种水泥抗起砂性能的检测装置及检测方法。检测装置由冲砂仪、试模和真空干燥养护箱三部分组成，如图 1-2 所示。

3.1.1　冲砂仪

冲砂仪如图 3-1 所示，主要部件包括：底座 1、砂盒 2、定位环 3、试件挂板 4、出砂嘴 5、砂嘴压环 6、固定出砂口 7、砂桶 8、立柱 9、挂架 10、法兰 11。

冲砂仪用于加砂的部分包括：立柱上部用螺钉固定着的砂桶、砂桶下端的固定出砂口、固定出砂口内部底端的出砂嘴以及外部用于固定出砂嘴的砂嘴压环。其中，出砂嘴形状为扁平的

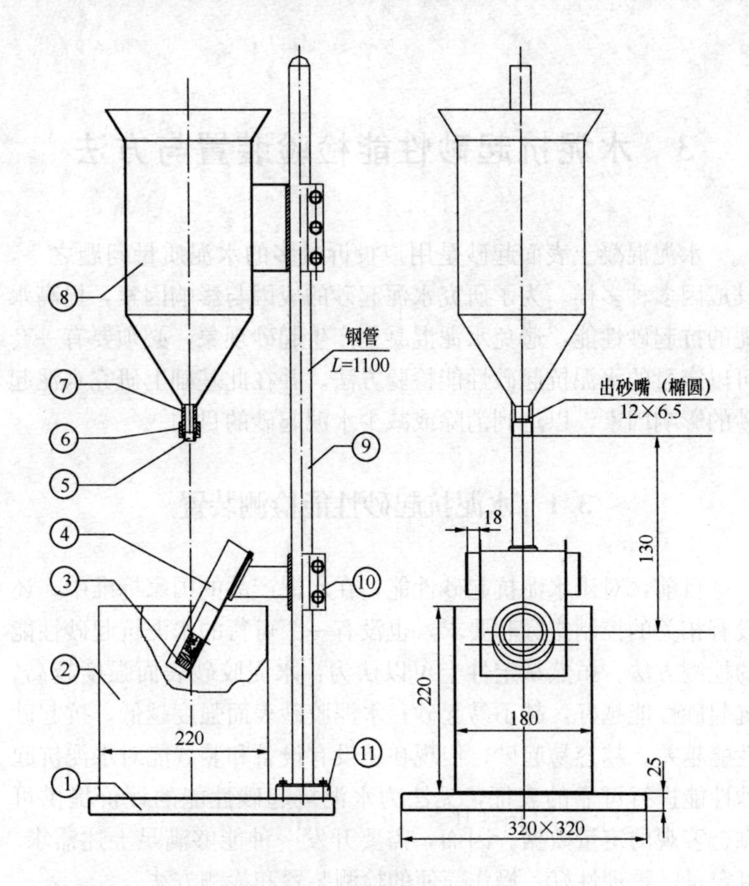

图 3-1　冲砂仪结构示意图

1—底座；2—砂盒；3—定位环；4—试件挂板；5—出砂嘴；6—砂嘴压环；7—固定出砂口；8—砂桶；9—立柱；10—挂架；11—法兰

椭圆。

冲砂仪用于放置试块的部分包括：立柱下部用螺钉固定着的挂架、可在挂架上移动的上面带有定位环的试件挂板、与定位环配套的检测试模。

在挂架上可来回移动的上面带有定位环的试件挂板处于中间位置时，试件挂板两侧距离挂架相应一侧的距离都是 18mm；当试件挂板处于挂架中间位置时，砂桶、固定出砂口、出砂嘴、砂嘴压环、试件挂板、挂架以及定位环的中心都处于同一平面内。

3.1.2 试模

水泥抗起砂性能检测装置所用的试模如图 3-2 所示，分为试模和浸水盖两个部分。在进行水泥浸水起砂量检测时，需要加上浸水盖；进行水泥脱水起砂量检测时，只要用试模即可。

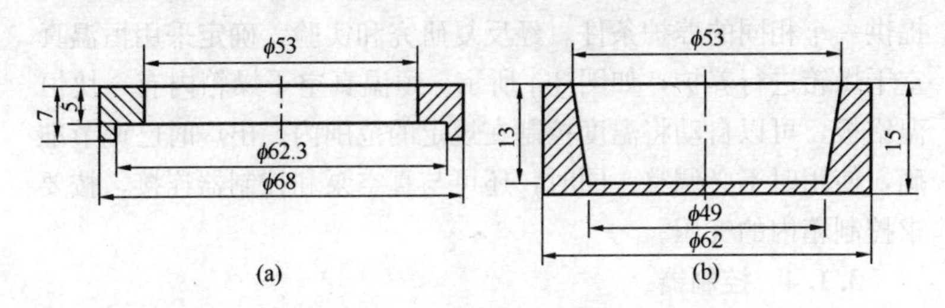

图 3-2 水泥抗起砂性能检测装置所用的试模和浸水盖

(a) 浸水盖；(b) 试模

试模外部轮廓为圆形，外径为 62mm，高度为 15mm；试模中部为深度为 13mm 的凹槽，凹槽上大下小，边缘倾斜，上端直径为 53mm，下端直径为 49mm。一组试模共 6 个，并配有一个试模架。

试模架与试模配套，便于水泥胶砂试块的成型。成型时，将装有水泥胶砂试样的试模放入试模架中，然后置于跳桌上跳动成型。试模架如图 3-3 所示。

图 3-3 试模与试模架

当进行水泥浸水起砂量检验时，试模成型并刮平后，盖上 5mm 厚的浸水盖（接触一面涂上凡士林，防漏水），然后慢慢注入 5mL 温度为（20±2)℃的水（用一张浸过水的小纸条靠在水泥砂浆表面，让水顺着纸条慢慢流到模具内），置于已升温至 40℃

的恒温真空干燥箱中按规定的程序进行养护。

3.1.3 恒温真空干燥箱

由于水泥起砂量大小受养护时的水分蒸发强度影响很大，因此，起砂试块的养护温度、湿度对水泥抗起砂性能的检测结果直接相关。为了能够对比不同水泥之间的抗起砂性能的优劣，必须提供一个相同的养护条件。经反复研究和实验，确定采用恒温真空干燥箱进行养护，如图 3-4 所示。恒温真空干燥箱内有一块恒温铝板，可以自动将温度控制在规定的范围内，出厂时已调节准确，使用时不必调整。同时，还可与真空泵和控制器连接，按要求控制箱内的气压。

3.1.4 控制器

为了能够准确控制养护气压、养护时间和压力变化曲线等，提高水泥起砂量检测结果的重复性，减少检测误差，专门设计了一个电子控制设备，做成控制器，如图 3-5 所示。

图 3-4 恒温真空干燥箱

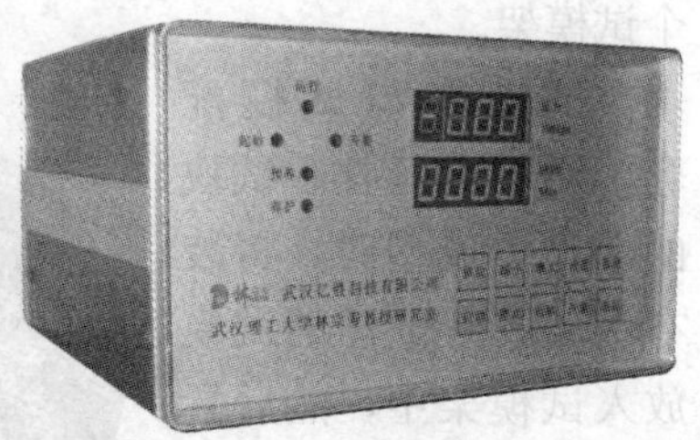

图 3-5 控制器

1. 控制器的连接

如图 3-6 所示，测定仪控制器使用前，应将压力传感器电缆插到控制器压力端口；电磁阀电缆和真空泵电缆分别插到控制器的电磁阀和真空泵插座上。最后，给真空干燥试验箱和控制器接上电源。

恒温真空干燥箱电源：220V，50Hz，0.4kW。

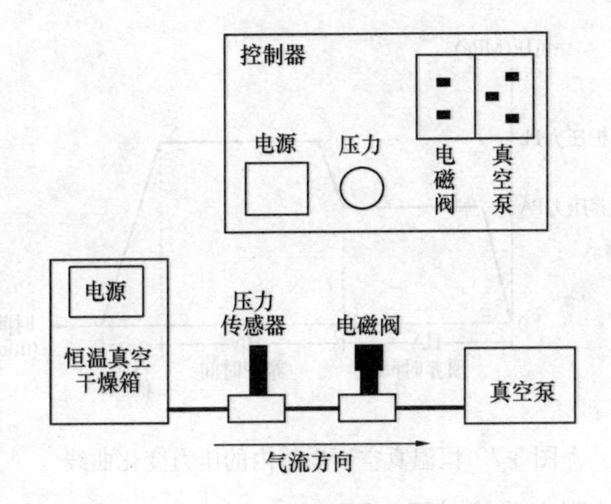

图 3-6 控制器连接方法示意图

真空泵电源：220V，50Hz，0.25kW。

控制器电源：220V，50Hz；保险：5A。

2. 控制器的面板

控制器面板左边显示当前仪器运行状态，有：起砂测定指示、开裂测定指示（可同时用于水泥抗裂性能测定仪的控制）、仪器测定运行指示、预养指示和养护指示。

控制器面板上方为恒温真空干燥箱内压力数值，显示范围 0～－1.00（单位：100kPa）。试验测定运行时间，显示范围 0～3998min，其中预养时间最大为 1999min，养护时间最大为 1999min。

控制器面板下方为操作按键。操作按键有 10 个，包括测定参数设置按键和仪器测定按键。

参数设置键：[移位]、[减小]、[增大]、[设置]、[存储]和 [返回]。

仪器测定按键：[启动]、[停止]、[起砂]、[开裂]。

3. 控制器参数设置方法

如图 3-7 所示，起砂、开裂试验测定过程中压力参数介绍如下。

测定仪设置参数包含：

- 起砂测定预养时间（HA）；

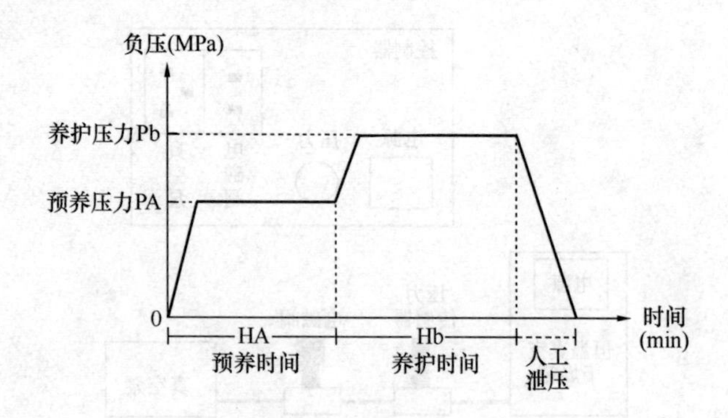

图 3-7　恒温真空干燥箱内的压力变化曲线

- 起砂测定养护时间（Hb）；
- 开裂测定预养时间（HC）；
- 开裂测定养护时间（Hd）；
- 起砂测定预养压力（PA）；
- 起砂测定养护压力（Pb）；
- 开裂测定预养压力（PC）；
- 开裂测定养护压力（Pd）；
- 起砂测定压力控制回差（PE）；
- 开裂测定压力控制回差（PF）。

在测定仪停止测定状态时，按［设置］键，仪器显示起砂测定预养时间，如需设置参数可通过［移位］、［减小］、［增大］键修改参数值，修改完毕后按［存储］键保存参数值，并返回到仪器测定待机状态。继续按［设置］键，仪器依次显示如上所述的测定仪参数，如需修改参数可按同样方法操作。按［返回］键，则参数设置不保存并退出参数设置功能，返回到仪器测定待机状态。测定仪运行指示灯亮时不能进入参数设置功能。

压力回差参数可设置范围－0.01 到－0.09（单位：100kPa），当真空干燥试验箱内压力值大于控制目标压力值并超过压力回差值时，真空泵开启工作；当真空干燥试验箱内压力值小于控制目标压力值时，真空泵停止工作。压力回差参数设置越大，则真空泵开启频率小，同时，恒温真空干燥箱内压力波动值增大。压力回差参数设置越小，则真空泵开启频率越大，恒温真空干燥箱内压力波动值减小。一般可设为－0.03至－0.05（单位：100kPa）即可。

4. 控制器操作方法

当真空干燥试验箱中测定样品准备就绪后，按［起砂］或［开裂］键选择试验测定种类，对应的起砂或开裂指示灯点亮。

按［启动］键，测定仪开始工作并按照设定的预养时间、预养压力，养护时间、养护压力进行测定试验。测定仪控制器同时显示当前测定时间及恒温真空干燥箱内的压力。试验结束后，控制器停止控制恒温真空干燥箱内的压力，显示终点的测定时间并闪烁。

按［返回］键可使测定仪返回到测定待机状态，此时可进行新的测定试验。

用户打开恒温真空干燥箱上的放气阀使恒温真空干燥箱内负压释放完毕后，即可取出试验样品。用户需关闭放气阀，以备下次测定试验。

5. 控制器使用注意事项

- 测定仪控制器压力显示－1.27（单位：100kPa）时，压力变送器连接电缆断线、电缆线未插好，变送器损坏；
- 预养压力设定值必须低于养护压力设定值，否则无法完成测定试验；
- 真空泵如果频繁启停，则需增大回差压力设定值，这样可以延长真空泵使用寿命；
- 定期维护真空泵，注意清洁，加润滑油；
- 定期维护恒温真空干燥试验箱，保持清洁，如箱内灰尘进入抽真空管道，则可能损坏电磁阀、压力变送器和真空泵。

3.2 水泥抗起砂性能检验方法

3.2.1 适宜水灰比的确定

适宜水灰比是以水泥胶砂流动度在(140±5)mm范围内的水

灰比，可由以下实验方法确定：

称取待测定的水泥150g、水180g、砂900g(水灰比1.2，胶砂比1∶6，成型用砂为用0.65mm孔径筛筛出的粒径小于0.65mm的筛下部分的标准砂)，倒入行星式水泥胶砂搅拌机里自动搅拌均匀。然后参照GB/T 2419—2005《水泥胶砂流动度测定方法》进行水泥胶砂流动度的测定，如果此时的胶砂流动度在(140±5)mm之内，则水灰比1.2即为适宜水灰比。如果此时胶砂流动度不在(140±5)mm范围之内时，需增减少量水量重新进行胶砂流动度测定，反复实验，直至水泥胶砂流动度在(140±5)mm范围内，此时的水灰比即确定为适宜水灰比。

3.2.2 试块成型

(1) 称取待测定的水泥150g、砂900g（粒径小于0.65mm的标准砂），按适宜水灰比计算并量取温度为（20±2)℃的水，倒入行星式水泥胶砂搅拌机里自动搅拌均匀。注意实验前，应将水泥、水、砂及搅拌设备放置在实验室内恒温至（20±2)℃，实验室相对湿度应大于50%。

(2) 首先将试模架固定在水泥胶砂流动度试验用的跳桌上，并安好试模，如图3-3所示。起砂试验用水泥砂浆搅拌均匀后，注入试模中，每次成型6个试模，然后将电动跳桌上下振动25次，表面刮平后，并将底部和周围擦拭干净。注意成型前，应将模具预先放置在真空干燥箱中恒温至（40±1)℃。

3.2.3 试块养护

1. 水泥脱水起砂量试块的养护

所谓水泥脱水起砂量是指水泥砂浆试块在干燥养护条件下所测得的起砂量。

将成型后的带模试块放在恒温真空干燥箱中进行养护，恒温真空干燥箱养护温度设定为40℃，试块放入恒温真空干燥箱内开始计时。首先在预养压力－0.03MPa下养护4.5h（预养时间)，然后抽真空至真空表读数达到－0.04MPa（养护压力），养护16h（养护时间)。养护结束后，仪器会自动卸压并冷却至室温。取出带模试块，擦去试模外侧黏附的水泥胶砂，称取每个带模试块的初始质量，然后进行冲砂检测。

2. 水泥浸水起砂量试块的养护

所谓水泥浸水起砂量是指水泥砂浆试块在水膜养护条件下所测得的起砂量。

试模成型并刮平后，盖上 5mm 厚的浸水盖（接触一面涂上凡士林，防漏水），然后慢慢注入 5mL 温度为 (20±2)℃的水（用一张浸过水的小纸条靠在水泥砂浆表面，让水顺着纸条慢慢流到模具内），置于已升温至 40℃的恒温真空干燥箱中。恒温真空干燥箱养护温度设定为 40℃，试块放入恒温真空干燥箱内开始计时。首先在常压下养护 12h（预养时间）；然后抽真空至真空表读数达到－0.06MPa（养护压力），养护 11h（养护时间）。养护结束后，仪器会自动卸压并冷却至室温。取出带模试块，擦去试模外侧黏附的水泥胶砂，称取每个带模试块的初始质量，然后进行冲砂检测。

3.2.4 试块冲砂

(1) 将单个带模试块放入冲砂仪中（图 3-1），用手指堵住出砂嘴，将 500g 砂（所用的砂为：1.25mm 和 2mm 孔径的筛筛出的粒径范围在 1.25～2mm 的 ISO 标准砂）倒入砂桶，放开出砂嘴，利用从出砂嘴自由下落的砂对水泥胶砂试块的表面进行冲刷。在保证试块在定位环中位置不变的情况下，依次将试件挂板移动到挂架中间和两端，在每个试块上并排的三个位置分别冲刷 1 次。

(2) 称取冲砂后试块的质量，计算出冲砂前后试块的质量差 ΔM_i（单位：g）。

(3) 重复上述 (1) 和 (2) 实验过程 6 次，计算出每个试块的质量差 ΔM_1、ΔM_2、ΔM_3、ΔM_4、ΔM_5、ΔM_6。

3.2.5 起砂量计算

数据处理时，去除 ΔM_1、ΔM_2、ΔM_3、ΔM_4、ΔM_5、ΔM_6 中的最大值和最小值，计算出剩余 4 个质量差的平均值 $\Delta \overline{M}$（单位：g）。然后，$\Delta \overline{M}$除以试块表面面积 ΔS，即可得该水泥试样的起砂量（单位：kg/m²），脱水起砂量和浸水起砂量的计算方

法相同。

起砂量计算公式见式（3-1）：

$$\text{起砂量}=\frac{\Delta\overline{M}}{\Delta S}=\frac{\Delta\overline{M}}{\pi\left(\frac{\phi}{2}\right)^2}=\frac{\Delta\overline{M}}{\pi\left(\frac{5S}{2}\right)^2}\times10^3 \tag{3-1}$$

$$=0.45\Delta\overline{M}\quad(\mathrm{kg/m^2})$$

3.3 水泥抗起砂性能检验的实验条件

一种水泥的抗起砂性能是其固有的属性，在实际施工过程中经常可以发现，在相同的施工条件下，有的水泥容易起砂，而有的水泥却很难起砂。但是，相同的水泥在不同施工条件下，有的时候发生起砂，而有的时候却不会起砂。也就是说，水泥的起砂量大小与施工条件有很大的影响，所以在进行水泥抗起砂性能检验时，必须规定一定的实验条件。否则，其检测结果会有很大的变化，也就失去了不同水泥之间进行抗起砂性能对比的可能性，也就失去了检测水泥抗起砂性能的意义。因此，有必须研究实验条件对水泥抗起砂性能检测结果的影响。

3.3.1 起砂试块成型用砂的确定

在水泥抗起砂性能检验方法中，用到两种砂，即用于水泥胶砂试块成型的成型用砂和用于冲刷试块表面的冲刷测定用砂。为了使水泥起砂性能检测方法能够标准化，砂的性能和来源应尽可能稳定。而 ISO 标准砂在国家标准中已有明确规定，其性质稳定且易于获得，可作为砂的理想来源。

经实验发现，如果试块成型时直接用不经任何处理的 ISO 标准砂，会导致试块成型后某些试块表面所胶结的粗颗粒较多，而另外一些则细颗粒较多，用冲砂仪测定时，前者起砂量测定结果与后者相差很大，所以为了减小相对误差，需要除去 ISO 标准砂中粒径较大的颗粒。

利用不同孔径的筛对 ISO 标准砂中粗颗粒按由粗到细的顺序进行逐层筛除，经过反复实验，最终发现用 0.65mm 孔径筛筛出的粒径小于 0.65mm 的标准砂，能够较好地满足实验中成型用砂的要求。

3.3.2 冲砂仪冲刷用砂粒径的确定

冲砂仪用砂主要需要满足三个条件：

（1）冲刷测定时，倒入砂桶中的砂应能从出砂嘴顺利流出，不会堵塞出砂嘴；

（2）冲刷测定用砂粒径应尽可能均匀，以保证测定时试块表面所受到的冲击力比较均匀；

（3）冲刷测定用砂测定后流到下面的砂盒中，此时冲刷测定用砂应易于与冲刷下来的水泥胶砂粒子分离开，以便冲刷用砂可以循环使用。

经过大量实验研究，发现将 ISO 标准砂筛除大于 2mm 的粗颗粒和小于 1.25mm 的颗粒后，所得到的粒径范围在 1.25～2mm 的 ISO 标准砂，可满足冲砂仪冲刷用砂的要求。

3.3.3 冲砂仪冲刷用砂量的确定

将市售的 P·C 32.5 复合硅酸盐水泥与经筛选的 1.25～2mm 粒径的标准砂，按胶砂比 1∶6、水灰比 1∶1.2 配制成水泥砂浆，然后按照 3.2 节所介绍的水泥抗起砂性能检测方法进行检测，同时调整冲砂仪的冲砂量。

实验发现，当冲砂量不足时，试块表面磨损不明显，为了使不同水泥的抗起砂性能有明显的区别，需要增大冲刷用砂量。当冲砂量太大时，试块表面会出现冲刷凹槽，冲刷用砂很容易积存在凹槽中，从而影响试块表面的冲砂，最终影响到检测结果的准确性。

经过实验的不断调整，冲刷用砂量为 500g 左右时效果最佳，既能达到优化实验方法的目的，试块表面因冲刷产生的凹槽中也不会因积存砂子而影响冲刷效果。所以，水泥抗起砂性能检验方法中规定了冲刷用砂量为 500g。

3.3.4 胶砂比的确定

按实验要求的重量称取市售的 P·C 32.5 复合硅酸盐水泥，然后加 1 袋 ISO 标准砂（1350g），在胶砂搅拌锅中加入适量的水，使胶砂流动度在 180～190mm 之间，然后按照 3.2 节所介绍的水泥抗起砂性能检测方法进行检测，所得结果如图 3-8所示。

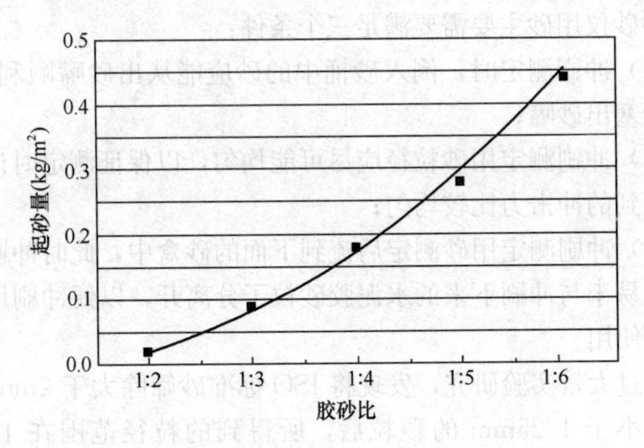

图 3-8 胶砂比对水泥起砂量的影响

由图 3-8 可见，胶砂比对水泥抗起砂性能检测结果有很大的影响，砂子掺量越大，水泥的起砂量就越大。因此，在水泥砂浆或混凝土的配合比设计和施工中，应保证水泥砂浆或混凝土中的水泥用量不能太少，否则如果砂子掺量太大，就极易发生起砂现象。

同理，在进行水泥抗起砂性能检测时，胶砂比是个重要的参数，GB/T 17671—1999《水泥胶砂强度检验方法（ISO 法）》中规定的胶砂比为 1∶3，为了使水泥的抗起砂性能能够更加显著地被反映出来，故将水泥抗起砂性能检测方法中的胶砂比固定为 1∶6。

3.3.5 水灰比的确定

1. 水灰比对起砂量的影响

按实验要求的水灰比量取水，放于胶砂搅拌锅中，称取市售的 P·C 32.5 复合硅酸盐水泥 450g 放入搅拌锅中，按水泥胶砂强度检验方法进行搅拌并加入 ISO 标准砂 1 袋（1350g，胶砂比为 1∶3），配制成不同水灰比的水泥砂浆，然后按照 3.2 节所介绍的水泥抗起砂性能检测方法进行检测，所得结果如图 3-9 所示。

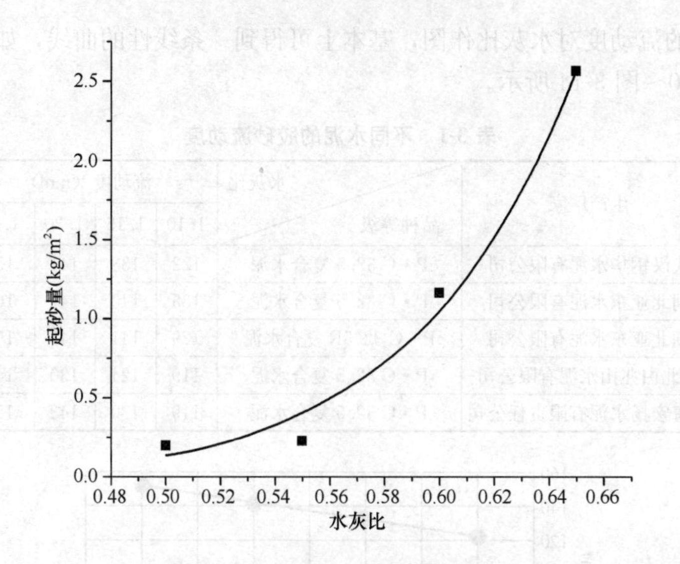

图 3-9　水灰比对水泥起砂量的影响

由图 3-9 可知，水灰比为 0.5～0.55 时，水泥起砂量较小。当水灰比超过 0.55 后，随着水灰比增大，起砂量显著增大。这主要是因为水灰比过大时，超过水泥水化所需水量，易产生离析泌水并在水泥石表面产生水膜，导致水泥表面强度大幅度下降，因而水泥起砂量显著增大。所以，水泥在实际施工过程中，应控制好水灰比，以避免引起水泥的起砂。此外，在进行水泥抗起砂性能检验时，也必须规定一定的水灰比，否则实验数据也就没有可对比性。

2. 水灰比与水泥胶砂流动度的关系

GB/T 17671—1999《水泥胶砂强度检验方法（ISO 法）》中规定的水泥砂浆的水灰比为 0.5，胶砂比为 1∶3。而水泥抗起砂性能检测方法中，胶砂比定为 1∶6，由于砂子数量的增加，成型所需的水灰比也必须相应地增大。

选择几种市售的水泥，按 1∶6 的灰砂比配入水泥抗起砂性能检验方法中规定的成型用砂，按照表 3-1 中规定的水灰比加水，然后参照 GB/T 2419—2005《水泥胶砂流动度测定方法》进行水泥胶砂流动度的测定，实验结果见表 3-1。将各种水泥砂浆的流动度对水灰比作图，基本上可得到一条线性的曲线，如图3-10～图3-14所示。

表3-1　不同水泥的胶砂流动度

生产厂家	品种等级＼水灰比	流动度（mm）			
		1.10	1.15	1.20	1.25
武汉钢华水泥有限公司	P·C 32.5复合水泥	122	133	141	152
湖北亚东水泥有限公司	P·C 32.5复合水泥	135	140	147	163
湖北亚东水泥有限公司	P·C 32.5R复合水泥	129	141	143	165
湖北白兆山水泥有限公司	P·C 32.5复合水泥	119	124	130	144
青海宏扬水泥有限责任公司	P·C 32.5复合水泥	119	130	143	152

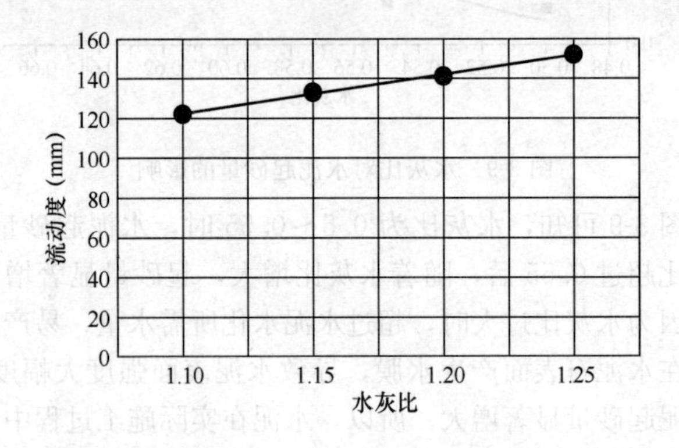

图3-10　武汉钢华水泥有限公司P·C32.5复合水泥流动度与水灰比关系

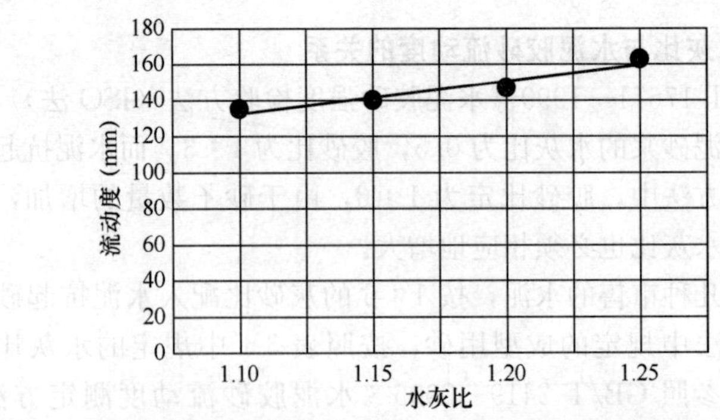

图3-11　湖北亚东水泥有限公司P·C32.5复合水泥流动度与水灰比关系

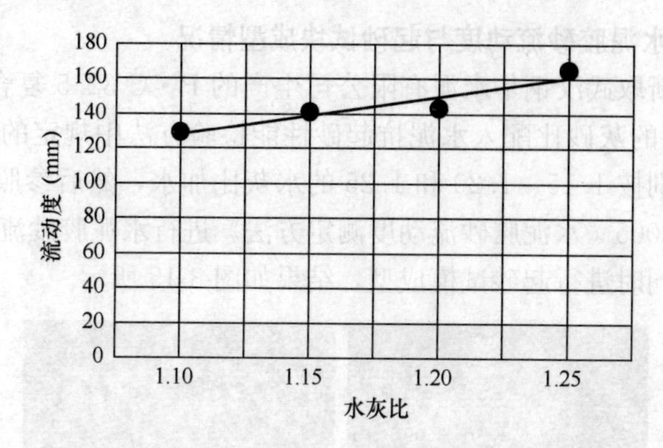

图 3-12 湖北亚东水泥有限公司 P·C32.5R 复合水泥流动度与水灰比关系

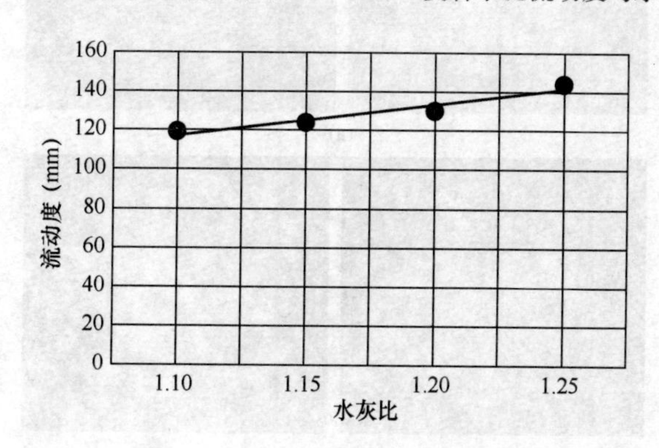

图 3-13 湖北白兆山水泥有限公司 P·C32.5 复合水泥流动度与水灰比关系

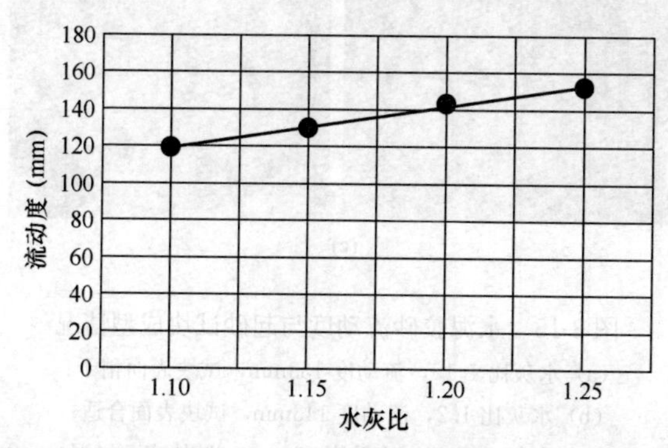

图 3-14 青海宏扬水泥有限责任公司 P·C32.5 复合水泥流动度与水灰比关系

3. 水泥胶砂流动度与起砂试块成型情况

重新取武汉钢华水泥有限公司生产的 P·C 32.5 复合水泥，按 1∶6 的灰砂比配入水泥抗起砂性能检验方法中规定的成型用砂，分别按 1.15、1.20 和 1.25 的水灰比加水，然后参照 GB/T 2419—2005《水泥胶砂流动度测定方法》进行水泥胶砂流动度的测定，同时进行起砂试模成型，结果如图 3-15 所示。

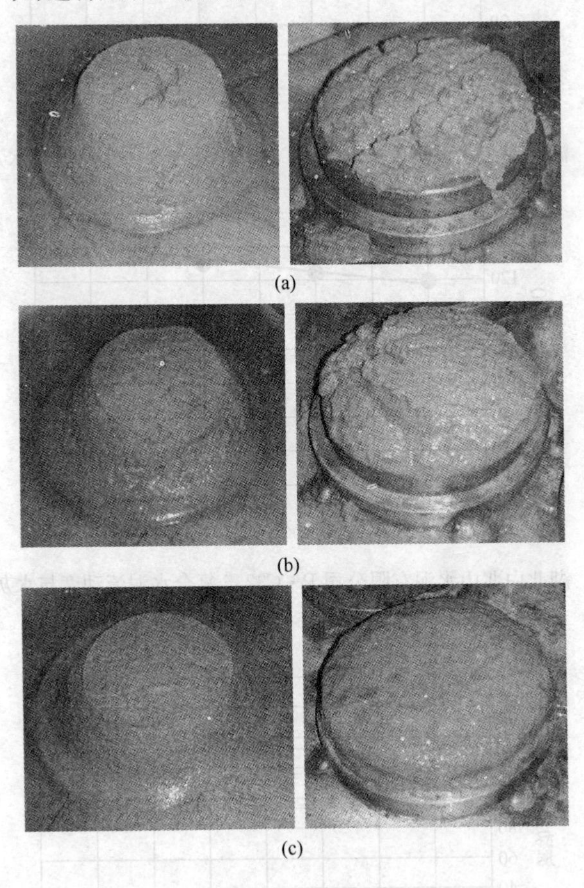

图 3-15　水泥胶砂流动度与起砂试块成型情况

(a) 水灰比 1.15，流动度 133mm，试块表面稍干；

(b) 水灰比 1.2，流动度 143mm，试块表面合适；

(c) 水灰比 1.25，流动度 155mm，试块表面过湿

4. 水灰比的确定

经过反复大量的实验，发现通常水泥胶砂流动度小于135mm时，起砂试块在跳桌上跳动时，试模里的胶砂越振越松散，试块难以成型，不能满足实验方法的要求。流动度大于145mm时，起砂试块在跳桌上跳动时，试模中的胶砂感觉太稀，水泥浆容易流到试模外，也不符合试验条件的要求。胶砂流动度在(140±5)mm之内时，试块可顺利成型，跳动时试块表面较湿润，又不会流浆。因此，将水泥抗起砂性能检测方法中的成型水灰比规定为胶砂流动度为(140±5)mm时的水灰比。

通用水泥进行抗起砂性能检验时，一般水灰比为1.2时，其胶砂流动度在(140±5)mm之内，但由于各水泥的含水量有区别，标准砂开封后存放时也会从空气中吸附水分而影响水灰比的大小，所以适宜的水灰比会有所变化。所以，进行水泥抗起砂性能检验时，不能固定水灰比不变，而应以胶砂流动度为准。实验时，可先按1.2的水灰比进行流动度测定，发现不合适时，再增减少量水分进行调整，最终使胶砂流动度在(140±5)mm范围内的水灰比即为实验要求的水灰比。

3.3.6 起砂试块养护条件的确定

众所周知，水泥施工后的养护条件对水泥的起砂量有很大的影响，同理养护制度对水泥抗起砂性能的检验结果也同样有非常大的影响。为了了解养护条件对水泥起砂量的影响规律，给水泥施工和抗起砂性能检验方法提供依据，进行了如下的实验。

1. 各品种水泥的制备

将2.1节的原料，按表3-2的配比混合制成不同品种的水泥，进行标准稠度和凝结时间实验，检验其安定性，并分别测定其1d、3d、28d的抗折、抗压强度。其中BG1为硅酸盐水泥；BG2为普通水泥；BG3、BG4、BG5为不同矿渣掺量的矿渣水泥；BG6、BG7、BG8为不同掺量的粉煤灰水泥；BG9、BG10分别为矿渣石灰石复合水泥和粉煤灰石灰石复合水泥。各品种水泥的各项性能指标见表3-2。

表 3-2 不同配比的水泥性能检测结果

编号	水泥配比（%）					标准稠度（%）	初凝（min）	终凝（min）	安定性（mm）	1d（MPa）		3d（MPa）		28d（MPa）	
	熟料	矿渣	粉煤灰	石灰石	石膏					抗折	抗压	抗折	抗压	抗折	抗压
BG1	95				5	26.2	180	246	0.0	1.7	5.4	4.7	20.2	9.7	43.0
BG2	75		20		5	28.3	230	283	0.0	1.4	4.4	4.0	16.9	7.9	35.9
BG3	37	50		8	5	27.8	242	286	0.0	0.8	2.9	4.7	16.1	10.9	36.1
BG4	32	55		8	5	28.0	249	305	0.0	0.6	1.9	4.5	16.5	10.6	40.8
BG5	27	60		8	5	28.6	253	315	0.0	0.5	1.4	5.3	17.6	10.6	38.4
BG6	65		30		5	27.6	231	279	0.0	1.0	3.6	3.2	14.3	7.9	29.0
BG7	60		35		5	27.9	217	281	0.5	1.5	3.1	3.0	14.0	7.7	27.8
BG8	55		40		5	28.6	215	274	0.0	1.5	2.6	2.5	12.6	7.2	24.8
BG9	45	35		15	5	27.5	221	273	0.0	0.8	2.3	4.1	16.4	11.8	38.9
BG10	45		35	15	5	27.6	233	294	0.0	0.7	2.1	1.7	9.8	6.3	19.7

2. 养护条件和水泥起砂量测定结果

将表 3-2 中的 10 个不同品种水泥的试样，按 3.2 节介绍的水泥抗起砂性能检验方法成型后，分别在标准养护、水膜养护、40℃烘干养护和 5℃冰箱养护的不同养护条件下，养护 6d，取出后在 60℃的烘箱中烘干 1d，然后按照 3.2.4 节介绍的水泥抗起砂性能检测方法进行试块冲砂试验，测定各养护条件下的水泥抗起砂性能，结果如图 3-16～图 3-30 所示。

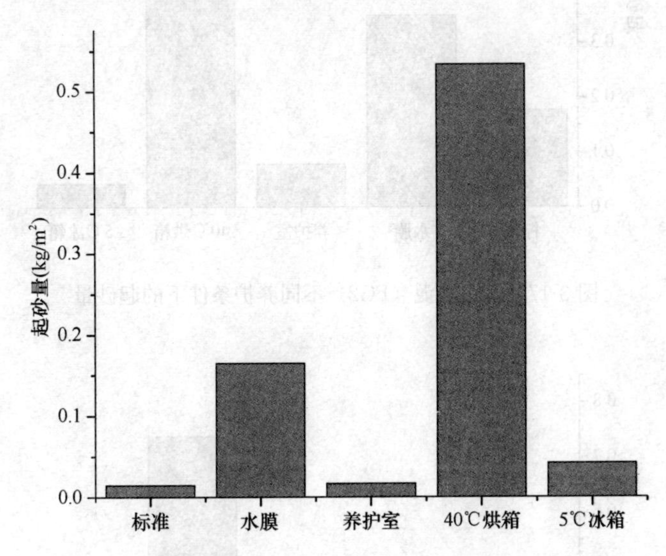

图 3-16　硅酸盐水泥（BG1）不同养护条件下的起砂量

养护制度说明：

标准养护：水泥标准养护箱中养护 6d，温度 20℃，相对湿度 95%，养护期间不淋水。

水膜养护：试模成型并刮平后，加上 5mm 厚的垫圈（主要一面涂上凡士林，防漏水），然后慢慢注满水，置于标准养护箱中养护 6d；相对湿度 95%，养护期间不淋水。

养护室养护：恒温养护室中养护 6d，温度 23℃，相对湿度 87%，养护期间不淋水。

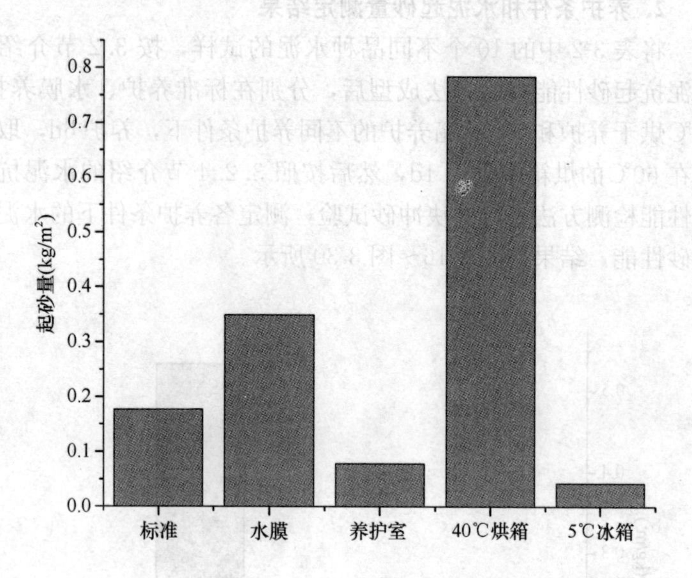

图 3-17　普通水泥（BG2）不同养护条件下的起砂量

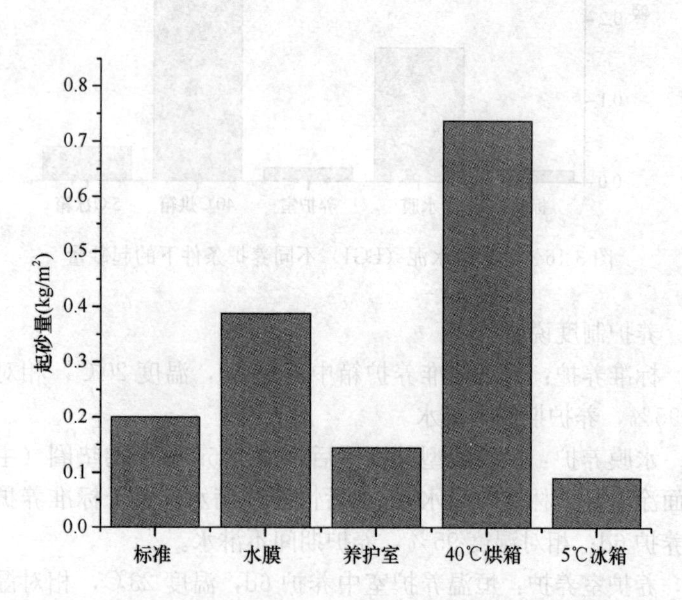

图 3-18　50％矿渣掺量矿渣水泥（BG3）不同养护条件下的起砂量

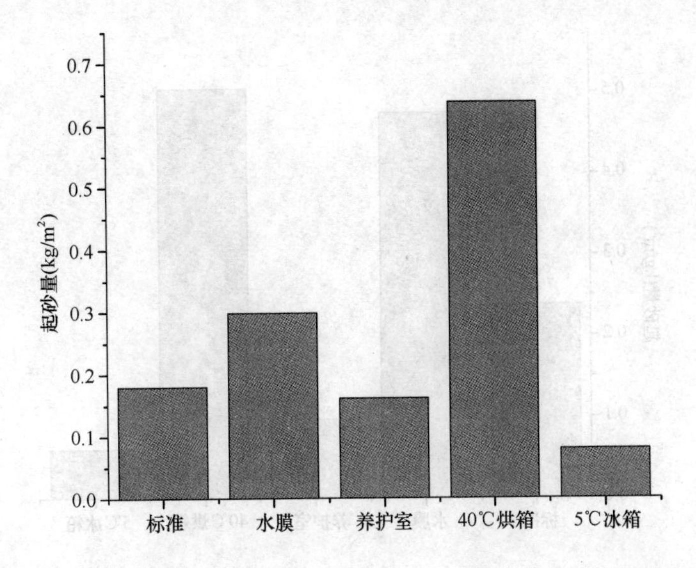

图 3-19 55%矿渣掺量矿渣水泥（BG4）不同养护条件下的起砂量

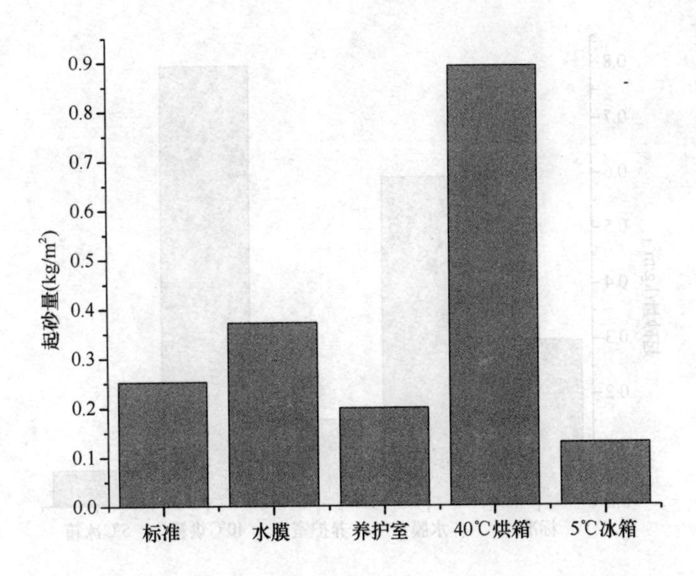

图 3-20 60%矿渣掺量矿渣水泥（BG5）不同养护条件下的起砂量

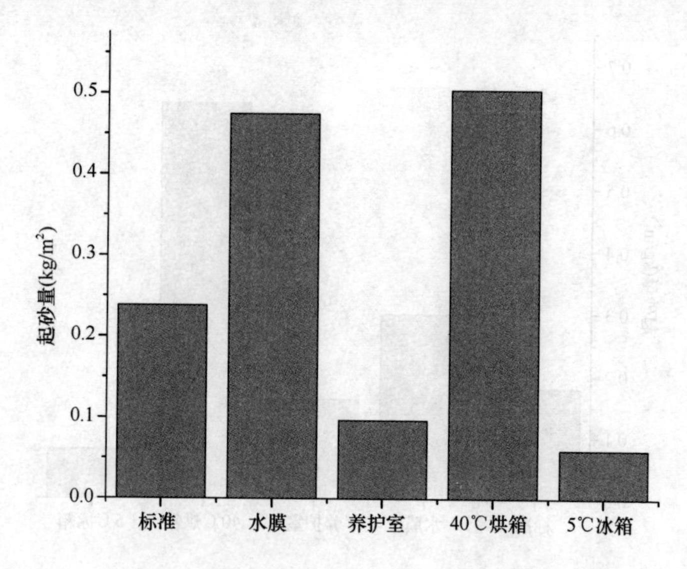

图 3-21 30%粉煤灰掺量粉煤灰水泥（BG6）不同养护条件下的起砂量

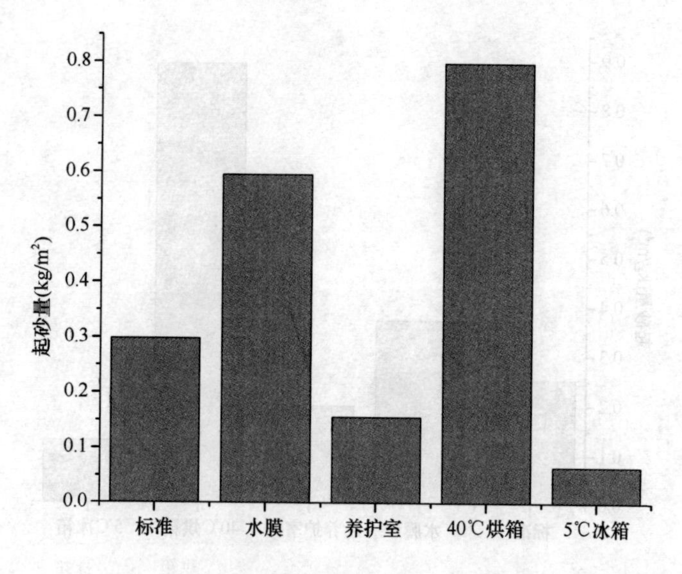

图 3-22 35%粉煤灰掺量粉煤灰水泥（BG7）不同养护条件下的起砂量

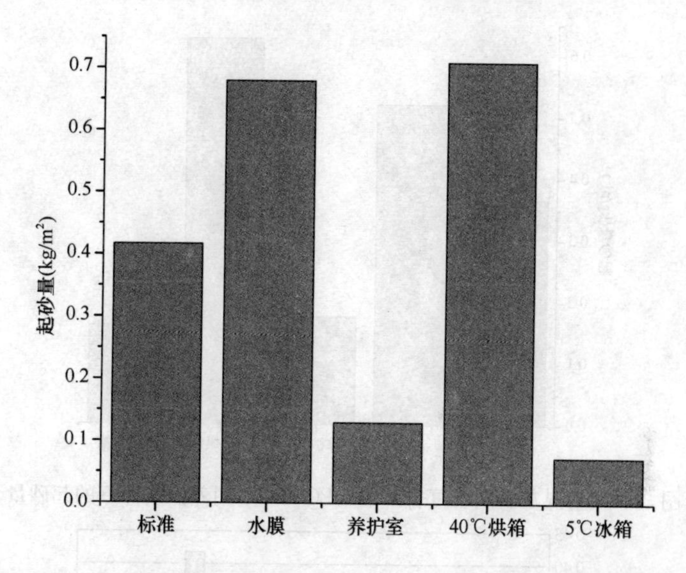

图 3-23 40%粉煤灰掺量粉煤灰水泥（BG8）不同养护条件下的起砂量

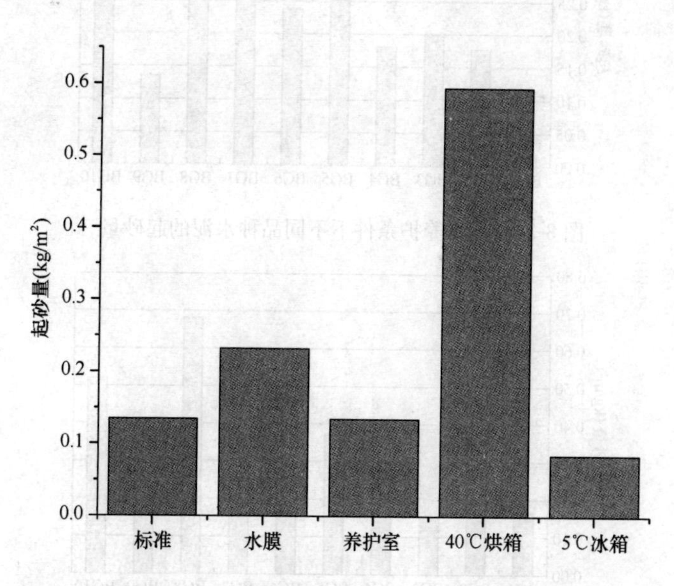

图 3-24 矿渣石灰石复合水泥（BG9）不同养护条件下的起砂量

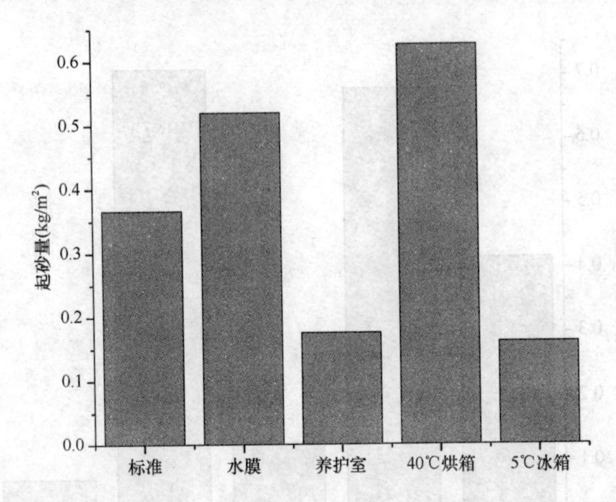

图 3-25 粉煤灰石灰石复合水泥（BG10）不同养护条件下的起砂量

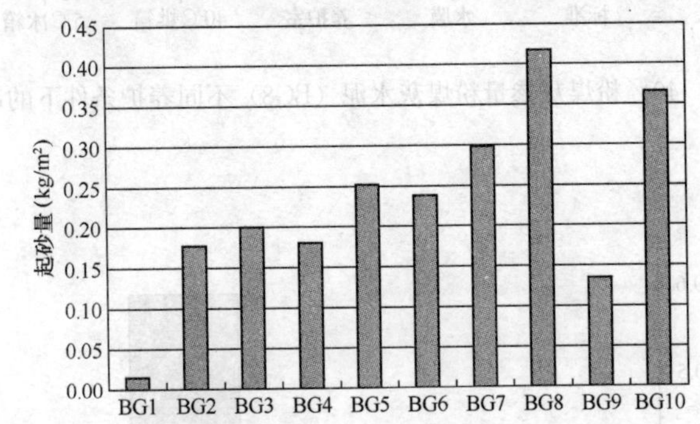

图 3-26 标准养护条件下不同品种水泥的起砂量

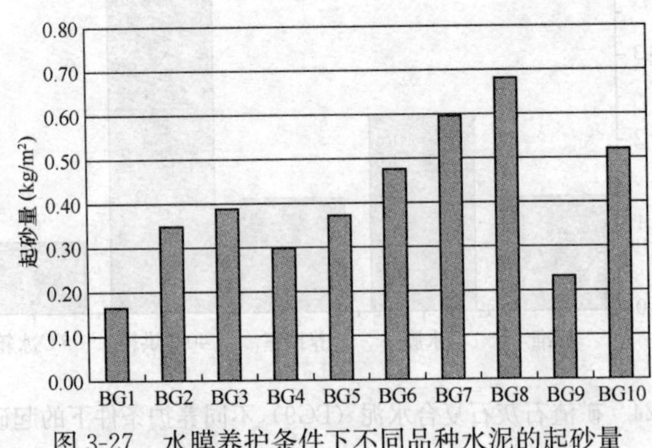

图 3-27 水膜养护条件下不同品种水泥的起砂量

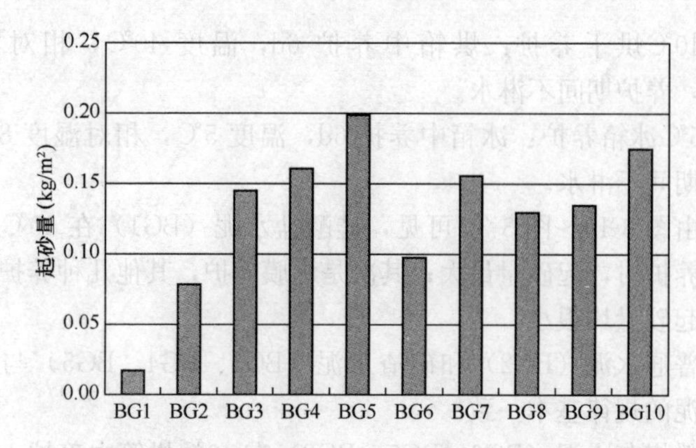

图 3-28 养护室养护条件下不同品种水泥的起砂量

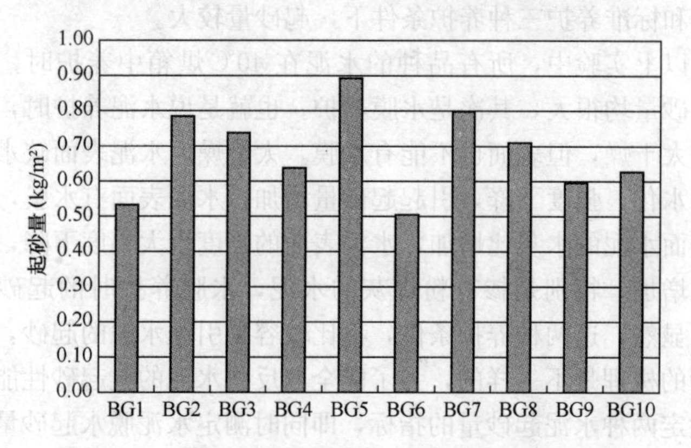

图 3-29 40℃烘箱养护条件下不同品种水泥的起砂量

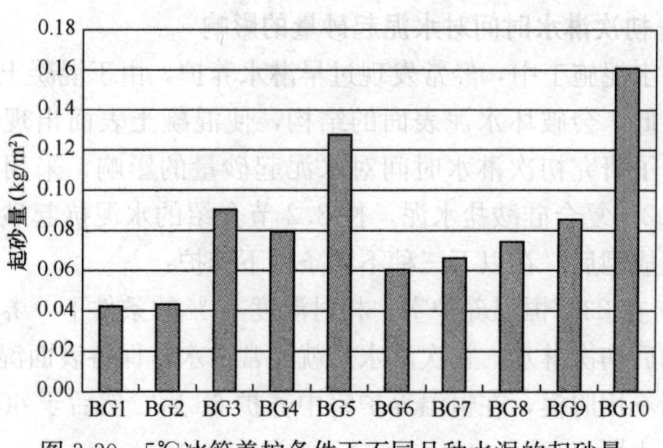

图 3-30 5℃冰箱养护条件下不同品种水泥的起砂量

40℃烘干养护：烘箱中养护 6d，温度 40℃，相对湿度 75%，养护期间不淋水。

5℃冰箱养护：冰箱中养护 6d，温度 5℃，相对湿度 85%，养护期间不淋水。

由图 3-16～图 3-30 可见，硅酸盐水泥（BG1）在 40℃的烘箱中养护时，起砂量最大；其次是水膜养护，其他几种养护条件下，起砂量均很小。

普通水泥（BG2）和矿渣水泥（BG3、BG4、BG5）与硅酸盐水泥的规律基本一致。

粉煤灰水泥（BG6、BG7、BG8）在 40℃烘箱中养护、水膜养护和标准养护三种养护条件下，起砂量较大。

以上实验中，所有品种的水泥在 40℃烘箱中养护时，水泥的起砂量均很大，其次是水膜养护。也就是说水泥养护时，要求不能太干燥，但表面也不能有水膜。太干燥，水泥表面缺水不能很好水化，强度下降，引起起砂量增加；水泥表面有水膜，相当于表面水泥的水灰比增加，水泥表面的强度也大幅度下降，起砂量也增加，特别是掺有粉煤灰的水泥，水膜养护时的起砂量较大。显然，这两种养护条件，都比较容易引起水泥的起砂，但其起砂的机理是不一样的，为了能全面反映水泥的抗起砂性能，应该设定两种水泥起砂量的指标，即同时测定水泥脱水起砂量和水泥浸水起砂量，才能说明水泥抗起砂性能的好坏。

3. 初次淋水时间对水泥起砂量的影响

在水泥施工中，经常发现过早淋水养护，由于混凝土表面强度还很低，会破坏水泥表面的结构，使混凝土表面出现起砂现象。为了研究初次淋水时间对水泥起砂量的影响，采用市售的 P·C 32.5复合硅酸盐水泥，按 3.2 节介绍的水泥抗起砂性能检验方法成型后，在以下三种不同条件下养护：

① 在 23℃恒温养护室，相对湿度 80%的条件下，养护至不同龄期后初次淋水，初次淋水后就经常淋水，保持表面湿润。养护期间不用脱模，在恒温养护室中养护 6d 后，然后于 60℃温度下烘干 1d。

② 在40℃烘箱中，相对湿度70%的条件下，养护至不同龄期后初次淋水，初次淋水后就经常淋水，保持表面湿润。养护期间不用脱模，在40℃烘箱中养护6d后，然后于60℃温度下烘干1d。

③ 在5℃冰箱中，相对湿度85%的条件下，养护至不同龄期后初次淋水，初次淋水后就经常淋水，保持表面湿润。养护期间不用脱模，在5℃冰箱中养护6d后，然后于60℃温度下烘干1d。

经上述养护后的试块，称重并记录，然后检测其起砂量，检测结果见表3-3。

表3-3 初次淋水时间对水泥起砂性能的影响

初次淋水时间（h）			5	10	15	20
23℃恒温养护室	1号	起砂量（kg/m²）	0.41	0.33	0.35	0.29
	2号	起砂量（kg/m²）	0.34	0.38	0.32	0.32
	3号	起砂量（kg/m²）	0.32	0.37	0.34	0.34
	4号	起砂量（kg/m²）	0.42	0.37	0.34	0.36
	5号	起砂量（kg/m²）	0.37	0.35	0.33	0.28
	6号	起砂量（kg/m²）	0.37	0.36	0.34	0.32
	平均起砂量（kg/m²）		0.37	0.36	0.34	0.32
40℃烘箱	1号	起砂量（kg/m²）	0.32	0.30	0.31	0.36
	2号	起砂量（kg/m²）	0.37	0.27	0.32	0.35
	3号	起砂量（kg/m²）	0.37	0.35	0.34	0.30
	4号	起砂量（kg/m²）	0.29	0.34	0.36	0.33
	5号	起砂量（kg/m²）	0.42	0.33	0.36	0.36
	6号	起砂量（kg/m²）	0.35	0.27	0.29	0.32
	平均起砂量（kg/m²）		0.35	0.31	0.33	0.34
5℃冰箱	1号	起砂量（kg/m²）	0.51	0.32	0.43	0.36
	2号	起砂量（kg/m²）	0.46	0.30	0.46	0.30
	3号	起砂量（kg/m²）	0.51	0.39	0.32	0.31
	4号	起砂量（kg/m²）	0.62	0.32	0.29	0.32
	5号	起砂量（kg/m²）	0.58	0.30	0.31	0.33
	6号	起砂量（kg/m²）	0.53	0.32	0.33	0.33
	平均起砂量（kg/m²）		0.53	0.32	0.35	0.32

由表3-3可以看出，在相同的养护条件下，不同的初次淋水时间点对水泥起砂量的大小有影响。对在40℃烘箱和23℃恒温养护室中养护的试样，水泥起砂量大小变化不明显；而对在5℃冰箱中养护的水泥试样，水泥起砂量变化较明显；在5℃冰箱中养护的水泥试样，初次淋水时间为5h时，水泥起砂量较大，而在10h时初次淋水，起砂量明显小的多。这主要是因为养护温度较低，与10h时相比，5h时水化反应程度较低，水泥表面强度较低，此时淋水会造成水泥表面破坏，使水泥表面的强度降低，因而导致其起砂量变大。此外，在20h时淋水，不同养护条件下的水泥起砂量都相差不大。

相同的初次淋水时间，不同的养护条件，水泥起砂量也有所不同，这主要与水泥水化过程与温度有关造成。养护温度越高，水泥早期强度越高，初次淋水时间就可缩短，也就是说可以早点淋水，否则水泥养护时不能太早淋水。

4. 养护温度对水泥起砂量的影响

为了研究养护温度对水泥起砂量的影响，采用市售的P·C 32.5复合硅酸盐水泥，按3.2节介绍的水泥抗起砂性能检验方法成型后，放在人工气候箱中，在不同温度、相对湿度50％的条件下，带模养护6d后脱模。脱模后的试块于60℃温度下烘干1d，然后检测其起砂量，检测结果如表3-4和图3-31所示。

表3-4 养护温度对水泥起砂量的影响

温度（℃）		10	20	30	40	50
第1个试块	起砂量（kg/m²）	0.07	0.08	0.34	0.49	1.03
第2个试块	起砂量（kg/m²）	0.10	0.03	0.35	0.69	1.21
第3个试块	起砂量（kg/m²）	0.20	0.10	0.20	0.38	1.05
第4个试块	起砂量（kg/m²）	0.08	0.10	0.21	0.70	1.20
第5个试块	起砂量（kg/m²）	0.06	0.06	0.24	0.43	1.02
第6个试块	起砂量（kg/m²）	0.10	0.07	0.27	0.61	1.20
平均起砂量（kg/m²）		0.09	0.08	0.27	0.56	1.12

由图3-31可见，在相对湿度50％基本不变的条件下，提高

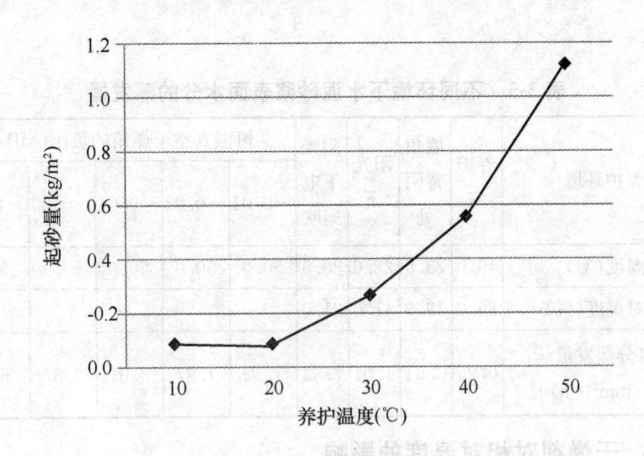

图 3-31　养护温度对水泥起砂量的影响

养护温度，由于水分蒸发量大幅度增加，水泥试块表面容易干燥，所以水泥起砂量显著增大。

5. 水泥砂浆表面水分蒸发量

采用武汉钢华水泥有限公司生产的 P·C32.5 复合硅酸盐水泥，加入适量水，控制流动度在（200±10）mm 范围内，然后注入顶内径 ϕ53mm、底内径 ϕ49mm、深 13mm 的圆台形的水泥抗起砂性能检验方法所用的试模中，表面刮平并称重后，立即放入待测的不同环境中，养护 2h 取出称重，按公式（3-2）计算其水分蒸发量，测定结果见表 3-5。

$$B_0 = \frac{G_0 - G_1}{ST} \tag{3-2}$$

式中　B_0——水泥浆蒸发量，g/(mm^2·h)；

G_0——带模试样初始质量，g；

G_1——带模试样蒸发后的质量，g；

S——试模上口面积，mm^2；

T——蒸发时间，h。

由表 3-5 可见，水泥砂浆或混凝土表面在夏季阳光下的水分蒸发量是很大的，如果再加上有风吹，水分蒸发量就更大了。如果要模拟夏季阳光下又有风吹的环境，真空干燥环境可与其相当。

表 3-5 不同环境下水泥砂浆表面水分的蒸发量

养护环境	养护室	墙角背阴处	阳光下	阳光下电扇吹	恒温真空干燥箱的负压(MPa)				
					−0.01	−0.02	−0.04	−0.05	−0.094
温度(℃)	19.0	23.5	28.0	30.5	50.0	50.0	50.0	50.0	50.0
相对湿度(%)	89.0	79.0	41.0	21.0					
水分蒸发量[g/(mm²·h)]	0.25	0.64	1.01	7.82	1.52	1.97	3.01	3.67	6.55

6. 干燥剂对相对湿度的影响

以上实验说明，表面干燥是造成水泥起砂的最主要原因。为了使水泥的抗起砂性能能够更加显著地被反映出来，养护条件需模拟自然界最不利于水泥砂浆表面凝结硬化的高温干燥恶劣环境。因而，在设计实验方法时，首先采用养护温度为50℃、相对湿度20%左右的高温干燥环境。为保证实验方法的可重复性，要求养护条件稳定，不受外界环境的影响且各试块所处环境无明显差别。针对养护条件，笔者先后设计了几种方案：

① 将试块放入以变色硅胶为干燥剂的干燥器中进行养护，再将干燥器置于50℃的烘箱中；

② 将试块放入以无水氯化钙为干燥剂的干燥器中进行养护，再将干燥器置于50℃的烘箱中；

③ 将试块放入以生石灰为干燥剂的干燥器中进行养护，再将干燥器置于50℃的烘箱中；

④ 将试块放入50℃、一定真空度的真空干燥箱中进行养护，真空干燥箱所配真空泵为抽速为1L/s的2XZ-1型旋片式真空泵。

方案①、方案②和方案③中干燥器中干燥剂分别为变色硅胶、无水氯化钙和生石灰。综合考虑干燥器的体积的限制和对于减少检测方法的相对误差的要求，放入试块数量定为3块。将市售P·C32.5复合硅酸盐水泥，按水灰比1.2、胶砂比1∶6进行成型，将3个试块放入加有不同干燥剂的干燥器中。观察干燥器内放入不同干燥剂时，内部湿度变化情况，并绘制成曲线。干燥器中放入不同干燥剂时，0～8h内干燥器内相对湿度随时间的变化曲线如图3-32所示。

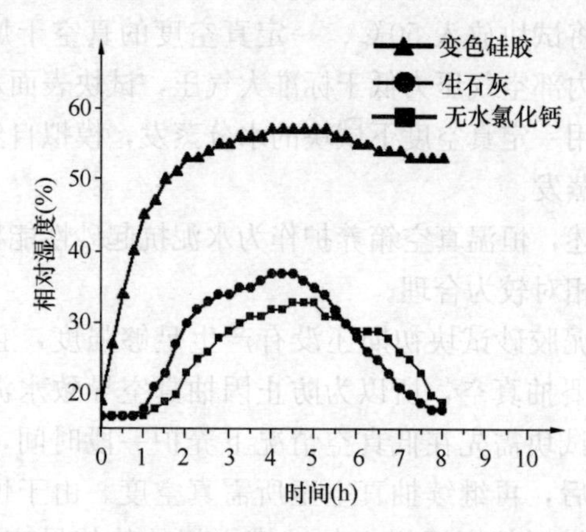

图3-32 不同干燥剂对应的相对湿度随时间变化曲线

由图3-32可以看出，以变色硅胶为干燥剂时，放入试块后，干燥器内湿度迅速开始升高，15min时相对湿度超过25%，30min时相对湿度就升至30%以上，之后相对湿度继续升高，3.5h后趋于稳定，最大相对湿度超过55%，且处于相对湿度高于30%的状态的时间大于7.5h。因而，以变色硅胶为干燥剂时，其相对湿度难以满足模拟高温干燥环境的要求。

以无水氯化钙为干燥剂时，初期相对湿度趋于稳定，在0～1h内相对湿度保持在17%，之后开始上升，3.25h时相对湿度升至30%以上，在3.25h到5.75h之间相对湿度处于30%以上。这表明以无水氯化钙为干燥剂时，干燥器内部相对湿度也难以满足所要求的实验条件。

以生石灰为干燥剂时，其相对湿度随时间变化曲线与无水氯化钙作干燥剂时类似。初期相对湿度趋于稳定，在0～45min内相对湿度保持在17%，之后开始上升，2h时相对湿度升至30%以上，最大相对湿度超过35%，4.5h后开始下降，且在2h到

5.75h之间相对湿度处于30%以上。这表明以生石灰为干燥剂时，干燥器内部相对湿度也难以满足所要求的实验条件。

以上实验结果表明，方案①、方案②和方案③都难以满足水泥抗起砂性能检测方法对养护条件的要求。

方案④将试块放入50℃、一定真空度的真空干燥箱中进行养护，由于内部空气压力低于标准大气压，试块表面水分蒸发加快，因此可用一定真空度下试块的水分蒸发，模拟自然界干燥条件下水分的蒸发。

综上所述，恒温真空箱养护作为水泥抗起砂性能检验方法中的养护条件相对较为合理。

由于水泥胶砂试块初期还没有产生足够强度，且方案④养护过程中需要抽真空，所以为防止因抽真空导致水泥胶砂试块表面鼓起，试块需先在低真空情况下养护一段时间，待表面达到一定强度后，再继续抽真空至所需真空度。由于恒温真空干燥箱中主要靠下部恒温铝板与试模之间的热传导来加热试块，所以试块放入恒温真空干燥箱前，试模底部和周围以及恒温铝板都要擦拭干净，并且实验前需将恒温铝板事先加热到所需的温度并保温。

7. 水泥脱水起砂量检测养护条件的确定

为了最终确定水泥脱水起砂量检测试验的养护条件，进行了如下的实验。

称取P·C 32.5复合硅酸盐水泥、水、成型用砂按水灰比1.2，胶砂比1∶6进行成型，将成型的6个试块放入50℃的真空干燥箱中。打开真空泵，调节抽气阀门，慢慢抽真空，通过透明窗口观察发现，当真空表示数小于－0.035MPa时，试块表面就会出现膨胀鼓起现象，因此，试块养护前期的真空度对应的真空表示数定为－0.03MPa。整个养护过程为：在真空表示数为－0.03MPa的低真空环境中预养4.5h，然后再抽真空至真空表示数达－0.04MPa，养护至16h。取出后用冲砂仪冲刷，冲刷用砂为500g，分别在不同时间进行三次实验，实验结果见表3-6。

表 3-6　水泥脱水起砂量检测结果

试块	冲前试块质量（g）	冲后试块质量（g）	质量差（g）	数据取舍	脱水起砂量（kg/m²）
1-1	200.36	198.69	1.67		0.77
1-2	203.75	202.01	1.74	舍去	
1-3	204.13	202.52	1.61	舍去	
1-4	196.61	194.88	1.73		
1-5	185.20	183.52	1.68		
1-6	199.43	197.70	1.73		
2-1	203.73	202.17	1.56	舍去	0.74
2-2	197.47	195.8	1.67		
2-3	203.93	202.2	1.73	舍去	
2-4	196.85	195.26	1.59		
2-5	192.64	190.97	1.67		
2-6	184.98	183.32	1.66		
3-1	200.81	199.05	1.76		0.77
3-2	196.69	195.00	1.69		
3-3	192.5	190.86	1.64	舍去	
3-4	184.85	183.17	1.68		
3-5	199.73	198.01	1.72		
3-6	189.35	187.58	1.77	舍去	

由表 3-6 可看出，第 1 组、第 2 组和第 3 组脱水起砂量分别为 0.77kg/m²、0.74kg/m²和 0.77kg/m²。经计算可知三者平均值约为 0.76kg/m²，各组脱水起砂量的相对误差分别为 1.31%，−2.63%和 1.31%，重现性和相对误差均较好。

为了研究预养时间对脱水起砂量测定结果的影响，按照相同的实验方法，分别进行不同预养时间的实验。预养时间分别设定为：2h、2.5h、3h、3.5h、4h、4.5h、5h。同时考虑到脱水起砂量测定数据已经足够大，为了更好地模拟实际情况，决定将恒温真空干燥箱恒温板的温度调整为 40℃。P·C 32.5 复合硅酸盐水泥的脱水起砂量随预养时间关系的实验结果如图 3-33 所示。

由图 3-33 可以看出，预养气压为－0.03MPa 时，在 2～4h 范围内，水泥脱水起砂量随预养护时间的延长而迅速降低，4h 之后脱水起砂量的降低幅度明显减小，4.5h 后曲线逐渐趋于平稳，脱水起砂量基本不再变化。为了尽可能地减少实验误差，将负压为－0.03MPa 的试块的预养护时间确定为 4.5h。

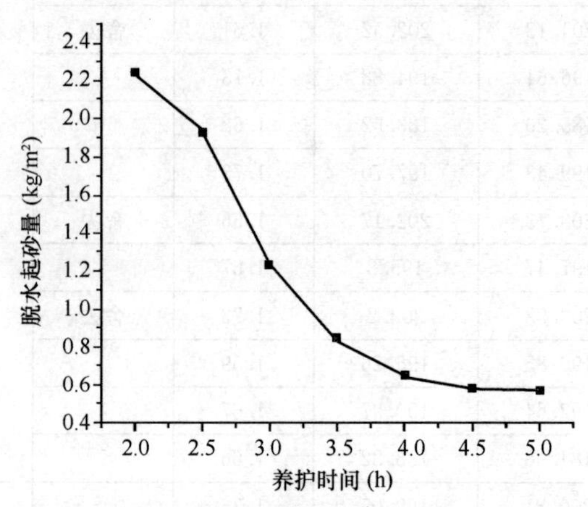

图 3-33　P·C 32.5 水泥脱水起砂量与预养时间的关系

通过上述实验，最终得到的养护条件为：将成型后的带模试块放在恒温真空干燥箱中进行养护，恒温板温度设定为 40℃，试块放入恒温真空干燥箱内开始计时。首先在－0.03MPa 负压下预养护 4.5h，然后再抽真空至－0.04MPa，养护至 16h 后自然冷却至室温取出。

8. 水泥浸水起砂量检测养护条件的确定

1）浸水养护时间确定

为了方便实验室的日常管理，水泥抗起砂性能检测最好能在 24h 内结束，以便进行下一轮的试验。浸水起砂量测定是在水膜养护下进行的，所以预养气压应为常压，即负压为零。但试块冲砂实验时，需要在干燥状态下进行，养护过程中必须要有真空干燥过程，所以，预养后进入养护阶段的养护气压应接近真空状态为宜，这样可以快速干燥，缩短养护时间。故暂时设定养护气压为－0.09MPa。

为了进一步决定预养时间和养护时间的长短，进行了如下实验：

采用武汉钢华水泥有限公司生产的P·C 32.5复合硅酸盐水泥，试模成型并刮平后，盖上5mm厚的试模盖（接触一面涂上凡士林，防漏水），然后慢慢注入5mL温度为（20±2℃）的水(用一张浸过水的小纸条靠在水泥砂浆表面，让水顺着纸条慢慢流到模具内)，置于已升温至40℃的恒温真空干燥箱中。恒温真空干燥箱养护温度设定为40℃，试块放入恒温真空干燥箱内开始计时。预养气压为常压，养护气压为−0.09MPa，预养时间和养护时间按表3-7执行。养护结束后，自动卸压并冷却至室温，取出带模试块，擦去试模外侧黏附的水泥胶砂，称取每个带模试块的初始质量，然后进行冲砂检测，实验结果如表3-7和图3-34所示。

表3-7 水泥浸水起砂量与预养时间的关系

预养时间（h）		6	8	10	12	14	16	18
养护时间（h）		17	15	13	11	9	7	5
试块质量差（g）	1号	1.15	0.80	0.76	0.66	0.63	0.67	0.70
	2号	1.10	1.01	0.76	0.67	0.60	0.67	0.71
	3号	1.12	0.91	0.96	0.72	0.68	0.70	0.72
	4号	1.16	0.78	0.69	0.72	0.76	0.65	0.64
	5号	1.22	1.08	0.78	0.58	0.68	0.43	0.59
	6号	1.23	1.06	0.83	0.80	0.71	0.67	0.56
浸水起砂量（kg/m^2）		0.52	0.43	0.35	0.31	0.30	0.30	0.30

由图3-34可见，预养时间达到12h后，再延长预养时间浸水起砂量几乎不再变化。为了节省实验时间，确定水泥浸水起砂量检测的预养时间为12h。

2）浸水养护加水量的确定

采用华新水泥股份有限公司鄂州分公司生产的P·C 32.5复合硅酸盐水泥，试模成型并刮平后，盖上5mm厚的试模盖（接

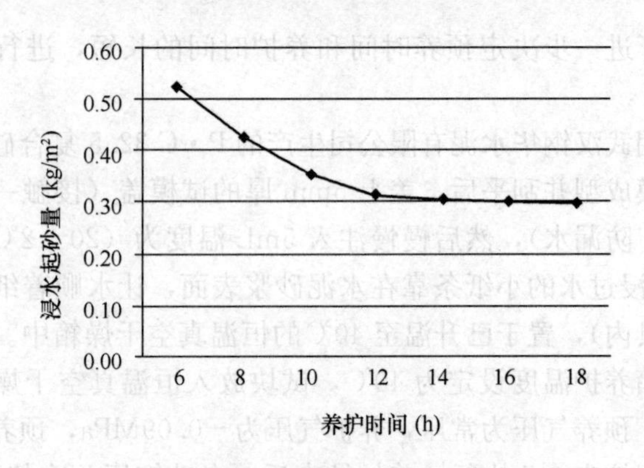

图 3-34 水泥浸水起砂量与预养时间的关系

触一面涂上凡士林，防漏水），然后慢慢注入表 3-8 规定的温度为（20±2）℃的水（用一张浸过水的小纸条靠在水泥砂浆表面，让水顺着纸条慢慢流到模具内），置于已升温至 40℃的恒温真空干燥箱中。恒温真空干燥箱养护温度设定为 40℃，试块放入恒温真空干燥箱内开始计时。预养气压为常压，养护气压为 −0.09MPa，预养时间为 12h，养护时间为 11h。养护结束后，自动卸压并冷却至室温，取出带模试块，擦去试模外侧黏附的水泥胶砂，称取每个带模试块的初始质量，然后进行冲砂检测，实验结果见表 3-8。

表 3-8 不同预养加水量的水泥浸水起砂量检测结果

预养加水量（mL）		4	5	6	7
试块质量差（g）	1号	1.89	1.58	1.85	1.76
	2号	1.45	1.73	1.54	1.65
	3号	1.57	1.62	1.67	1.56
	4号	1.86	1.87	1.73	1.93
	5号	1.55	1.69	1.79	1.63
	6号	1.47	1.64	1.69	1.67
浸水起砂量（kg/m^2）		0.73	0.75	0.77	0.75

由表 3-8 的试验结果可知，预养加水量在 4～7mL 范围内

时，试块的浸水起砂量基本上相同，变化不大。从实验方便角度考虑，确定浸水养护加水量为5mL。

3）养护气压的确定

采用华新水泥股份有限公司鄂州分公司生产的P·C 32.5复合硅酸盐水泥，试模成型并刮平后，盖上5mm厚的试模盖（接触一面涂上凡士林，防漏水），然后慢慢注入5mL温度为（20±2)℃的水（用一张浸过水的小纸条靠在水泥砂浆表面，让水顺着纸条慢慢流到模具内），置于已升温至40℃的恒温真空干燥箱中。恒温真空干燥箱养护温度设定为40℃，试块放入恒温真空干燥箱内开始计时。预养气压为常压，养护气压见表3-9，预养时间为12h，养护时间为11h。养护结束后，自动卸压并冷却至室温，取出带模试块，擦去试模外侧黏附的水泥胶砂，称取每个带模试块的初始质量，然后进行冲砂检测，实验结果见表3-9。

表3-9 不同养护气压的水泥浸水起砂量检测结果

养护气压（MPa）		−0.04	−0.05	−0.06	−0.07	−0.08	−0.09
试块质量差(g)	1号	1.34	1.54	1.88	1.58	1.85	1.80
	2号	1.29	1.48	1.80	1.66	1.61	1.76
	3号	1.37	1.65	1.69	1.56	1.78	1.97
	4号	1.33	1.54	1.78	1.57	1.63	1.75
	5号	1.51	1.67	1.79	1.49	1.71	1.79
	6号	1.62	1.41	1.60	1.57	1.81	1.80
浸水起砂量（kg/m^2）		0.62	0.71	0.79	0.71	0.78	0.80

由表3-9的实验结果可见，养护气压在−0.09～−0.05MPa范围时，浸水起砂量的检测结果相差不大。观察实验试块可见，当养护气压高于−0.05MPa时，试块底部还比较湿润，没有干透；当养护气压低于−0.05MPa后，试块就可以干透，不存在底部湿润的状态。

因此，最终将养护气压确定为−0.06MPa。

3.4　水泥抗起砂性能检验方法的可靠性

3.4.1　水泥脱水起砂量检测的可靠性

为了验证水泥脱水起砂量检测结果的可靠性和重现性，以P·C 32.5复合硅酸盐水泥为原料，按照3.2节中介绍的水泥抗起砂性能检测方法，测定水泥脱水起砂量，重复四次实验，对水泥脱水起砂量的测定方法进行重现性检验，实验结果见表3-10。

表3-10　水泥脱水起砂量的检测结果

<table>
<tr><th>试块</th><th>冲前试块质量（g）</th><th>冲后试块质量（g）</th><th>质量差（g）</th><th>数据取舍</th><th>脱水起砂量（kg/m²）</th></tr>
<tr><td>4-1</td><td>200.41</td><td>199.61</td><td>0.80</td><td></td><td rowspan="6">0.38</td></tr>
<tr><td>4-2</td><td>204.02</td><td>203.21</td><td>0.81</td><td></td></tr>
<tr><td>4-3</td><td>197.35</td><td>196.51</td><td>0.84</td><td></td></tr>
<tr><td>4-4</td><td>204.09</td><td>203.16</td><td>0.94</td><td>舍去</td></tr>
<tr><td>4-5</td><td>196.71</td><td>195.85</td><td>0.86</td><td></td></tr>
<tr><td>4-6</td><td>192.86</td><td>192.08</td><td>0.78</td><td>舍去</td></tr>
<tr><td>5-1</td><td>199.68</td><td>198.79</td><td>0.89</td><td></td><td rowspan="6">0.39</td></tr>
<tr><td>5-2</td><td>188.97</td><td>188.08</td><td>0.90</td><td>舍去</td></tr>
<tr><td>5-3</td><td>200.38</td><td>199.53</td><td>0.85</td><td></td></tr>
<tr><td>5-4</td><td>203.44</td><td>202.59</td><td>0.85</td><td></td></tr>
<tr><td>5-5</td><td>197.12</td><td>196.30</td><td>0.82</td><td>舍去</td></tr>
<tr><td>5-6</td><td>203.93</td><td>203.10</td><td>0.84</td><td></td></tr>
<tr><td>6-1</td><td>196.44</td><td>195.57</td><td>0.88</td><td></td><td rowspan="6">0.40</td></tr>
<tr><td>6-2</td><td>192.45</td><td>191.62</td><td>0.84</td><td>舍去</td></tr>
<tr><td>6-3</td><td>184.87</td><td>183.94</td><td>0.94</td><td></td></tr>
<tr><td>6-4</td><td>199.30</td><td>198.34</td><td>0.97</td><td>舍去</td></tr>
<tr><td>6-5</td><td>200.53</td><td>199.68</td><td>0.85</td><td></td></tr>
<tr><td>6-6</td><td>203.82</td><td>202.98</td><td>0.84</td><td></td></tr>
</table>

续表

试块	冲前试块质量(g)	冲后试块质量(g)	质量差(g)	数据取舍	脱水起砂量(kg/m^2)
7-1	197.21	196.26	0.96	舍去	0.38
7-2	204.34	203.54	0.81		
7-3	192.76	191.89	0.87		
7-4	185.72	184.91	0.81		
7-5	199.53	198.68	0.85		
7-6	189.43	188.68	0.75	舍去	

由表3-10可以看出，第4组、第5组、第6组和第7组试样的脱水起砂量分别为0.38kg/m²、0.39kg/m²、0.40kg/m²和0.38kg/m²，经计算其平均值为0.39kg/m²，各组脱水起砂量相对于平均值的相对误差分别为－2.60％、0.00％、2.60％和－2.60％，重现性良好，实验偏差小。

3.4.2　水泥浸水起砂量检测的可靠性

为了验证水泥浸水起砂量检测结果的可靠性和重现性，以P·C 32.5复合硅酸盐水泥为原料，按照3.2节中介绍的水泥抗起砂性能检测方法，测定水泥浸水起砂量，重复四次实验，对水泥浸水起砂量的测定方法进行重现性检验，实验结果见表3-11。

表3-11　水泥浸水起砂量的检测结果

试块	冲前试块质量(g)	冲后试块质量(g)	质量差(g)	数据取舍	浸水起砂量(kg/m^2)
1-1	196.28	194.81	1.47		0.66
1-2	200.54	199.10	1.44		
1-3	202.58	201.16	1.42	舍去	
1-4	194.77	193.17	1.60	舍去	
1-5	204.75	203.28	1.49		
1-6	203.71	202.69	1.43		

续表

试块	冲前试块质量（g）	冲后试块质量（g）	质量差（g）	数据取舍	浸水起砂量（kg/m²）
2-1	194.63	193.10	1.53		0.67
2-2	201.46	200.03	1.43	舍去	
2-3	197.57	196.12	1.45		
2-4	203.25	201.60	1.65	舍去	
2-5	203.43	201.98	1.45		
2-6	202.54	201.04	1.50		
3-1	197.32	195.76	1.56		0.69
3-2	199.89	198.37	1.52		
3-3	201.56	200.16	1.40	舍去	
3-4	200.68	199.08	1.60	舍去	
3-5	202.78	201.21	1.57		
3-6	201.56	200.11	1.45		
4-1	200.30	198.83	1.47		0.65
4-2	199.93	198.53	1.40		
4-3	202.40	201.02	1.38	舍去	
4-4	201.30	199.75	1.55	舍去	
4-5	202.53	201.07	1.46		
4-6	201.23	199.82	1.41		

由表3-11可以看出，第1组、第2组、第3组和第4组试样的浸水起砂量分别为0.66kg/m²、0.67kg/m²、0.69kg/m²和0.65kg/m²，经计算其平均值为0.67kg/m²，各组脱水起砂量相对于平均值的相对误差分别为－1.49％、0％、2.98％和－2.98％，重现性良好，实验偏差较小。

3.4.3 市售水泥的抗起砂性能检验结果

为了了解和对比目前市场上，各品种水泥的抗起砂性能和起砂量大小数值范围，特别在市场上购买和到厂家收集了一批不同品种和不同品牌的水泥，按3.2节介绍的水泥抗起砂性能检验方法，进行水泥抗起砂性能试验，试验结果见表 3-12 和表 3-13。

表 3-12 市售水泥脱水起砂量的检测结果

生产厂家	水泥品种	试验日期	每个试块的质量差 ΔM（g）						脱水起砂量（kg/m²）	平均（kg/m²）
			1	2	3	4	5	6		
湖北亚东水泥有限公司	P·Ⅱ 52.5	8/22	0.22	0.18	0.22	0.18	0.20	0.22	0.09	0.10
		8/24	0.26	0.20	0.26	0.30	0.18	0.23	0.11	
		8/25	0.21	0.26	0.18	0.19	0.24	0.23	0.10	
安徽铜陵海螺水泥有限公司	P·O 42.5	8/17	0.48	0.29	0.63	0.38	0.33	0.54	0.19	0.23
		8/18	0.73	0.56	0.48	0.62	0.38	0.44	0.24	
		8/19	0.69	0.56	0.60	0.55	0.49	0.54	0.25	
汉川汉电水泥有限责任公司	P·O 42.5	8/26	0.43	0.41	0.39	0.37	0.33	0.45	0.18	0.13
		8/27	0.25	0.20	0.29	0.22	0.37	0.21	0.11	
		8/30	0.16	0.13	0.31	0.19	0.24	0.23	0.09	
湖南常德韶峰水泥厂	P·C 32.5	10/10	0.46	0.34	0.47	0.32	0.43	0.35	0.18	0.18
		10/11	0.49	0.35	0.47	0.40	0.48	0.33	0.19	
		10/12	0.31	0.38	0.44	0.42	0.37	0.33	0.17	
湖南常德韶峰水泥厂	P·O 42.5	10/13	0.26	0.30	0.35	0.31	0.29	0.27	0.13	0.13
		10/14	0.33	0.31	0.34	0.28	0.30	0.25	0.14	
		10/15	0.30	0.36	0.29	0.24	0.27	0.25	0.12	
武汉钢华水泥有限公司	P·C 32.5	7/8	0.44	0.52	0.54	0.33	0.39	0.45	0.20	0.22
		7/9	0.54	0.53	0.58	0.62	0.54	0.53	0.25	
		7/10	0.48	0.42	0.42	0.62	0.52	0.45	0.21	
华新股份公司鄂州分公司	P·C 32.5	7/22	0.87	0.71	0.65	0.98	0.96	0.66	0.36	0.38
		7/27	0.94	0.81	0.80	0.88	0.81	0.81	0.37	
		7/28	1.03	0.93	0.90	0.89	0.95	0.75	0.41	
华新水泥股份公司信阳分公司	P·C 32.5	7/29	0.43	0.30	0.32	0.30	0.25	0.31	0.14	0.14
		7/30	0.30	0.26	0.21	0.26	0.24	0.29	0.12	
		8/03	0.38	0.38	0.34	0.43	0.30	0.29	0.16	

续表

生产厂家	水泥品种	试验日期	每个试块的质量差 ΔM (g)						脱水起砂量 (kg/m^2)	平均 (kg/m^2)
			1	2	3	4	5	6		
青海宏扬水泥有限责任公司	P·C 32.5	8/04	0.64	0.50	0.75	0.62	0.75	0.70	0.30	0.31
		8/05	0.50	0.69	0.79	0.50	0.77	0.60	0.29	
		8/06	0.75	0.69	0.76	0.91	0.76	0.82	0.35	
湖北省联发水泥有限公司	P·C 32.5	8/10	0.81	0.86	0.78	1.03	0.82	0.79	0.37	0.33
		8/12	0.69	0.65	0.68	0.71	0.72	0.75	0.32	
		8/13	0.79	0.70	0.65	0.75	0.68	0.66	0.31	
HBGQ 水泥制造有限公司	P·S·B 32.5	7/13	1.93	1.66	1.68	1.73	1.61	1.80	0.77	0.78
		7/14	1.76	1.27	1.82	1.74	1.55	1.68	0.76	
		7/15	2.05	1.68	1.78	1.86	1.65	1.77	0.80	
HBWH 建材有限公司	P·S·B 32.5	7/16	3.47	3.14	3.75	3.7	3.18	3.71	1.58	1.62
		7/20	4.07	3.71	3.86	4.07	3.47	3.55	1.71	
		7/21	3.68	3.27	3.77	3.45	3.1	3.56	1.57	

注：试验时间均为 2015 年。

由表 3-12 可见，不同品种水泥的抗起砂性能相差很大，一般高强度等级的水泥抗脱水起砂性能较好，如 P·O 52.5 水泥；低强度等级的水泥抗脱水起砂性能较差，如 P·S·B 32.5 水泥。但，相同强度等级不同厂家生产的水泥之间的抗脱水起砂性能，会有很大的差别。抗脱水起砂性能差的如 HBWH 建材有限公司生产的 P·S·B 32.5 矿渣硅酸盐水泥，平均脱水起砂量是 1.62kg/m²；而华新水泥股份公司信阳分公司生产的 P·C 32.5 水泥的抗脱水起砂性能却很好，脱水起砂量只有 0.14kg/m²，甚至比 P·O 42.5 水泥都要好。

由表 3-13 可见，通用水泥的浸水起砂量，通常在 0.5～1.0kg/m²之间。一般情况下，同一水泥的浸水起砂量通常大于脱水起砂量。水泥强度等级越高，其浸水起砂量并不是越小。如湖北亚东水泥有限公司的 P·Ⅱ 52.5 水泥，浸水起砂量高达

0.70kg/m²，而武汉钢华水泥有限公司的 P·C 32.5 水泥的浸水起砂量才只有 0.41kg/m²。所以，水泥浸水起砂量的大小与水泥强度等级的高低，关系不是很大。

表 3-13 市售水泥浸水起砂量的检测结果

生产厂家	水泥品种	每个试块的质量差 ΔM (g)						浸水起砂量 (kg/m²)
		1	2	3	4	5	6	
湖北亚东水泥有限公司	P·Ⅱ52.5	1.57	1.48	1.53	1.67	1.68	1.47	0.70
湖北亚东水泥有限公司	P·O 42.5	1.27	1.13	1.12	1.36	1.38	1.11	0.55
湖南常德韶峰水泥厂	P·O 42.5	1.59	1.55	1.48	1.42	1.61	1.40	0.68
武汉亚东水泥有限公司	P·O 42.5	1.47	1.4	1.51	1.54	1.56	1.35	0.67
汉川汉电水泥有限责任公司	P·O 42.5	1.30	1.33	1.38	1.24	1.22	1.39	0.59
华新水泥股份公司黄石分公司	P·O 42.5	1.22	1.24	1.26	1.23	1.19	1.30	0.57
新乡金灯水泥有限公司	P·O 42.5	0.81	0.89	0.95	0.94	0.99	0.80	0.40
华新股份公司鄂州分公司	P·C 32.5	2.08	2.10	2.01	1.95	2.15	1.92	0.92
武汉钢华水泥有限公司	P·C 32.5	0.94	0.95	0.87	0.98	1.01	0.85	0.41
新乡金灯水泥有限公司	P·C 32.5	0.88	0.94	0.93	0.95	1.01	0.86	0.42
武汉亚东水泥有限公司	P·C 32.5	2.15	2.15	2.12	2.29	2.10	2.30	0.98
湖南韶峰水泥公司	P·C 32.5	1.41	1.56	1.54	1.59	1.39	1.60	0.69
湖北白兆山水泥公司	P·C 32.5	2.13	2.13	2.05	2.15	2.01	2.16	0.95
华新水泥股份公司信阳分公司	P·C 32.5	1.23	1.21	1.27	1.30	1.19	1.35	0.56

续表

生产厂家	水泥品种	每个试块的质量差 ΔM（g）						浸水起砂量（kg/m²）
		1	2	3	4	5	6	
湖北省联发水泥有限公司	P·C 32.5	1.73	1.89	1.75	1.81	1.90	1.71	0.81
青海宏扬水泥有限责任公司	P·C 32.5	1.46	1.38	1.42	1.48	1.51	1.45	0.65
HBGQ 水泥制造有限公司	P·S·B 32.5	2.68	2.72	2.74	2.63	2.81	2.60	1.27
HBWH 建材有限公司	P·S·B 32.5	5.65	5.55	5.40	5.48	5.81	5.35	2.48

4 通用硅酸盐水泥配比对抗起砂性能的影响

通用硅酸盐水泥包括硅酸盐水泥、普通硅酸盐水泥、矿渣硅酸盐水泥、火山灰质硅酸盐水泥、粉煤灰硅酸盐水泥和复合硅酸盐水泥，是大量土木工程一般用途的水泥，是目前市场上使用量最大的水泥品种。

本章旨在研究通用硅酸盐水泥组分对其抗起砂性能的影响，了解各种不同配比的通用水泥的抗起砂性能，最终达到通过组分的调整，提高通用水泥抗起砂性能的目的。

4.1 通用硅酸盐水泥脱水起砂量检测

4.1.1 通用硅酸盐水泥的配制

将2.1节中介绍的原料，按表4-1所示的配比，混合制成各种通用硅酸盐水泥。其中：A1为P·Ⅰ型硅酸盐水泥；A2为P·Ⅱ型硅酸盐水泥；B1～B6为普通硅酸盐水泥；C1～C9为矿渣硅酸盐水泥；D1～D4为粉煤灰硅酸盐水泥；E1～E4为火山灰质硅酸盐水泥；F1～F9为复合硅酸盐水泥。

表4-1 各种通用硅酸盐水泥的配比

编号	水泥配比（%）					
	熟料	石膏	矿渣	粉煤灰	煤矸石	石灰石
A1	95	5				
A2	91	5	4			
B1	85	5	10			
B2	85	5		10		
B3	85	5			10	
B4	75	5	20			
B5	75	5		20		
B6	75	5			20	

续表

编号	水泥配比（%）					
	熟料	石膏	矿渣	粉煤灰	煤矸石	石灰石
C1	70	5	25			
C2	60	5	35			
C3	50	5	45			
C4	40	5	55			
C5	30	5	65			
C6	41	4	50			5
C7	40	5	50			5
C8	39	6	50			5
C9	38	7	50			5
D1	73	5		22		
D2	68	5		27		
D3	63	5		32		
D4	58	5		37		
E1	73	5			22	
E2	68	5			27	
E3	63	5			32	
E4	58	5			37	
F1	45	5	35			15
F2	45	5	30			20
F3	45	5	25			25
F4	60	5		30		5
F5	60	5		25		10
F6	60	5		20		15
F7	65	5			25	5
F8	65	5			20	10
F9	65	5			15	15

4.1.2 通用硅酸盐水泥的性能检测

分别对表4-1列出的各种配比的通用硅酸盐水泥的各项物理性能进行检测，同时，按照3.2节所介绍的水泥抗起砂性能检验方法进行实验，各品种通用硅酸盐水泥的物理力学性能和脱水起砂量测定结果见表 4-2。

表 4-2 各种通用硅酸盐水泥基本性能及起砂性能检测结果

编号	标准稠度(%)	初凝(min)	终凝(min)	安定性(mm)	1d 强度(MPa)		3d 强度(MPa)		28d 强度(MPa)		脱水起砂量(kg/m²)
					抗折	抗压	抗折	抗压	抗折	抗压	
A1	27.0	153	190	0.5	4.5	20.2	6.9	35.5	9.5	58.0	0.19
A2	26.6	163	192	0	4.6	18.2	6.7	32.0	9.5	54.6	0.20
B1	26.4	166	207	0.5	4.1	15.0	5.9	29.8	9.5	53.3	0.23
B2	26.5	185	245	0	4.7	18.7	7.2	32.0	8.5	52.2	0.23
B3	27.0	180	258	0	4.3	18.6	6.4	31.7	8.9	51.1	0.24
B4	25.7	180	234	0	3.9	14.3	6.3	28.2	11.2	51.6	0.28
B5	26.0	190	240	0	2.6	10.2	4.3	22.2	9.2	42.3	0.38
B6	26.1	196	242	0	3.0	11.6	5.0	24.2	8.8	41.8	0.37
C1	26.3	162	228	1.0	3.4	12.4	6.0	26.1	8.8	55.2	0.27
C2	26.2	155	230	0.5	3.6	12.1	5.9	25.5	9.7	57.5	0.30
C3	26.3	154	232	0.5	3.0	10.3	5.5	21.9	9.9	52.6	0.33
C4	26.2	207	287	0	2.7	8.5	5.4	19.2	9.9	52.7	0.35
C5	26.2	225	302	0	2.0	6.7	4.9	19.4	9.1	47.7	0.36
C6	25.7	192	237	0	3.3	10.1	5.8	22.0	12.3	50.5	0.40
C7	26.0	185	249	0	4.0	11.9	6.4	24.0	11.8	51.5	0.39
C8	26.1	178	233	0	2.2	8.0	6.5	24.9	11.9	49.2	0.38
C9	26.0	176	234	0	3.8	12.7	7.0	25.9	12.2	40.6	0.34
D1	27.1	208	248	0	3.4	13.5	5.8	25.5	8.8	45.4	0.38
D2	26.9	209	258	0	3.1	12.2	5.4	23.0	8.9	41.2	0.41
D3	26.9	213	264	0.5	2.7	10.4	5.0	20.8	7.9	38.0	0.60
D4	26.9	223	273	0.5	2.2	9.1	4.3	18.7	7.8	35.1	0.72
E1	27.6	178	249	0	3.5	14.2	5.7	26.9	8.5	44.3	0.39
E2	27.7	176	267	0	3.1	12.7	5.2	24.1	7.5	40.8	0.41
E3	28.0	183	271	0	2.9	12.1	5.0	22.0	6.9	36.3	0.45
E4	27.9	203	296	0.5	2.6	10.7	4.4	19.6	6.6	31.6	0.50

续表

编号	标准稠度(%)	初凝(min)	终凝(min)	安定性(mm)	1d强度(MPa)		3d强度(MPa)		28d强度(MPa)		脱水起砂量(kg/m^2)
					抗折	抗压	抗折	抗压	抗折	抗压	
F1	26.2	185	238	0	2.5	8.2	5.4	20.0	11.6	45.8	0.31
F2	26.0	175	228	0.5	2.9	10.0	5.1	19.6	10.8	42.4	0.38
F3	25.9	170	215	0.5	2.6	9.5	5.0	18.8	10.5	40.9	0.54
F4	27.0	195	244	0	2.0	7.3	2.7	12.1	8.2	29.7	0.64
F5	26.8	189	238	0.5	1.8	6.7	2.6	13.2	6.8	28.5	0.51
F6	26.6	170	220	0.5	2.1	7.3	3.0	11.1	7.3	28.3	0.74
F7	27.2	185	244	0.5	2.0	7.6	3.5	15.0	6.5	28.8	0.55
F8	27.1	182	223	0.5	1.8	7.7	3.6	15.6	6.7	28.6	0.54
F9	27.2	178	243	1.0	1.9	7.5	4.4	15.7	7.0	28.5	0.52

4.2 通用硅酸盐水泥脱水起砂量分析

4.2.1 硅酸盐水泥脱水起砂量分析

由表4-2可以看出，按A1、A2配比配制的P·Ⅰ型和P·Ⅱ型硅酸盐水泥的脱水起砂量分别为0.19kg/m²和0.20kg/m²，与其他各种通用硅酸盐水泥相比，这两种水泥的脱水起砂量最小，抗起砂性能最好。

4.2.2 普通硅酸盐水泥脱水起砂量分析

按照B1～B6配比配制的不同普通硅酸盐水泥的脱水起砂量绘制成的条形图，如图4-1所示。可见，石膏掺量不变时，随着熟料含量由85%降低到75%，活性混合材掺量由10%提高到20%，分别以矿渣、粉煤灰、煤矸石为活性混合材的普通硅酸盐水泥的脱水起砂量都有所增加。其中，B1与B4相比，起砂量由0.23kg/m²增大到0.28kg/m²；而B2与B5相比，起砂量由0.23kg/m²增大到0.38kg/m²；B3与B6相比，起砂量由0.24kg/m²增加到0.37kg/m²。以矿渣为活性混合材的普通硅酸盐水泥起砂量变化幅度最小，以粉煤灰为活性混合材的普通硅酸盐水泥起砂量变化幅度最大。

在熟料和石膏掺量相同的情况下，活性混合材掺量为10%时，掺加不同活性混合材的普通硅酸盐水泥脱水起砂量相差不大；活性混合材掺量为20%时，普通硅酸盐水泥中掺加矿渣时的脱水起砂量明显低于掺加粉煤灰、煤矸石时的脱水起砂量。

综上所述，当普通硅酸盐水泥以矿渣为混合材时，提高矿渣掺量对水泥脱水起砂量影响不大。当使用粉煤灰或煤矸石混合材时，就不宜掺太多的混合材，否则水泥脱水起砂量将明显增大，水泥抗起砂性能将下降。

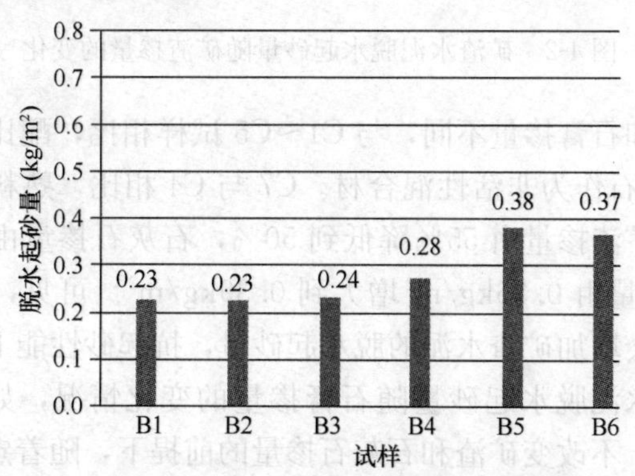

图 4-1　普通硅酸盐水泥的脱水起砂量

4.2.3　矿渣掺量对矿渣水泥脱水起砂量影响

按C1～C5配比配制的水泥为矿渣硅酸盐水泥。矿渣硅酸盐脱水起砂量随矿渣掺量的变化情况，如图4-2所示。可见，在石膏掺量不变的情况下，随着熟料含量由70%降至30%，矿渣掺量由25%提高到65%，矿渣硅酸盐水泥的脱水起砂量不断增大，由0.27kg/m^{2}增大到了0.36kg/m^2。这表明，在矿渣硅酸盐水泥中，随矿渣掺量的不断增加，其脱水起砂量也不断增大，起砂性能不断降低。

4.2.4　石膏掺量对矿渣水泥脱水起砂量影响

在C6～C9矿渣硅酸盐水泥试样中，矿渣和石灰石掺量相

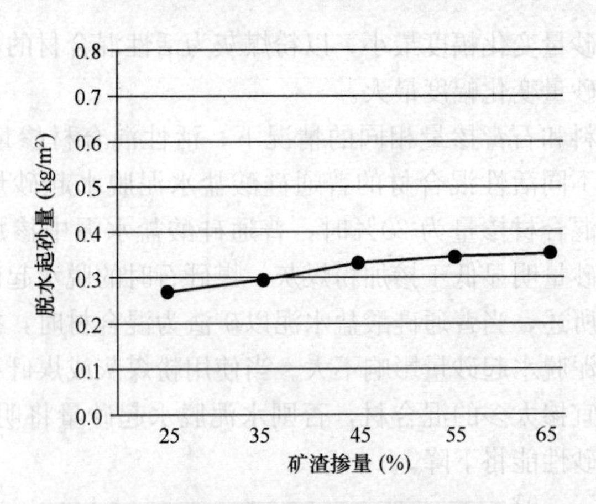

图 4-2 矿渣水泥脱水起砂量随矿渣掺量的变化

同，熟料和石膏掺量不同，与 C1～C5 试样相比，配比中增加了5％的石灰石作为非活性混合材。C7 与 C4 相比，熟料和石膏掺量相同，矿渣掺量由 55％降低到 50％，石灰石掺量由零增加到 5％，起砂量由 0.35kg/m^2 增大到 0.39kg/m^2。可见，用石灰石替代矿渣会增加矿渣水泥的脱水起砂量，抗起砂性能下降。

矿渣水泥脱水起砂量随石膏掺量的变化情况，如图 4-3 所示。可见，不改变矿渣和石灰石掺量的前提下，随着熟料含量由 41％降至 38％，石膏掺量由 4％提高到 7％，矿渣水泥的脱水起砂量不断减小，由 0.40kg/m^2 减小到 0.34kg/m^2。这表明，矿渣水泥脱水起砂量随石膏掺量的不断增加而不断减小，抗起砂性能不断提高，也就是说提高石膏掺量可以提高矿渣水泥的抗脱水起砂性能。

4.2.5 粉煤灰水泥脱水起砂量分析

按 D1～D4 配比配制的水泥为粉煤灰硅酸盐水泥。粉煤灰硅酸盐水泥由于粉煤灰掺量不同，其脱水起砂量的变化情况如图 4-4 所示。可见，保持石膏掺量一定时，随着熟料含量由 73％降至 58％，粉煤灰掺量由 22％提高到 37％，粉煤灰硅酸盐水泥的脱水起砂量不断增大，由 0.38kg/m^2 增大到了 0.72kg/m^2。

上述实验结果表明，粉煤灰硅酸盐水泥的脱水起砂量随粉煤

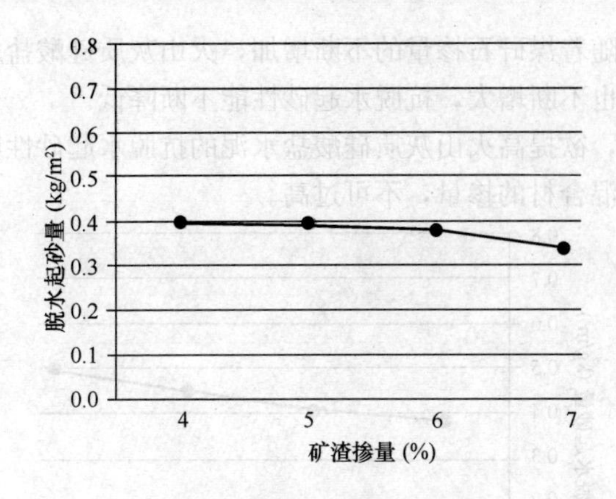

图 4-3　矿渣水泥脱水起砂量随石膏掺量的变化

灰掺量的增加而显著增大。欲提高粉煤灰硅酸盐水泥的抗脱水起砂性能，宜降低粉煤灰的掺量。

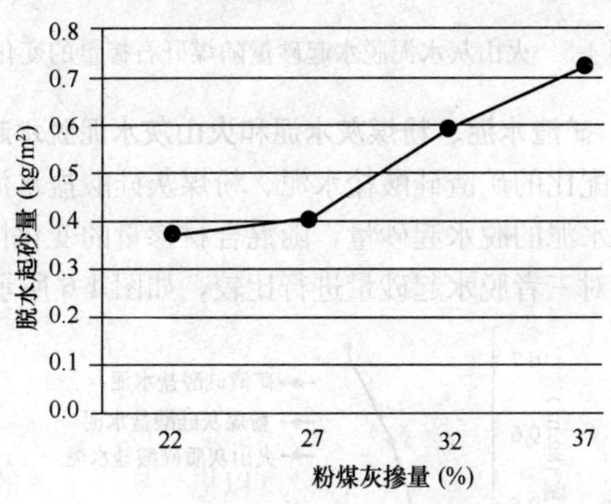

图 4-4　粉煤灰水泥起砂量随粉煤灰掺量的变化情况

4.2.6　火山灰质硅酸盐水泥脱水起砂量分析

按 E1～E4 配比配制的水泥为火山灰质硅酸盐水泥，火山灰质硅酸盐水泥脱水起砂量随煤矸石掺量的变化情况，如图 4-5 所示。可见，在石膏掺量不变时，随着熟料含量由 73%降至 58%，煤矸石掺量由 22%提高到 37%，火山灰质硅酸盐水泥的脱水起砂量不断增大，由 0.39kg/m² 增大到了 0.50kg/m²。上述实验结果表明，随着煤矸石掺量的不断增加，火山灰质硅酸盐水泥的脱水起砂量也不断增大，抗脱水起砂性能不断降低。

因此，欲提高火山灰质硅酸盐水泥的抗脱水起砂性能，宜控制火山灰混合材的掺量，不可过高。

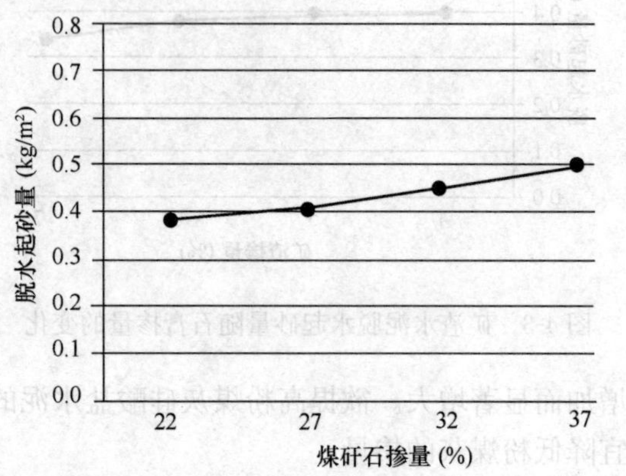

图 4-5　火山灰水泥脱水起砂量随煤矸石掺量的变化

4.2.7　矿渣水泥、粉煤灰水泥和火山灰水泥脱水起砂量比较

将不同配比的矿渣硅酸盐水泥、粉煤灰硅酸盐水泥以及火山灰质硅酸盐水泥的脱水起砂量，随混合材掺量的变化情况绘制在同一图中，对三者脱水起砂量进行比较，如图 4-6 所示。

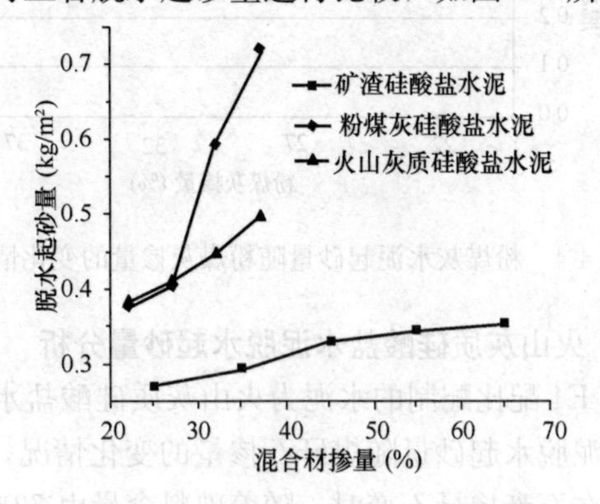

图 4-6　三种水泥抗脱水起砂性能的比较

由图 4-6 可见，三种水泥的脱水起砂量都随混合材掺量的增

加而增大，但矿渣硅酸盐水泥脱水起砂量的增加较平缓，而粉煤灰硅酸盐水泥和火山灰质硅酸盐水泥脱水起砂量的增加则较为迅速。在混合材掺量相同时，矿渣硅酸盐水泥的脱水起砂量明显小于粉煤灰硅酸盐水泥和火山灰质硅酸盐水泥。因此，三者之中矿渣硅酸盐水泥的抗脱水起砂性能最好。

在混合材掺量为22%和27%时，粉煤灰硅酸盐水泥和火山灰质硅酸盐水泥的脱水起砂量相差不大，之后随着混合材掺量的增大，粉煤灰硅酸盐水泥的脱水起砂量明显高于火山灰质硅酸盐水泥的脱水起砂量。

通过上述实验可知，在混合材掺量相同的条件下，矿渣硅酸盐水泥的抗脱水起砂性能要远远优于粉煤灰硅酸盐水泥和火山灰质硅酸盐水泥；而在混合材掺量相同的条件下，用煤矸石配制的火山灰质硅酸盐水泥的抗脱水起砂性能优于粉煤灰硅酸盐水泥。

4.2.8　复合硅酸盐水泥脱水起砂量分析

在复合硅酸盐水泥中，F1～F3由矿渣与石灰石复合配制而成；F4～F6由粉煤灰与石灰石复合配制而成；F7～F9由煤矸石与石灰石复合配制而成；这几种复合硅酸盐水泥的脱水起砂量变化情况如图4-7所示。

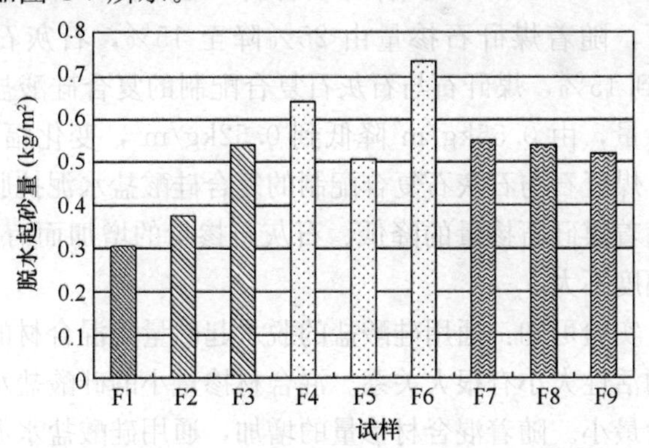

图4-7　不同配比的复合硅酸盐水泥的脱水起砂量

由图4-7中F1～F3试样可以看出，在其他条件不变时，随着矿渣掺量由35%降至25%，石灰石掺量由15%增长到25%，矿渣与石灰石复合配制的复合硅酸盐水泥脱水起砂量，由0.31kg/m²提高到了0.54kg/m²。这表明，矿渣与石灰石复合配制的复合硅酸盐水泥抗脱水起砂性能，随着矿渣掺量的降低、石灰石掺量的增加而不断下降。也就是说，使用矿渣和石灰石复合生产复合硅酸盐水泥时，在熟料和石膏掺量不变的条件下，欲提高其抗脱水起砂性能，应提高矿渣的掺量，适当降低石灰石的掺量。

由图4-7中的F4～F6试样可以看出，粉煤灰和石灰石复合配制的复合硅酸盐的脱水起砂量相对于其他复合硅酸盐水泥而言，脱水起砂量较大。在熟料和石膏掺量不变的情况下，随着粉煤灰掺量由30％降至20％，相应石灰石掺量由5％增长到15％，粉煤灰与石灰石复合配制的复合硅酸盐水泥脱水起砂量，先由0.64kg/m²降低到0.51kg/m²，然后又提高到0.74kg/m²。这表明，粉煤灰与石灰石复合配制的复合硅酸盐水泥的抗脱水起砂性能，随着粉煤灰掺量的降低、石灰石掺量的增加先提高，而后又降低，也就是说粉煤灰和石灰石应有一个最佳配比，可使得该品种水泥抗脱水起砂性能达到最佳。

由图4-7中F7～F9试样可以看出，在熟料和石膏掺量不变的情况下，随着煤矸石掺量由25％降至15％，石灰石掺量由5％增长到15％，煤矸石与石灰石复合配制的复合硅酸盐水泥的脱水起砂量，由0.55kg/m²降低到0.52kg/m²，变化幅度不大。这表明，煤矸石与石灰石复合配制的复合硅酸盐水泥抗脱水起砂性能，随着煤矸石掺量的降低、石灰石掺量的增加而有所提高，但变化幅度不大。

以上实验可知：通用硅酸盐的脱水起砂量与混合材的掺量和混合材的活性大小有很大关系。混合材掺量小的硅酸盐水泥，脱水起砂量最小。随着混合材掺量的增加，通用硅酸盐水泥的脱水起砂量渐渐变大。在混合材掺量相同的情况下，混合材的活性大小直接影响通用硅酸盐水泥的脱水起砂量。用矿渣生产的通用硅酸盐水泥，因其混合材活性高，在相同的混合材掺量下，其抗脱水起砂性能比粉煤灰和煤矸石及石灰石要好得多。

这主要是由于水泥拌水后，首先是熟料矿物先水化。硅酸盐水泥中熟料含量很高，水泥水化迅速，很快就形成较高的强度，不太容易被外力破坏，所以抗起砂性能特别好。

而掺加了混合材的水泥，加水后熟料首先水化，水化产生水化硅酸钙和 $Ca(OH)_2$，然后 $Ca(OH)_2$ 作为碱性激发剂，与活性混合材所含的活性组分作用，使活性组分崩溃、解离，潜在水硬性被激发出来。矿渣是经淬冷成粒后得到的，玻璃体含量较高，活性相对最高。在碱激发作用下水化快于粉煤灰和煤矸石，早期水化产物相对较多，早期强度相对较高。而粉煤灰在碱性激发剂作用下水化，虽然与煤矸石很相似，但是粉煤灰的玻璃体结构更加稳定，表面更致密，被 $Ca(OH)_2$ 侵蚀破坏的速度较慢。所以，以矿渣为活性混合材的普通水泥的抗脱水起砂性能要好于以粉煤灰和火山灰为活性混合材的普通硅酸盐水泥，矿渣硅酸盐水泥的抗脱水起砂性能要优于粉煤灰硅酸盐水泥和火山灰质硅酸盐水泥。

在水泥中掺加石膏不仅起到缓凝作用，还可作为矿渣、硅酸盐水泥等的活性激发剂，促进矿渣和熟料的水化。在矿渣硅酸盐水泥中适量提高石膏的掺量，可促进其水化，起硫酸盐激发作用，提高矿渣硅酸盐水泥的早期强度，进而改善其抗脱水起砂性能。

水泥中掺入石灰石，$CaCO_3$ 颗粒可为熟料水化产物提供晶核，促进水化产物的生成。这不仅大大减小了液相中钙离子浓度，使 C_3S 表面粒子溶解加快，促进水化，而且改变了 $CaCO_3$ 颗粒表面状态，有利于水化 C_3S 颗粒之间的粘结，提高了水泥石结构的致密性。另外，$CaCO_3$ 还可与熟料中 C_3A 反应，促进晶体连生和强度发展。所以，适当掺加少量的石灰石可提高水泥早期强度，提高抗脱水起砂性能。但是，研究表明[34]，石灰石对水泥早期强度的提高有个最大值，若掺量过多，不仅无法提高水泥早期强度，还会使强度降低。所以粉煤灰和石灰石的复合体系中，石灰石掺量由 5%增加到 10%，可提高水泥早期强度，从而提高了复合硅酸盐水泥的抗脱水起砂性能；而石灰石掺量提高到15％时，石灰石掺量过多，复合硅酸盐水泥的抗脱水起砂性能又降低。在矿渣与石灰石复合制备复合硅酸盐的体系中，也会因石灰石掺量过多，导致复合硅酸盐水泥强度降低，抗脱水起砂性能下降。

4.3 通用硅酸盐水泥配比对浸水起砂量影响

在水泥的实际施工中，有很大一部分的起砂是由于水泥的泌水在混凝土表面形成了一层水膜，引起混凝土表面水灰比增大，强度下降，同时水膜中溶解有各种盐，干燥后形成起砂。因此，研究通用硅酸盐水泥配比对浸水起砂量的影响很有必要。

4.3.1 硅酸盐水泥配比对浸水起砂量的影响

将2.1节的原料，按表4-3的配比，配制成不同配比的硅酸盐水泥，检验其强度，并采用3.2节所介绍的水泥浸水起砂量检测方法进行实验，检验结果见表4-4。可见硅酸盐水泥中由于熟料掺量较多，水泥加水水化后，溶液中氢氧化钙含量较高，所以虽然早期强度很高，但水泥浸水起砂量并不是很小，远远高过脱水起砂量。

表4-3 硅酸盐水泥配比和性能

编号	水泥配比（％）			标准稠度（％）	初凝（min）	终凝（min）	安定性（mm）	1d强度（MPa）		3d强度（MPa）		28d强度（MPa）	
	熟料	矿渣	石膏					抗折	抗压	抗折	抗压	抗折	抗压
G1	95		5	26.2	180	246	0.5	2.0	7.4	5.7	30.2	9.7	57.6
G2	90	5		26.3	186	255	0.0	1.9	7.2	5.5	29.9	9.9	58.7

表4-4 硅酸盐水泥浸水起砂量

试样	单试块浸水起砂量（kg/m^2）						浸水起砂量（kg/m^2）
	1号	2号	3号	4号	5号	6号	
G1	0.55	0.56	0.50	0.54	0.52	0.50	0.53
G2	0.55	0.57	0.50	0.55	0.52	0.51	0.53

4.3.2 普通硅酸盐水泥配比对浸水起砂量的影响

将2.1节的原料，按表4-5的配比，配制成不同配比的普通硅酸盐水泥，检验其强度，并采用3.2节所介绍的水泥浸水起砂量检测方法进行实验，检验结果见表4-6。可见普通硅酸盐水泥的浸水起砂量与硅酸盐水泥相差不大。

表4-5 普通硅酸盐水泥配比和性能

编号	水泥配比（%）				标准稠度（%）	初凝（min）	终凝（min）	安定性（mm）	1d（MPa）		3d（MPa）		28d（MPa）	
	熟料	矿渣	粉煤灰	石膏					抗折	抗压	抗折	抗压	抗折	抗压
G3	75	20		5	26.5	210	270	0	1.6	5.4	4.8	23.8	8.9	48.6
G4	80		15	5	27.2	201	265	0	1.7	5.6	4.9	24.5	8.6	47.7

表4-6 普通硅酸盐水泥浸水起砂量

试样	单试块浸水起砂量（kg/m²）						浸水起砂量（kg/m²）
	1号	2号	3号	4号	5号	6号	
G3	0.56	0.44	0.60	0.54	0.59	0.58	0.57
G4	0.60	0.61	0.58	0.54	0.55	0.57	0.57

4.4.3 矿渣硅酸盐水泥配比对浸水起砂量的影响

将2.1节的原料，按表4-7的配比，配制成不同配比的矿渣硅酸盐水泥，检验其强度，并采用3.2节所介绍的水泥浸水起砂量检测方法进行实验，检验结果见表4-8和图4-8～图4-10所示。

表4-7 矿渣硅酸盐水泥配比和性能

编号	水泥配比（%）				1d（MPa）		3d（MPa）		28d（MPa）	
	熟料	矿渣	石灰石	石膏	抗折	抗压	抗折	抗压	抗折	抗压
G5	45	50	0	5	1.4	4.2	4.4	17.8	10.3	44.4
G6	35	60	0	5	1.3	4.2	5.1	19.4	9.8	45.8
G7	25	70	0	5	1.1	3.5	5.6	21.6	9.6	43.4
G8	35	56	4	5	1.7	7.5	4.4	19.4	11.3	44.1

续表

编号	水泥配比（%）				1d（MPa）		3d（MPa）		28d（MPa）	
	熟料	矿渣	石灰石	石膏	抗折	抗压	抗折	抗压	抗折	抗压
G9	35	52	8	5	1.6	7.6	4.0	20.9	9.9	38.8
G10	36	52	8	4	1.8	7.7	4.2	19.8	10.7	37.5
G11	34	52	8	6	1.3	6.8	4.2	21.4	10.6	40.0

表 4-8　矿渣硅酸盐水泥浸水起砂量

试样	单试块浸水起砂量（kg/m^2）						浸水起砂量（kg/m^2）
	1号	2号	3号	4号	5号	6号	
G5	0.70	0.74	0.71	0.74	0.76	0.68	0.72
G6	0.80	1.00	0.91	0.71	0.92	0.68	0.84
G7	0.90	1.10	1.04	0.96	1.30	0.81	1.00
G8	0.80	0.88	0.94	0.76	0.99	0.71	0.85
G9	0.82	0.90	0.92	0.80	0.98	0.70	0.86
G10	0.76	0.84	0.89	0.75	0.94	0.66	0.81
G11	0.98	1.06	1.08	0.96	1.19	0.92	1.02

由图 4-8～图 4-10 可见，在矿渣硅酸盐水泥中，随着矿渣掺量的增加，熟料掺量的减少，在石膏掺量不变的条件下，水泥浸水起砂量增加；在熟料掺量 35%，石膏掺量 5%的条件下，石灰石掺量的变化对矿渣硅酸盐水泥浸水起砂量影响不大；在矿渣掺

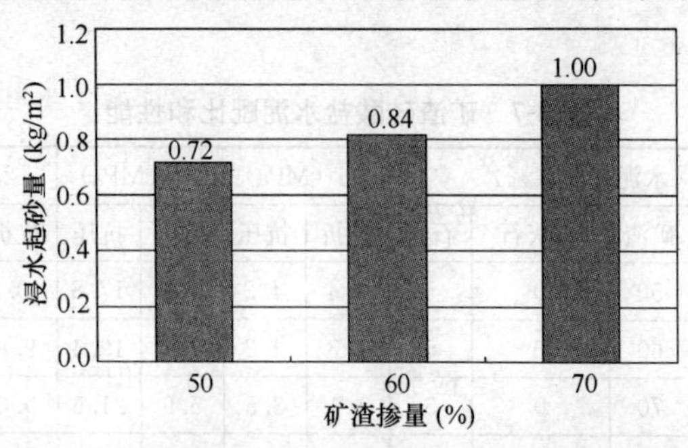

图 4-8　矿渣掺量对矿渣硅酸盐水泥浸水起砂量的影响

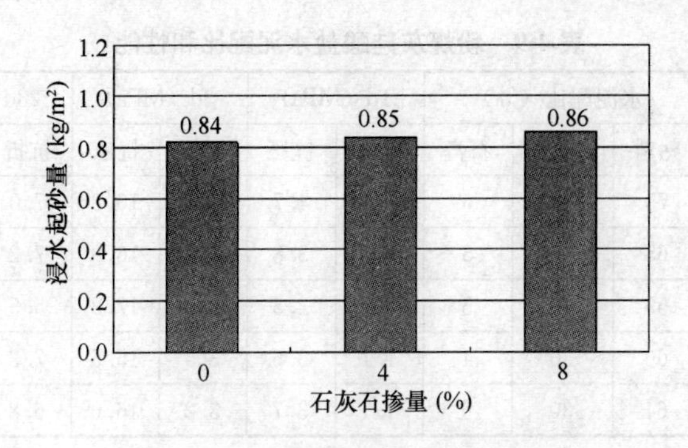

图 4-9　石灰石掺量对矿渣硅酸盐水泥浸水起砂量的影响

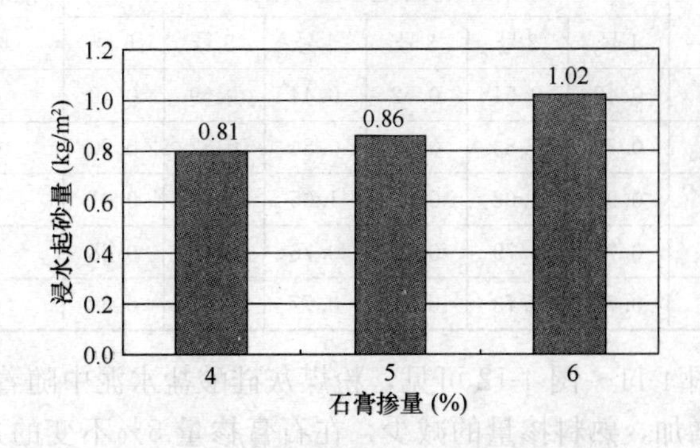

图 4-10　石膏掺量对矿渣硅酸盐水泥浸水起砂量的影响

量 52%，石灰石掺量 8%的条件下，增加石膏掺量，矿渣硅酸盐水泥的浸水起砂量稍有增加。

因此，对矿渣硅酸盐水泥而言，欲减少水泥浸水起砂量，应适当减少水泥中矿渣和石膏的掺量，增加熟料的掺量。

4.3.4　粉煤灰硅酸盐水泥配比对浸水起砂量的影响

将 2.1 节的原料，按表 4-9 的配比，配制成不同配比的粉煤灰硅酸盐水泥，检验其强度，并采用 3.2 节所介绍的水泥浸水起砂量检测方法进行实验，检验结果如表 4-10 和图 4-11～图 4-12 所示。

表 4-9　粉煤灰硅酸盐水泥配比和性能

编号	水泥配比（%）			1d（MPa）		3d（MPa）		28d（MPa）	
	熟料	粉煤灰	石膏	抗折	抗压	抗折	抗压	抗折	抗压
G12	75	20	5	1.5	4.7	4.0	16.3	7.0	41.4
G13	65	30	5	1.2	3.8	3.2	16.8	7.2	33.0
G14	55	40	5	1.0	2.5	2.5	17.2	5.5	28.1
G15	66	30	4	1.1	3.6	3.5	15.5	7.2	33.3
G16	64	30	6	1.1	3.7	3.2	16.6	6.8	32.1

表 4-10　粉煤灰硅酸盐水泥浸水起砂量

试样	单试块浸水起砂量（kg/m^2）						浸水起砂量（kg/m^2）
	1号	2号	3号	4号	5号	6号	
G12	0.42	0.54	0.52	0.44	0.59	0.40	0.48
G13	0.74	0.83	0.73	0.84	0.87	0.70	0.79
G14	0.94	1.02	0.93	1.05	1.09	0.91	0.99
G15	0.71	0.79	0.73	0.76	0.80	0.68	0.75
G16	0.71	0.73	0.79	0.77	0.81	0.69	0.75

由图 4-11～图 4-12 可见，粉煤灰硅酸盐水泥中随着粉煤灰掺量的增加，熟料掺量的减少，在石膏掺量 5%不变的条件下，粉煤灰硅酸盐水泥的浸水起砂量显著增加；在粉煤灰掺量 30%不变的条件下，改变石膏掺量，粉煤灰硅酸盐水泥的浸水起砂量变化不大。由此可见，对粉煤灰硅酸盐水泥而言，欲减少水泥的

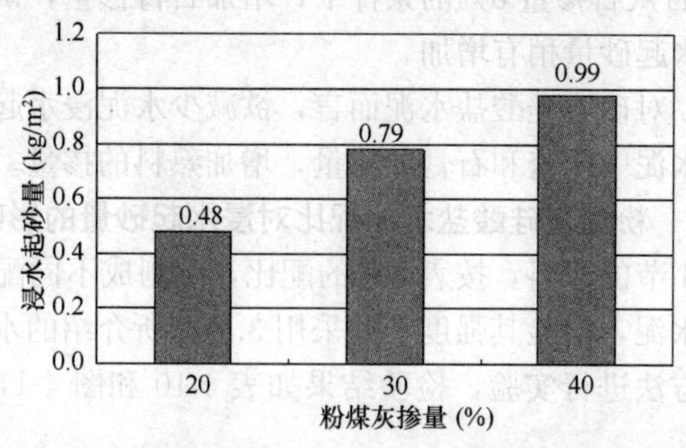

图 4-11　粉煤灰掺量对粉煤灰硅酸盐水泥浸水起砂量的影响

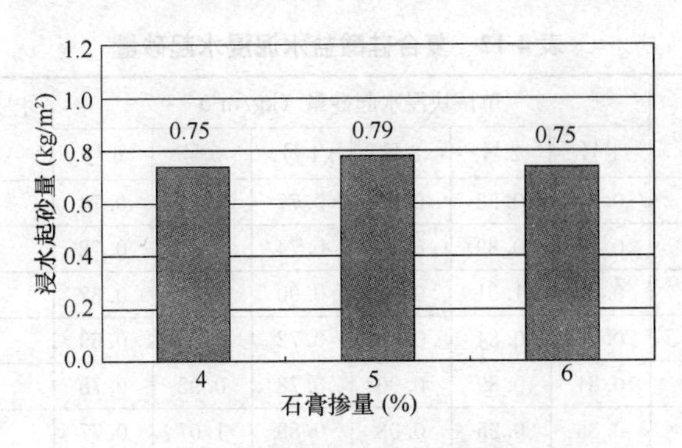

图 4-12 石膏掺量对粉煤灰硅酸盐水泥浸水起砂量的影响

浸水起砂量，应适当减少粉煤灰硅酸盐水泥中粉煤灰的掺量，增加熟料的掺量。

4.3.5 复合硅酸盐水泥配比对浸水起砂量的影响

将 2.1 节的原料，按表 4-11 的配比，配制成不同配比的复合硅酸盐水泥，检验其强度，并采用 3.2 节所介绍的水泥浸水起砂量检测方法进行实验，检验结果如表 4-12 和图 4-13～图 4-15 所示。

表 4-11 复合硅酸盐水泥配比及性能

编号	水泥配比（%）				1d（MPa）		3d（MPa）		28d（MPa）	
	熟料	矿渣	石灰石	石膏	抗折	抗压	抗折	抗压	抗折	抗压
G17	45	40	10	5	1.5	3.7	4.3	21.6	9.6	45.8
G18	45	35	15	5	1.4	3.2	4.0	17.3	10.0	43.0
G19	45	30	20	5	1.3	2.8	3.7	15.5	8.7	40.5
G20	45	36	15	4	1.3	3.0	4.2	17.8	9.8	42.8
G21	45	34	15	6	1.5	3.4	4.3	20.2	10.4	45.9
G22	50	30	15	5	1.7	3.5	4.1	18.8	10.2	40.5
G23	55	25	15	5	2.5	4.7	4.4	20.1	9.7	44.1

表 4-12 复合硅酸盐水泥浸水起砂量

试样	单试块浸水起砂量（kg/m^2）						浸水起砂量（kg/m^2）
	1号	2号	3号	4号	5号	6号	
G17	0.87	0.93	0.98	0.77	1.31	0.74	0.89
G18	0.77	0.89	0.90	0.74	0.90	0.72	0.83
G19	0.90	1.01	0.98	0.90	1.13	0.87	0.95
G20	0.74	0.84	0.86	0.72	0.89	0.69	0.78
G21	0.81	0.89	0.90	0.78	0.95	0.78	0.84
G22	0.86	0.95	0.93	0.89	1.07	0.77	0.90
G23	0.90	1.02	1.05	0.89	1.10	0.86	0.98

由图 4-13～图 4-15 可见，复合硅酸盐水泥中随着矿渣掺量的增加，熟料掺量的减少，在石灰石掺量15%和石膏掺量5%不变的条件下，水泥浸水起砂量稍有减少；在熟料掺量45%和石膏掺量5%不变的条件下，改变石灰石掺量，水泥的浸水起砂量变化不大，但石灰石掺量15%时水泥的起砂量较少；在熟料掺量45%和石灰石掺量15%不变的条件下，改变石膏掺量，水泥的浸水起砂量变化不大。

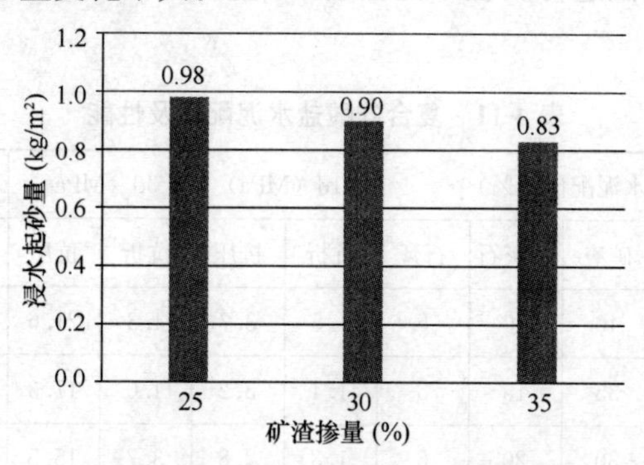

图 4-13 矿渣掺量对复合硅酸盐水泥浸水起砂量的影响

由此可见，对采用矿渣和石灰石为混合材的复合硅酸盐水泥而言，在矿渣单独粉磨的情况下，改变水泥的组分配比，对水泥浸水起砂量的影响不是很显著。增加矿渣粉的掺量，相应减少熟料粉的掺量，复合硅酸盐水泥的浸水起砂量反而有所下降。

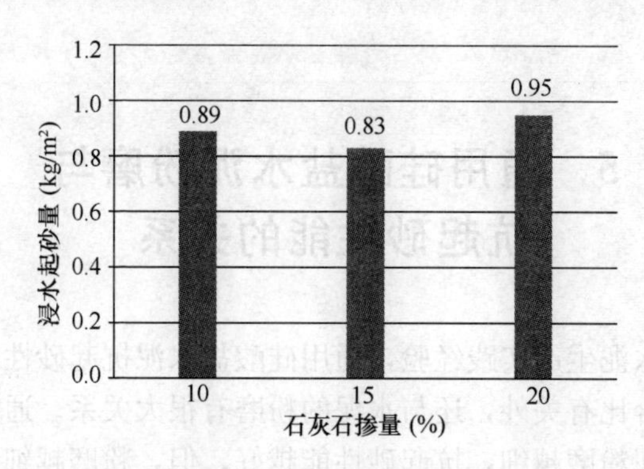

图 4-14　石灰石掺量对复合硅酸盐水泥浸水起砂量的影响

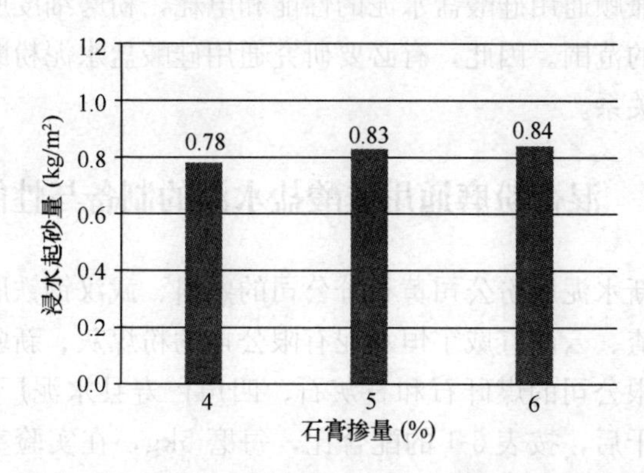

图 4-15　石膏掺量对复合硅酸盐水泥浸水起砂量的影响

5 通用硅酸盐水泥粉磨与抗起砂性能的关系

根据水泥生产实践经验，通用硅酸盐水泥抗起砂性能除了与水泥的配合比有关外，还与水泥的粉磨有很大关系。通常，通用硅酸盐水泥粉磨越细，抗起砂性能越好。但，粉磨越细，电耗越高，为了兼顾通用硅酸盐水泥的性能和电耗，粉磨细度应控制在一个适当的范围。因此，有必要研究通用硅酸盐水泥粉磨与抗起砂性能的关系。

5.1 混合粉磨通用硅酸盐水泥的制备与性能

将华新水泥股份公司黄石分公司的熟料、武汉钢铁股份有限公司的矿渣、云南宣威宇恒水泥有限公司的粉煤灰、新疆天宇华鑫水泥有限公司的煤矸石和石灰石、四川仁寿县水泥厂的石膏，破碎并烘干后，按表5-1的配合比，每磨5kg，在实验室标准磨中混合粉磨成不同比表面积的各种通用硅酸盐水泥。按2.2节的实验方法，检验各通用硅酸盐水泥的比表面积、标准稠度、凝结时间、安定性和胶砂强度。按3.2节的水泥抗起砂性能检验方法进行抗起砂性能实验。所得结果见表5-1和表5-2。表5-3为各通用硅酸盐水泥抗起砂性能检验时的起砂试块的原始数据，可见同组试样各试块之间的相对误差不大。

表5-1 各配比通用硅酸盐水泥的比表面积和起砂量的检测结果

水泥品种	编号	水泥配比（%）						比表面积（m^2/kg）	起砂量（kg/m^2）	
		熟料	石膏	矿渣	粉煤灰	煤矸石	石灰石		脱水	浸水
硅酸盐水泥	C1-1	91	5				4	323.1	0.94	1.26

续表

水泥品种	编号	水泥配比（%）						比表面积(m^2/kg)	起砂量(kg/m^2)	
		熟料	石膏	矿渣	粉煤灰	煤矸石	石灰石		脱水	浸水
硅酸盐水泥	C1-2	91	5				4	370.0	0.72	1.04
	C1-3	91	5				4	421.3	0.50	0.85
	C1-4	91	5				4	475.5	0.43	0.76
普通硅酸盐水泥	C2-1	80	5			15		270.0	1.70	1.60
	C2-2	80	5			15		346.0	0.90	1.01
	C2-3	80	5			15		381.7	0.67	0.88
	C2-4	80	5			15		411.5	0.40	0.68
	C3-1	80	5		15			311.7	1.03	0.84
	C3-2	80	5		15			378.2	0.57	0.72
	C3-3	80	5		15			422.4	0.35	0.70
	C3-4	80	5		15			446.0	0.32	0.61
矿渣硅酸盐水泥	C4-1	55	5	40				293.4	1.23	1.04
	C4-2	55	5	40				329.2	1.07	1.01
	C4-3	55	5	40				365.0	0.76	0.78
	C4-4	55	5	40				403.0	0.52	0.58
粉煤灰硅酸盐水泥	C5-1	65	5		30			325.3	1.57	1.65
	C5-2	65	5		30			351.0	0.95	1.42
	C5-3	65	5		30			396.3	0.72	1.03
	C5-4	65	5		30			451.7	0.52	0.70
火山灰质硅酸盐水泥	C6-1	65	5			30		330.0	2.13	1.89
	C6-2	65	5			30		378.7	1.24	1.41
	C6-3	65	5			30		407.8	0.93	1.04
	C6-4	65	5			30		452.1	0.54	0.68

水泥品种	编号	水泥配比（%）						比表面积（m^2/kg）	起砂量（kg/m^2）	
		熟料	石膏	矿渣	粉煤灰	煤矸石	石灰石		脱水	浸水
复合硅酸盐水泥	C7-1	60	5	20			15	326.3	1.63	1.30
	C7-2	60	5	20			15	348.4	1.40	1.27
	C7-3	60	5	20			15	383.8	1.02	0.99
	C7-4	60	5	20			15	418.8	0.71	0.66
	C8-1	65	5		20		10	348.1	1.58	1.51
	C8-2	65	5		20		10	369.7	1.33	1.40
	C8-3	65	5		20		10	398.7	1.13	0.92
	C8-4	65	5		20		10	437.1	0.68	0.79
	C9-1	65	5			20	10	326.9	1.88	1.74
	C9-2	65	5			20	10	370.9	1.26	1.30
	C9-3	65	5			20	10	407.7	0.86	1.03
	C9-4	65	5			20	10	427.9	0.59	0.84

表 5-2　各通用硅酸盐水泥物理力学性能的检验结果

编号	标准稠度（%）	初凝（min）	终凝（min）	安定性	1d（MPa）		3d（MPa）		28d（MPa）	
					抗折	抗压	抗折	抗压	抗折	抗压
C1-1	24.0	176	215	合格	2.3	6.9	4.4	17.1	7.8	42.3
C1-2	24.9	171	210	合格	2.6	8.0	4.8	18.6	8.3	43.7
C1-3	25.0	164	198	合格	2.9	8.6	5.0	19.7	8.8	44.4
C1-4	25.1	160	196	合格	3.4	10.9	5.7	22.8	8.5	47.8
C2-1	26.7	198	232	合格	1.5	4.1	3.4	11.2	6.9	31.8
C2-2	27.5	168	203	合格	1.8	5.4	3.8	14.4	7.2	33.1
C2-3	27.8	175	208	合格	2.1	5.9	4.2	15.4	7.5	37.7
C2-4	28.6	186	215	合格	2.3	7.8	5.0	18.2	8.4	41.1
C3-1	25.9	194	228	合格	1.6	4.5	3.3	11.3	7.0	34.3
C3-2	26.7	158	196	合格	2.0	6.7	4.4	17.7	8.6	39.8
C3-3	26.9	165	200	合格	2.5	9.1	5.4	20.5	9.1	46.9
C3-4	27.1	176	206	合格	3.3	11.0	6.1	23.8	8.8	50.6

续表

编号	标准稠度(%)	初凝(min)	终凝(min)	安定性	1d (MPa)		3d (MPa)		28d (MPa)	
					抗折	抗压	抗折	抗压	抗折	抗压
C4-1	25.3	235	295	合格	1.1	3.3	2.9	9.9	7.6	40.0
C4-2	25.7	197	261	合格	1.3	3.8	3.2	11.1	7.6	40.9
C4-3	25.8	195	265	合格	1.5	4.4	3.8	13.8	7.2	48.0
C4-4	26.0	196	263	合格	2.1	6.3	4.4	15.6	8.6	50.1
C5-1	26.5	223	270	合格	1.0	3.0	2.5	8.6	6.0	25.2
C5-2	27.1	198	258	合格	1.2	4.1	3.0	12.0	6.7	33.2
C5-3	27.6	199	250	合格	1.6	4.5	3.6	14.2	7.4	34.9
C5-4	27.8	201	249	合格	1.8	6.1	4.4	16.3	8.2	40.7
C6-1	26.0	241	321	合格	1.2	3.0	2.4	8.2	5.7	23.9
C6-2	27.0	205	280	合格	1.4	4.2	3.2	11.9	6.5	30.0
C6-3	28.0	200	270	合格	1.8	5.1	3.8	13.7	7.7	32.7
C6-4	28.5	198	262	合格	2.4	7.0	4.9	16.3	7.6	38.2
C7-1	24.8	247	292	合格	1.1	3.0	2.8	9.3	6.5	25.9
C7-2	25.0	176	241	合格	1.3	3.7	3.2	10.7	6.8	29.1
C7-3	25.2	170	230	合格	1.4	4.1	3.5	12.8	7.5	34.5
C7-4	25.3	165	222	合格	1.9	5.6	4.3	15.2	8.4	39.2
C8-1	25.2	257	298	合格	1.2	3.3	2.8	10.0	6.7	27.8
C8-2	25.4	162	247	合格	1.3	3.5	3.2	11.1	7.0	30.2
C8-3	25.9	177	242	合格	1.5	3.9	3.7	12.6	7.1	31.4
C8-4	26.5	170	235	合格	1.7	5.2	4.1	15.2	7.4	37.8
C9-1	26.0	262	291	合格	1.1	2.8	2.2	7.0	5.4	20.2
C9-2	26.3	169	254	合格	1.4	3.7	2.9	10.4	6.2	25.8
C9-3	26.8	160	246	合格	1.5	4.1	3.4	12.3	6.2	29.3
C9-4	27.6	156	239	合格	1.8	5.5	4.1	14.9	7.7	31.1

表 5-3 各通用硅酸盐水泥起砂量测定的原始数据

编号	脱水起砂量（kg/m²）							浸水起砂量（kg/m²）						
	1号	2号	3号	4号	5号	6号	平均	1号	2号	3号	4号	5号	6号	平均
C1-1	0.92	0.95	0.87	0.99	1.02	0.90	0.94	1.33	1.19	1.27	1.21	1.32	1.25	1.26
C1-2	0.69	0.71	0.73	0.73	0.70	0.75	0.72	1.04	1.08	1.05	0.98	1.00	1.09	1.04
C1-3	0.47	0.48	0.53	0.49	0.54	0.51	0.50	1.02	0.91	0.73	0.81	0.78	0.91	0.85
C1-4	0.41	0.42	0.46	0.44	0.49	0.41	0.43	0.80	0.84	0.78	0.78	0.71	0.82	0.80
C2-1	1.64	1.67	1.66	1.77	1.71	1.79	1.70	1.50	1.56	1.54	1.69	1.70	1.60	1.60
C2-2	0.95	0.81	0.90	0.92	0.82	0.93	0.90	0.94	1.01	0.95	1.08	1.09	1.00	1.01
C2-3	0.64	0.62	0.69	0.67	0.69	0.73	0.67	0.90	0.92	0.94	0.89	0.82	0.80	0.88
C2-4	0.36	0.40	0.48	0.32	0.44	0.41	0.40	0.66	0.63	0.62	0.71	0.73	0.74	0.68
C3-1	1.26	1.02	0.93	1.00	1.04	1.08	1.03	0.89	0.86	0.78	0.81	0.84	0.85	0.84
C3-2	0.52	0.57	0.60	0.56	0.58	0.56	0.57	0.68	0.81	0.66	0.69	0.77	0.76	0.72
C3-3	0.27	0.40	0.40	0.33	0.36	0.32	0.35	0.69	0.72	0.68	0.78	0.72	0.64	0.70
C3-4	0.31	0.40	0.36	0.33	0.23	0.30	0.32	0.58	0.61	0.55	0.63	0.63	0.67	0.61
C4-1	1.48	1.11	1.30	1.09	1.33	1.16	1.23	1.03	0.93	1.06	1.04	1.02	1.08	1.04
C4-2	1.00	1.21	0.94	1.20	1.13	0.95	1.07	0.93	1.05	1.03	0.99	1.07	0.95	1.01
C4-3	0.64	0.99	0.78	0.80	0.72	0.75	0.76	0.78	0.79	0.76	0.86	0.76	0.78	0.78
C4-4	0.52	0.42	0.53	0.66	0.59	0.44	0.52	0.54	0.54	0.57	0.64	0.64	0.57	0.58
C5-1	1.51	1.77	1.73	1.62	1.40	1.42	1.57	1.66	1.66	1.70	1.60	1.66	1.62	1.65
C5-2	0.99	0.79	0.88	0.90	1.03	1.09	0.95	1.46	1.47	1.39	1.35	1.35	1.49	1.42
C5-3	0.79	0.78	0.67	0.77	0.76	0.76	0.72	0.93	0.95	1.12	1.00	1.10	1.07	1.03
C5-4	0.59	0.41	0.49	0.52	0.49	0.56	0.52	0.70	0.72	0.76	0.64	0.68	0.71	0.70

续表

编号	脱水起砂量（kg/m²）							浸水起砂量（kg/m²）						
	1号	2号	3号	4号	5号	6号	平均	1号	2号	3号	4号	5号	6号	平均
C6-1	1.95	2.02	1.93	2.22	2.32	2.38	2.13	1.89	1.93	2.11	1.72	1.83	1.91	1.89
C6-2	1.19	1.20	1.22	1.37	1.26	1.27	1.24	1.30	1.40	1.33	1.42	1.50	1.51	1.41
C6-3	0.93	0.85	0.93	0.90	0.96	1.05	0.93	0.94	0.96	1.07	1.08	1.07	1.06	1.04
C6-4	0.46	0.52	0.52	0.50	0.65	0.62	0.54	0.75	0.64	0.65	0.67	0.73	0.66	0.68
C7-1	1.62	1.62	1.62	1.64	1.64	1.70	1.63	1.29	1.32	1.24	1.32	1.26	1.35	1.30
C7-2	1.42	1.33	1.33	1.44	1.50	1.41	1.40	1.33	1.19	1.29	1.20	1.34	1.27	1.27
C7-3	0.99	1.08	1.00	0.96	1.01	1.12	1.02	0.90	1.05	1.10	0.94	0.92	1.06	0.99
C7-4	0.76	0.67	0.68	0.73	0.77	0.69	0.71	0.67	0.65	0.70	0.60	0.62	0.72	0.66
C8-1	1.69	1.57	1.62	1.58	1.55	1.50	1.58	1.41	1.45	1.61	1.57	1.53	1.48	1.51
C8-2	1.41	1.36	1.23	1.38	1.35	1.21	1.33	1.29	1.48	1.50	1.38	1.31	1.42	1.40
C8-3	1.29	1.16	1.23	1.06	1.06	1.04	1.13	0.91	0.83	1.25	1.00	0.94	0.66	0.92
C8-4	0.68	0.62	0.70	0.72	0.63	0.73	0.68	0.71	0.81	0.83	0.80	0.84	0.73	0.79
C9-1	1.81	1.76	1.88	1.89	1.94	1.95	1.88	1.70	1.68	1.80	1.76	1.72	1.79	1.74
C9-2	1.30	1.20	1.35	1.26	1.19	1.29	1.26	1.35	1.32	1.33	1.26	1.28	1.25	1.30
C9-3	0.82	0.83	0.82	0.90	0.89	0.94	0.86	0.95	1.09	0.97	1.02	1.08	1.06	1.03
C9-4	0.60	0.53	0.65	0.56	0.55	0.67	0.59	0.93	0.81	0.83	0.78	0.90	0.81	0.84

5.2 混合粉磨比表面积对通用硅酸盐水泥抗起砂性能的影响

5.2.1 硅酸盐水泥比表面积对抗起砂性能的影响

表5-1中的C1系列试样是属于硅酸盐水泥的配合比，其中熟料掺量为91.0%，石灰石掺量为4.0%，石膏掺量为5%。在

配比相同的情况下，可见硅酸盐水泥脱水起砂量和浸水起砂量，均随比表面积的增大而减小，其变化趋势如图 5-1 所示。

由图 5-1 可见，硅酸盐水泥的脱水起砂量和浸水起砂量均随着比表面积的增大而不断减小，脱水起砂量由比表面积 323.1m^2/kg 时的 0.94kg/m^2 减小到比表面积 475.5m^2/kg 时的 0.43kg/m^2。浸水起砂量由比表面积 323.1m^2/kg 时的 1.26kg/m^2减小到比表面积 475.5m^2/kg 时的 0.76kg/m^2。随水泥比表面积的不断增大，硅酸盐水泥的脱水起砂量和浸水起砂量不断减小，抗起砂性能不断提高。但是，当硅酸盐水泥的比表面积达到 360m^2/kg 后，其抗起砂性能随比表面积的提高幅度明显减少。也就是说，硅酸盐水泥比表面积达到 360m^2/kg 后，如再提高水泥的比表面积，则对提高硅酸盐水泥抗起砂性能的作用就不是很大了。

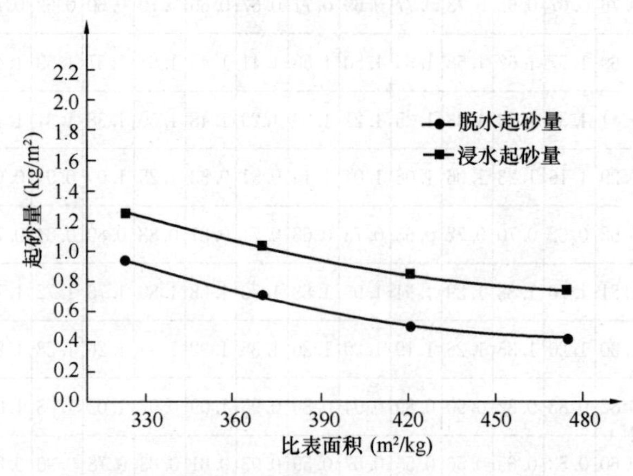

图 5-1　硅酸盐水泥比表面积对起砂量的影响

此外，由图 5-1 还可看出，硅酸盐水泥脱水起砂量总体是不大的，但浸水起砂量比脱水起砂量大很多。这主要是由于脱水起砂和浸水起砂的机理有所不同造成，硅酸盐水泥碱度高，水化后溶液中的离子含量较高，因此浸水起砂量比较大。所以，在硅酸盐水泥实际施工中，虽然硅酸盐水泥有很高的强度，但还必须避免出现泌水，否则也难以保证不出现水泥的起砂现象。

5.2.2 普通硅酸盐水泥比表面积对抗起砂性能的影响

表 5-1 中的 C2 系列试样是属于普通硅酸盐水泥的配合比，其中熟料掺量为 80.0%，煤矸石掺量为 15.0%，石膏掺量为 5%。在配比相同的情况下，可见普通硅酸盐水泥脱水起砂量和浸水起砂量，均随比表面积的增大而减小，其变化趋势如图 5-2 所示。

表 5-1 中的 C3 系列试样是属于普通硅酸盐水泥的配合比，其中熟料掺量为 80.0%，粉煤灰掺量为 15.0%，石膏掺量为 5%。在配比相同的情况下，可见普通硅酸盐水泥脱水起砂量和浸水起砂量，均随比表面积的增大而减小，其变化趋势如图 5-3 所示。

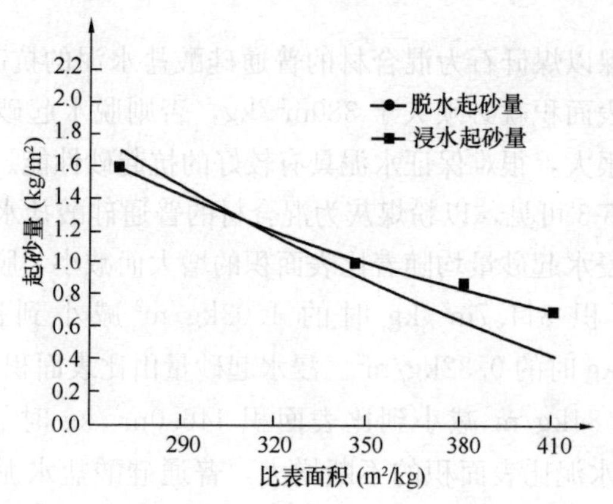

图 5-2 煤矸石为混合材的普通硅酸盐水泥比表面积对起砂量的影响

由图 5-2 可见，以煤矸石为混合材的普通硅酸盐水泥的脱水起砂量和浸水起砂量均随着比表面积的增大而显著减小，脱水起砂量由比表面积 270.0m²/kg 时的 1.70kg/m² 减小到比表面积 411.5m²/kg 时的 0.40kg/m²。浸水起砂量由比表面积 270.0m²/kg 时的 1.60kg/m² 减小到比表面积 411.5m²/kg 时的 0.68kg/m²。随着水泥比表面积的不断增大，以煤矸石为混合材的普通硅酸盐水泥的脱水起砂量和浸水起砂量均显著减小，抗起砂性能不断提高，而且变化趋势特别显著。所以，采用混合粉磨工艺

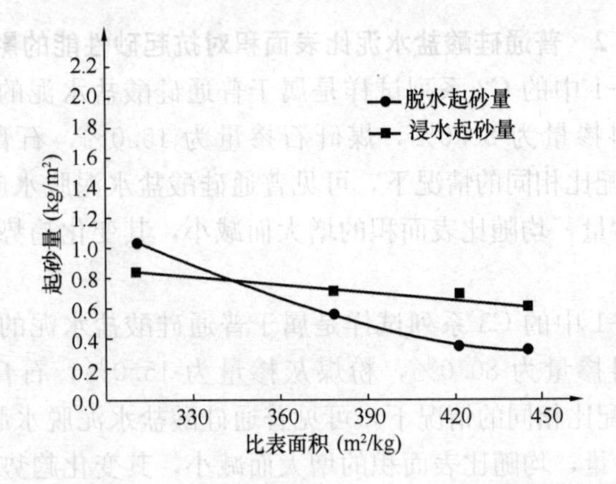

图 5-3　粉煤灰为混合材的普通硅酸盐水泥比表面积对起砂量的影响

时，欲确保以煤矸石为混合材的普通硅酸盐水泥的抗起砂性能，其粉磨比表面积就必须大于 $380m^2/kg$，否则脱水起砂量和浸水起砂量均很大，很难保证水泥具有较好的抗起砂性能。

由图 5-3 可见，以粉煤灰为混合材的普通硅酸盐水泥的脱水起砂量和浸水起砂量均随着比表面积的增大而减小，脱水起砂量由比表面积 $311.7m^2/kg$ 时的 $1.03kg/m^2$ 减小到比表面积 $446.0m^2/kg$ 时的 $0.32kg/m^2$。浸水起砂量由比表面积 $311.7m^2/kg$ 时的 $0.84kg/m^2$ 减小到比表面积 $446.0m^2/kg$ 时的 $0.61kg/m^2$。随着水泥比表面积的不断增大，普通硅酸盐水泥的脱水起砂量和浸水起砂量相应减小，抗起砂性能提高。但是，以粉煤灰为混合材的普通硅酸盐水泥的浸水起砂量随比表面积的变化幅度比较小。虽然，脱水起砂量随比表面积的变化幅度比较大，但当比表面积达到 $360m^2/kg$ 后，其脱水起砂量随比表面积的变化幅度也明显降低。也就是说，以粉煤灰为混合材的普通硅酸盐水泥的比表面积达到 $360m^2/kg$ 后，如再提高水泥的比表面积，则对提高普通硅酸盐水泥抗起砂性能的作用就很小了，这一点与以煤矸石为混合材的普通硅酸盐水泥显著不同。

因此，为了确保普通硅酸盐水泥具有较好的抗起砂性能，当以煤矸石为混合材时，普通硅酸盐水泥的粉磨比表面积应大于

380m²/kg；而以粉煤灰为混合材时，普通硅酸盐水泥粉磨比表面积相对而言可以小一些，大于 360m²/kg 即可。

5.2.3 矿渣硅酸盐水泥比表面积对抗起砂性能的影响

表 5-1 中的 C4 系列试样是属于矿渣硅酸盐水泥的配合比，其中熟料掺量为 55.0%，矿渣掺量为 40%，石膏掺量为 5%。在配比相同的情况下，矿渣硅酸盐水泥随着粉磨比表面积的增大，其脱水起砂量和浸水起砂量显著下降，其变化趋势如图 5-4 所示。

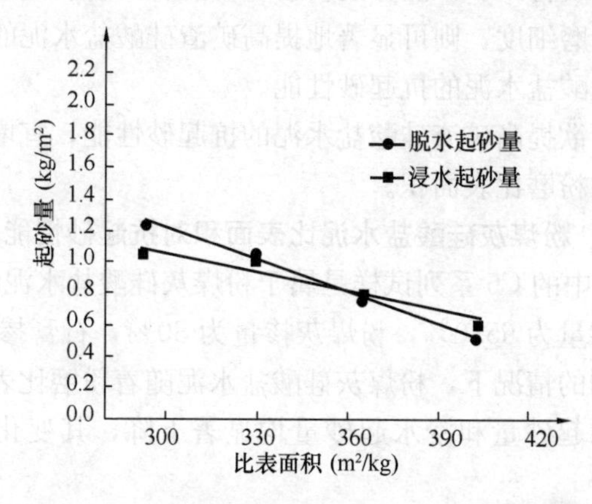

图 5-4 矿渣硅酸盐水泥比表面积对起砂量的影响

由图 5-4 可见，矿渣硅酸盐水泥的脱水起砂量和浸水起砂量，均随着粉磨比表面积的增大而显著减小。脱水起砂量由比表面积 293m²/kg 时的 1.23kg/m² 减小到比表面积 403m²/kg 时的 0.52kg/m²；浸水起砂量由比表面积 293m²/kg 时的 1.04kg/m² 减小到比表面积 403m²/kg 时的 0.58kg/m²。

此外，由图 5-4 还看出，矿渣硅酸盐水泥在粉磨比表面积比较小时，如比表面积为 293m²/kg 时，脱水起砂量比浸水起砂量大；当粉磨比表面积比较大时，如增大到 403m²/kg 时，浸水起砂量就比脱水起砂量大了，这反映了矿渣硅酸盐水泥脱水起砂和浸水起砂的机理有所不同。

矿渣硅酸盐水泥是由熟料、石膏和矿渣混合粉磨而成。其中，石膏易于粉磨，熟料次之，矿渣最难以粉磨。随着粉磨时间的延长，熟料和石膏的比表面积比较容易增长，而矿渣的实际比表面积则比较难以增长。即使矿渣水泥的比表面积达到了 $403m^2/kg$，矿渣颗粒的粉磨仍不够充分，导致混合粉磨的水泥中矿渣组分平均粒度较大，不能充分发挥矿渣组分潜在的活性。由于矿渣硅酸盐水泥中矿渣含量较多，这种情况则更加显著。因此，矿渣硅酸盐水泥的粉磨工艺最好能采取分别粉磨工艺，可先将熟料（含石膏）和矿渣分别粉磨后再混合，粉磨时通过相对提高矿渣的粉磨细度，则可显著地提高矿渣硅酸盐水泥的强度，并改善矿渣硅酸盐水泥的抗起砂性能。

总之，欲提高矿渣硅酸盐水泥的抗起砂性能，宜增大矿渣硅酸盐水泥的粉磨比表面积。

5.2.4 粉煤灰硅酸盐水泥比表面积对抗起砂性能的影响

表 5-1 中的 C5 系列试样是属于粉煤灰硅酸盐水泥的配合比，其中熟料掺量为 65.0%，粉煤灰掺量为 30%，石膏掺量为 5%。在配比相同的情况下，粉煤灰硅酸盐水泥随着粉磨比表面积的增大，其脱水起砂量和浸水起砂量均显著下降，其变化趋势如图 5-5 所示。

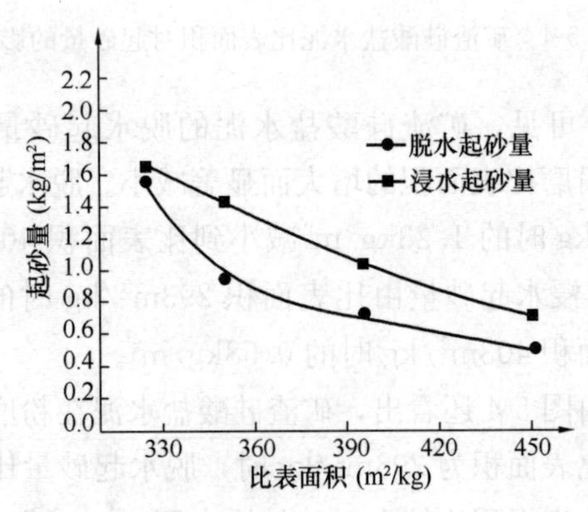

图 5-5 粉煤灰硅酸盐水泥比表面积对起砂量的影响

由图 5-5 可见，粉煤灰硅酸盐水泥的脱水起砂量和浸水起砂量均比较大，说明实际施工中，采用粉煤灰硅酸盐水泥时，是比较容易起砂的。但，粉煤灰硅酸盐水泥随着粉磨时间的延长，其脱水起砂量和浸水起砂量均可不断减小。脱水起砂量由粉磨比表面积 325.3m^2/kg 时的 1.57kg/m^2减小到比表面积 451.7m^2/kg 时的 0.52kg/m^2；浸水起砂量由粉磨比表面积 325.3m^2/kg 时的 1.65kg/m^2减小到比表面积 451.7m^2/kg 时的 0.70kg/m^2。

此外，由图 5-5 还可见到，在相同配比和相同粉磨比表面积下，粉煤灰硅酸盐水泥的浸水起砂量总是大于脱水起砂量。说明，粉煤灰硅酸盐在施工过程中，应该尽量避免出现泌水，否则极容易发生起砂现象。

所以，欲提高粉煤灰水泥的抗起砂性能，应该适当增加粉煤硅酸盐水泥的粉磨比表面积。

5.2.5　火山灰质硅酸盐水泥比表面积对抗起砂性能的影响

表 5-1 中的 C6 系列试样是属于火山灰质硅酸盐水泥的配合比，其中熟料掺量为 65.0%，煤矸石掺量为 30%，石膏掺量为 5%。在配比相同的情况下，火山灰质硅酸盐水泥随着粉磨比表面积的增大，其脱水起砂量和浸水起砂量均显著下降，其变化趋势如图 5-6 所示。

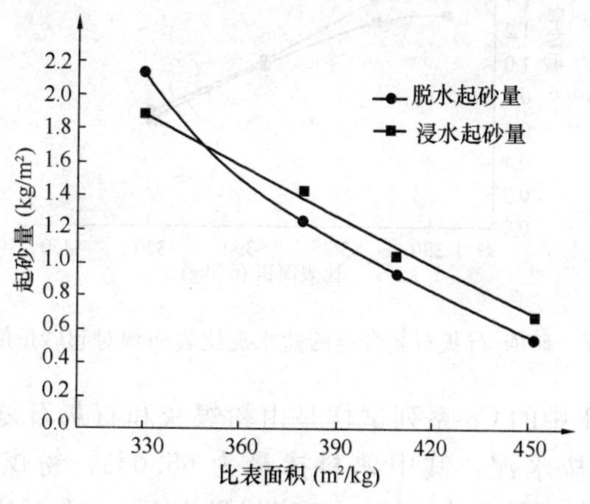

图 5-6　火山灰质水泥比表面积对起砂量的影响

由图 5-6 可见，火山灰质硅酸盐水泥无论是脱水起砂量还是浸水起砂量，均是很大的，说明火山灰质硅酸盐水泥很容易起砂。但，随着火山灰质硅酸盐水泥粉磨比表面积的增加，水泥脱水起砂量和浸水起砂量均不断减小。脱水起砂量由比表面积 330m²/kg 时的 2.13kg/m² 减小到比表面积 452.1m²/kg 时的 0.54kg/m²；浸水起砂量由比表面积 330m²/kg 时的 1.89kg/m² 减小到比表面积 452.1m²/kg 时的 0.68kg/m²。所以，欲提高火山灰质硅酸盐水泥的抗起砂性能，宜增加火山灰质硅酸盐水泥的比表面积。

5.2.6 复合硅酸盐水泥比表面积对抗起砂性能影响

表 5-1 中的 C7 系列试样是由矿渣和石灰石复合配制的复合硅酸盐水泥，其中熟料掺量为 60.0%，矿渣掺量为 20%，石灰石掺量为 15%，石膏掺量为 5%。在配比相同的情况下，该复合硅酸盐水泥随着粉磨比表面积的增大，其脱水起砂量和浸水起砂量也均呈现快速下降的趋势，其变化曲线如图 5-7 所示。

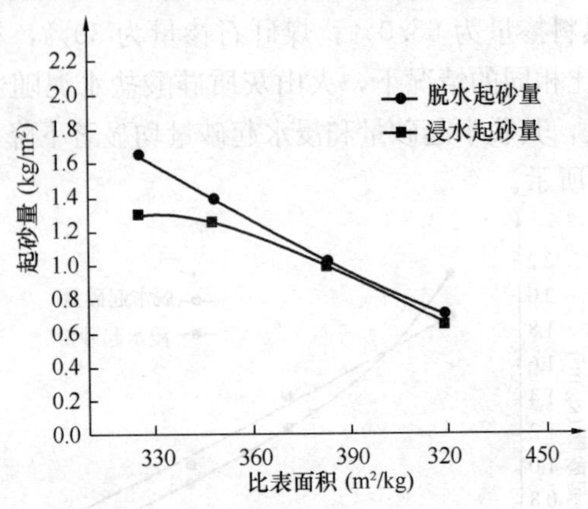

图 5-7　矿渣-石灰石复合硅酸盐水泥比表面积对起砂量的影响

表 5-1 中的 C8 系列试样是由粉煤灰和石灰石复合配制的复合硅酸盐水泥，其中熟料掺量为 65.0%，粉煤灰掺量为 20%，石灰石掺量为 10%，石膏掺量为 5%。在配比相同的情况下，该复合硅酸盐水泥随着粉磨比表面积的增大，其脱水起砂量和浸水起砂量也同样呈现快速下降的趋势，其变化曲线如图 5-8 所示。

表 5-1 中的 C9 系列试样是由煤矸石和石灰石复合配制的复合硅酸盐水泥，其中熟料掺量为 65.0%，煤矸石掺量为 20%，石灰石掺量为 10%，石膏掺量为 5%。在配比相同的情况下，该复合硅酸盐水泥随着粉磨比表面积的增大，其脱水起砂量和浸水起砂量也同样呈现快速下降的趋势，其变化曲线如图 5-9 所示。

由图 5-7～图 5-9 可见，复合硅酸盐水泥在比表面积小于 $390m^2/kg$ 情况下，无论是矿渣与石灰石复合，还是粉煤灰与石灰石复合，或是煤矸石与石灰石复合，这三种复合硅酸盐水泥的脱水起砂量和浸水起砂量均比较大。但，这三种复合硅酸盐水泥均随粉磨比表面积的增加，水泥脱水起砂量和浸水起砂量均显著降低。所以，提高复合硅酸盐水泥的粉磨比表面积，可显著提高复合硅酸盐水泥的抗起砂性能。

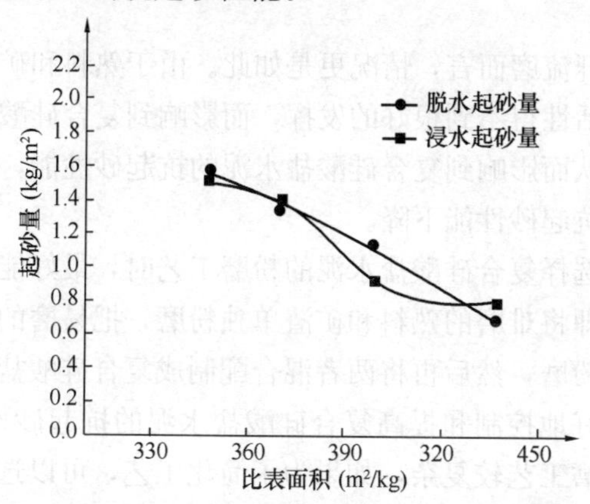

图 5-8 粉煤灰-石灰石复合硅酸盐水泥比表面积对起砂量的影响

复合硅酸盐水泥是由熟料、石膏和两种以上混合材复合粉磨而成。由于石灰石价格低廉，故在复合硅酸盐水泥中，通常都掺有石灰石，而且往往掺量都比较大。由于石灰石和石膏的易磨性比熟料和矿渣要好很多，所以，在复合硅酸盐粉磨过程中，常常会发现石灰石和石膏很快就被磨细，使得复合硅酸盐水泥的比表面积变得很大，水泥生产厂家常常会以为此时复合硅酸盐水泥已经磨得很细了。而实际上，此时的熟料和矿渣并没被充分磨细，

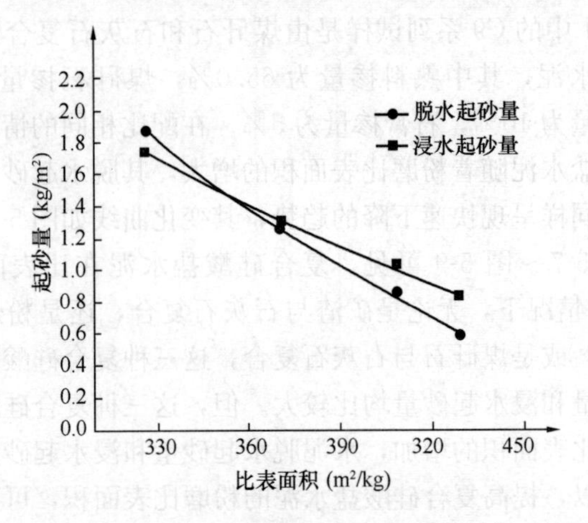

图 5-9 煤矸石-石灰石复合硅酸盐水泥比表面积对起砂量的影响

特别是对于开流磨而言，情况更是如此。由于熟料和矿渣没有被充分粉磨，活性得不到很好的发挥，而影响到复合硅酸盐水泥的早期水化，从而影响到复合硅酸盐水泥的抗起砂性能，使复合硅酸盐水泥的抗起砂性能下降。

因此，选择复合硅酸盐水泥的粉磨工艺时，最好能选择分别粉磨工艺，即将难磨的熟料和矿渣单独粉磨，把易磨的石灰石和石膏也单独粉磨，然后再将两者混合配制成复合硅酸盐水泥。这样，可以很好地控制和提高复合硅酸盐水泥的抗起砂性能。但，由于分别粉磨工艺较复杂，如果为了简化工艺，可以选择闭路粉磨系统，通过提高选粉机的选粉效率，提高磨机的循环负荷率，可以及时地把磨细的石灰石和石膏细粉选出来，同时把难磨的熟料和矿渣返回磨内再次粉磨。这样，也可以有效地控制和提高复合硅酸盐水泥的抗起砂性能。复合硅酸盐水泥的粉磨工艺应该避免选择开流粉磨系统，如果采用开流粉磨系统，为了使复合硅酸盐水泥的抗起砂性能能被用户接受，不会出现用户因水泥起砂而进行的投诉，就需要将复合硅酸盐水泥的比表面积提高到 $400m^2/kg$ 以上，但如此高的比表面积又会给水泥的其他性能带来损害，所以生产上就比较难以协调，难以兼顾水泥的各种使用性能。

综上所述，各种通用硅酸盐水泥抗起砂性能都受粉磨比表面积的影响，且影响规律相似，即各种通用硅酸盐水泥的脱水起砂量和浸水起砂量都随着粉磨比表面积的增加而减小。增加通用硅酸盐水泥的粉磨比表面积，可以显著地提高水泥的抗起砂性能。

根据水泥水化反应动力学的一般原理，在其他条件相同的情况下，反应物同时参与反应的表面积越大，其反应速率越快。一方面，随着粉磨时间的延长，水泥比表面积得以不断增加，与水的接触面积不断增大，使得水泥水化诱导期缩短，第二个水化放热峰提前，水化速率加快，有利于水泥早期强度的发展；而粉磨时间较短时，水泥颗粒较粗，其各水化阶段反应都较慢，早期强度较低，导致表面耐磨性差。同时，随着粉磨时间延长，熟料的细度不断增加，熟料的矿物晶格结构遭到破坏，使其缺陷增多，也对水泥的水化起到促进作用。此外，随着水泥中活性混合材的比表面积不断增大，混合材化学活性不断提高，其物理填充作用也越来越显著，在相同的水化龄期内，水化程度越高。所以，随着水泥粉磨比表面积的不断增加，水泥水化速度加快，试块表面强度不断增大，水泥抗起砂性能显著提高。

5.3 分别粉磨对通用硅酸盐水泥抗起砂性能的影响

5.2 节的实验证明，通用硅酸盐水泥的粉磨比表面积越大，其抗起砂性能越好，说明水泥的粉磨细度对水泥抗起砂性能有很大的影响。那么，哪种原料的粉磨细度对水泥抗起砂性能影响最大？哪种原料的粉磨细度对水泥抗起砂性能没有影响或者影响很小？了解这些问题，对合理选择水泥的粉磨工艺，提高水泥的抗起砂性能意义重大。

5.3.1 原料粉磨

（1）熟料粉：取华新水泥股份公司黄石分公司的熟料，破碎后过 3mm 筛，每磨 5kg，单独在标准实验磨中粉磨成 4 个等级的比表面积：$314m^2/kg$、$332m^2/kg$、$364m^2/kg$ 和 $414m^2/kg$，备用。

（2）矿渣粉：取武汉钢铁集团鄂城钢铁有限责任公司的矿渣，烘干后，每磨 5kg，单独在标准实验磨中粉磨成 4 个等级的比表面积：267m^2/kg、310m^2/kg、359m^2/kg 和 433m^2/kg，备用。

（3）石灰石粉：取新疆天宇华鑫水泥厂的石灰石，破碎后过 3mm 筛，每磨 5kg，单独在标准实验磨中粉磨成 4 个等级的比表面积：409m^2/kg、511m^2/kg、607m^2/kg 和 723m^2/kg，备用。

（4）石膏粉：取云南宜良蓬莱水泥厂的石膏，破碎后过 3mm 筛，每磨 5kg，单独在标准实验磨中粉磨成 4 个等级的比表面积：395m^2/kg、507m^2/kg、564m^2/kg 和 689m^2/kg，备用。

（5）粉煤灰：取内蒙古巴盟团羊水泥厂的粉煤灰，每磨 5kg，单独在标准实验磨中粉磨成 4 个等级的比表面积：445m^2/kg、500m^2/kg、538m^2/kg 和 574m^2/kg，备用。

（6）煤矸石粉：取四川德胜集团水泥有限公司未经煅烧的煤矸石，破碎后过 3mm 筛，每磨 5kg，单独在标准实验磨中粉磨成 4 个等级的比表面积：338m^2/kg、380m^2/kg、402m^2/kg 和 430m^2/kg，备用。

5.3.2 熟料粉磨比表面积的影响

将粉磨至不同比表面积的熟料粉、矿渣粉、石灰石粉和石膏粉，按表 5-4 的配比，混合制成复合硅酸盐水泥。然后按 3.2 节水泥抗起砂性能检验方法，分别进行脱水超砂量和浸水起砂量测定，结果如表 5-4 和图 5-10 所示。

表 5-4 熟料粉磨比表面积与水泥抗起砂性能检验结果

比表面积／编号	水泥配比（%）							起砂量（kg/m^2）	
	314 熟料粉	332 熟料粉	364 熟料粉	414 熟料粉	359 矿渣粉	607 石灰石粉	564 石膏粉	脱水	浸水
F1	55				20	20	5	0.75	0.49
F2		55			20	20	5	0.63	0.47
F3			55		20	20	5	0.54	0.44
F4				55	20	20	5	0.43	0.36

表 5-5　水泥抗起砂性能检验原始数据记录

编号	脱水起砂量（kg/m²）							浸水起砂量（kg/m²）						
	1号	2号	3号	4号	5号	6号	平均	1号	2号	3号	4号	5号	6号	平均
F1	0.80	0.72	0.70	0.73	0.79	0.76	0.75	0.50	0.45	0.52	0.49	0.48	0.49	0.49
F2	0.67	0.59	0.61	0.62	0.64	0.66	0.63	0.47	0.50	0.45	0.46	0.46	0.49	0.47
F3	0.60	0.53	0.55	0.56	0.50	0.51	0.54	0.51	0.45	0.40	0.42	0.49	0.39	0.44
F4	0.47	0.42	0.45	0.45	0.38	0.40	0.43	0.39	0.33	0.32	0.42	0.34	0.39	0.36

由图 5-10 可见，采用分别粉磨工艺时，在矿渣粉、石灰石粉和石膏粉比表面积不变的情况下，提高熟料的粉磨比表面积，复合硅酸盐水泥的脱水起砂量非常显著地降低。说明提高熟料粉磨比表面积，可以显著地提高复合硅酸盐水泥的抗脱水起砂性能。但浸水起砂量却有所不同，提高熟料粉磨比表面积，虽然浸水起砂量也下降，但下降的幅度不是特别显著，这主要是由于水泥脱水起砂和浸水起砂的机理有所不同造成。在干燥环境下，熟料粉磨比表面积越大，水泥水化速度就越快，水泥早期强度发挥越好，因此抗脱水起砂性能越好。而在水膜养护的条件下，熟料粉磨比表面积越大，其水解速度也越快，溶液中的离子浓度也越大，干燥后沉淀物也越多，所以浸水起砂量就越大。但当熟料粉

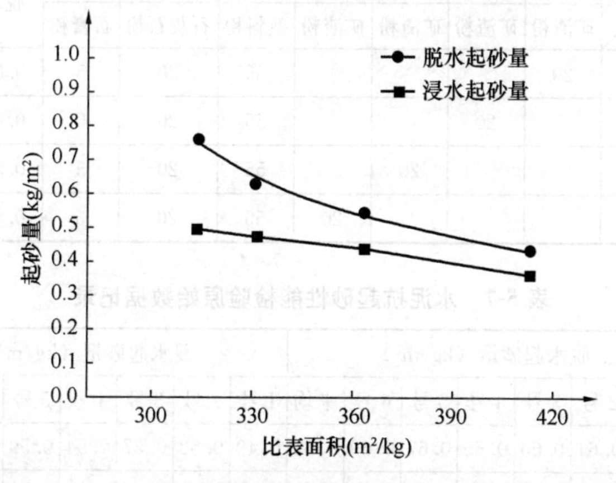

图 5-10　分别粉磨熟料比表面积对水泥起砂量的影响

磨比表面积大到一定程度（图5-10中为360m²/kg）后，由于熟料比表面积的提高，水泥强度也大幅度提高，溶液中的离子浓度也很快达到了饱和状态，此时强度占了主导地位，所以水泥的浸水起砂量又开始明显地下降。因此，欲提高分别粉磨的复合硅酸盐水泥抗浸水起砂性能，熟料的粉磨比表面积大于360m²/kg为宜。

总之，采用分别粉磨制备的复合硅酸盐水泥的脱水起砂量和浸水起砂量都明显地低于混合粉磨制备的复合硅酸盐水泥（图5-7）。欲提高分别粉磨的复合硅酸盐水泥的抗起砂性能，宜提高熟料的粉磨比表面积。熟料比表面积最好能大于360m²/kg，这样可以有效地提高复合硅酸盐水泥的抗起砂性能。

5.3.3　矿渣粉磨比表面积的影响

将粉磨至不同比表面积的熟料粉、矿渣粉、石灰石粉和石膏粉，按表5-6的配比，混合制成复合硅酸盐水泥。然后按3.2节水泥抗起砂性能检验方法，分别进行脱水起砂量和浸水起砂量测定，结果如表5-7和图5-11所示。

表5-6　矿渣粉磨比表面积与水泥抗起砂性能检验结果

比表面积 \ 编号	水泥配比（%）							起砂量（kg/m²）	
	267	310	359	433	364	607	564	脱水	浸水
	矿渣粉	矿渣粉	矿渣粉	矿渣粉	熟料粉	石灰石粉	石膏粉		
F5	20				55	20	5	0.65	0.55
F6		20			55	20	5	0.61	0.53
F7			20		55	20	5	0.54	0.44
F8				20	55	20	5	0.48	0.28

表5-7　水泥抗起砂性能检验原始数据记录

编号	脱水起砂量（kg/m²）							浸水起砂量（kg/m²）						
	1号	2号	3号	4号	5号	6号	平均	1号	2号	3号	4号	5号	6号	平均
F5	0.63	0.61	0.66	0.65	0.67	0.69	0.65	0.49	0.52	0.57	0.54	0.59	0.56	0.55
F6	0.66	0.59	0.67	0.61	0.57	0.59	0.61	0.48	0.50	0.55	0.51	0.57	0.55	0.53

续表

编号	脱水起砂量（kg/m²）							浸水起砂量（kg/m²）						
	1号	2号	3号	4号	5号	6号	平均	1号	2号	3号	4号	5号	6号	平均
F7	0.47	0.53	0.55	0.58	0.49	0.60	0.54	0.38	0.38	0.53	0.48	0.35	0.54	0.44
F8	0.45	0.52	0.43	0.53	0.47	0.48	0.48	0.21	0.23	0.32	0.31	0.27	0.34	0.28

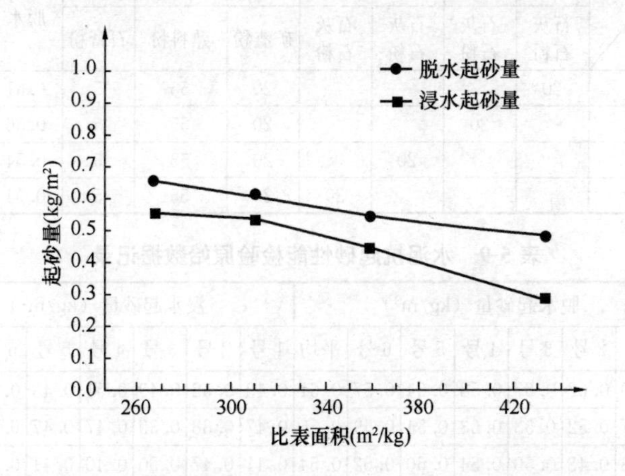

图 5-11 分别粉磨矿渣比表面积对水泥起砂量的影响

由图 5-11 可见，采用分别粉磨工艺时，在熟料粉、石灰石粉和石膏粉比表面积不变的情况下，提高矿渣的粉磨比表面积，复合硅酸盐水泥的脱水起砂量和浸水起砂量均显著降低。说明提高矿渣粉磨比表面积，可以显著提高复合硅酸盐水泥的抗起砂性能。此外，还可看出，在矿渣粉比表面积小于 360m²/kg 时，脱水起砂量和浸水起砂量相差不大；当矿渣粉比表面积大于 360m²/kg 后，再提高矿渣粉磨比表面积，水泥的脱水起砂量与浸水起砂量的差别拉大，浸水起砂量的下降幅度更大，说明矿渣比表面积对浸水起砂量的影响更加显著。

因此，采用分别粉磨工艺生产复合硅酸盐水泥时，提高矿渣的粉磨比表面积，可有效地提高复合硅酸盐水泥的抗起砂性能。

5.3.4 石灰石粉磨比表面积的影响

将粉磨至不同比表面积的熟料粉、矿渣粉、石灰石粉和石膏粉，按表 5-8 的配比，混合制成复合硅酸盐水泥。然后按 3.2 节水泥抗起砂性能检验方法，分别进行脱水起砂量和浸水起砂量测定，结果如表 5-8 和图 5-12 所示。

表 5-8　石灰石粉磨比表面积与水泥抗起砂性能检验结果

比表面积 \ 编号	水泥配比（%）							起砂量（kg/m²）	
	409	511	607	723	359	364	564	脱水	浸水
	石灰石粉	石灰石粉	石灰石粉	石灰石粉	矿渣粉	熟料粉	石膏粉		
F9	20				20	55	5	0.61	0.47
F10		20			20	55	5	0.56	0.45
F11			20		20	55	5	0.54	0.44
F12				20	20	55	5	0.54	0.42

表 5-9　水泥抗起砂性能检验原始数据记录

编号	脱水起砂量（kg/m²）							浸水起砂量（kg/m²）						
	1号	2号	3号	4号	5号	6号	平均	1号	2号	3号	4号	5号	6号	平均
F9	0.60	0.62	0.67	0.58	0.64	0.57	0.61	0.43	0.52	0.49	0.51	0.43	0.45	0.47
F10	0.57	0.52	0.53	0.63	0.54	0.59	0.56	0.47	0.38	0.39	0.47	0.47	0.50	0.45
F11	0.53	0.48	0.50	0.54	0.60	0.62	0.54	0.41	0.47	0.50	0.40	0.41	0.46	0.44
F12	0.55	0.56	0.54	0.50	0.58	0.52	0.54	0.41	0.37	0.41	0.43	0.45	0.42	0.42

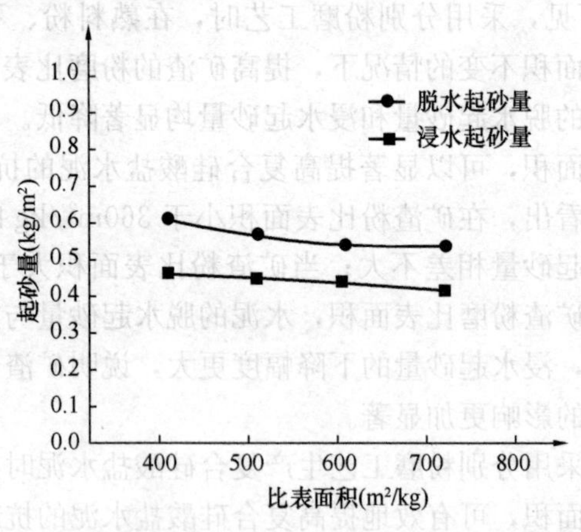

图 5-12　分别粉磨石灰石比表面积对水泥起砂量的影响

由图 5-12 可见，采用分别粉磨工艺时，在熟料粉、矿渣粉和石膏粉比表面积不变的情况下，提高石灰石粉的粉磨比表面积，复合硅酸盐水泥的脱水起砂量和浸水起砂量的变化均很小，除了石灰石比表面积在 400～500m²/kg 之间时，脱水起砂量稍有下降外，其他几乎没有变化。说明提高石灰石粉磨比表面积，并不能提高复合硅酸盐水泥的抗起砂性能。因此，采用分别粉磨工艺生产复合硅酸盐水泥时，为了降低粉磨电耗，可以将石灰石粉磨得粗些，对水泥的抗起砂性能影响不大。如果，水泥中石灰石掺量较大，就不宜采用混合粉磨的工艺，否则，容易将石灰石粉磨得过细，造成水泥比表面积过高，需水量过大，给水泥的性能带来不良影响，而水泥的抗起砂性能又没有得到提高。

5.3.5 石膏粉磨比表面积的影响

将粉磨至不同比表面积的熟料粉、矿渣粉、石灰石粉和石膏粉，按表 5-10 的配比，混合制成复合硅酸盐水泥。然后按 3.2 节水泥抗起砂性能检验方法，分别进行脱水起砂量和浸水起砂量测定，结果如表 5-11 和图 5-13 所示。

表 5-10 石膏粉磨比表面积与水泥抗起砂性能检验结果

比表面积 / 编号	水泥配比（%）							起砂量（kg/m²）	
	395	507	564	689	359	364	607	脱水	浸水
	石膏粉	石膏粉	石膏粉	石膏粉	矿渣粉	熟料粉	石灰石粉		
F13	5				20	55	20	0.54	0.46
F14		5			20	55	20	0.55	0.46
F15			5		20	55	20	0.54	0.44
F16				5	20	55	20	0.58	0.50

表 5-11 水泥抗起砂性能检验原始数据记录

编号	脱水起砂量（kg/m²）							浸水起砂量（kg/m²）						
	1号	2号	3号	4号	5号	6号	平均	1号	2号	3号	4号	5号	6号	平均
F13	0.47	0.49	0.60	0.61	0.48	0.59	0.54	0.40	0.44	0.49	0.51	0.41	0.50	0.46
F14	0.49	0.50	0.55	0.61	0.53	0.62	0.55	0.41	0.45	0.48	0.50	0.43	0.47	0.46
F15	0.49	0.51	0.54	0.54	0.57	0.60	0.54	0.40	0.41	0.44	0.43	0.47	0.48	0.44
F16	0.51	0.56	0.53	0.62	0.64	0.61	0.58	0.41	0.48	0.42	0.57	0.58	0.53	0.50

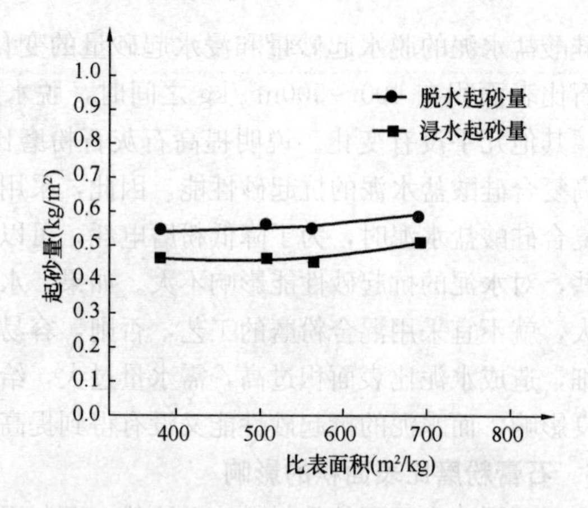

图 5-13　分别粉磨石膏比表面积对水泥起砂量的影响

由图 5-13 可见，采用分别粉磨工艺时，在熟料粉、矿渣粉和石灰石粉比表面积不变的情况下，提高石膏粉的粉磨比表面积，复合硅酸盐水泥的脱水起砂量和浸水起砂量不但没有下降，而且还稍有增加的趋势。特别是在石膏比表面积大于 $600m^2/kg$ 之后，继续提高石膏粉磨比表面积，复合硅酸盐水泥脱水起砂量和浸水起砂量均稍有提高。说明提高石膏粉磨比表面积，不但不能提高复合硅酸盐水泥的抗起砂性能，还会使复合硅酸盐水泥的抗起砂性能有所下降。因此，采用分别粉磨工艺生产复合硅酸盐水泥时，为了降低粉磨电耗，石膏的粉磨比表面积不宜太大，最好不要大于 $500m^2/kg$。如果，采用分别粉磨工艺生产复合硅酸盐水泥，可以将石膏和石灰石一起按一定比例混合后单独粉磨，然后再与熟料粉和矿渣粉混合制成复合硅酸盐水泥。这样，不仅可以降低水泥的粉磨电耗，而且还可改善水泥的一些性能。

5.3.6　粉煤灰粉磨比表面积的影响

将粉磨至不同比表面积的熟料粉、粉煤灰和石膏粉，按表 5-12 的配比，混合制成粉煤灰硅酸盐水泥。然后按 3.2 节水泥抗起砂性能检验方法，分别进行脱水起砂量和浸水起砂量测定，结果如表 5-12 和图 5-14 所示。

表 5-12 粉煤灰粉磨比表面积与水泥抗起砂性能检验结果

比表面积 / 编号	水泥配比（%）						起砂量(kg/m²)	
	445	500	538	574	364	564	脱水	浸水
	粉煤灰	粉煤灰	粉煤灰	粉煤灰	熟料粉	石膏粉		
F17	30				65	5	0.58	0.43
F18		30			65	5	0.57	0.45
F19			30		65	5	0.55	0.37
F20				30	65	5	0.55	0.31

表 5-13 水泥抗起砂性能检验原始数据记录

编号	脱水起砂量（kg/m²）							浸水起砂量（kg/m²）						
	1号	2号	3号	4号	5号	6号	平均	1号	2号	3号	4号	5号	6号	平均
F17	0.55	0.59	0.55	0.54	0.63	0.64	0.58	0.44	0.39	0.37	0.46	0.43	0.48	0.43
F18	0.52	0.53	0.58	0.56	0.61	0.62	0.57	0.40	0.42	0.45	0.46	0.49	0.47	0.45
F19	0.54	0.54	0.53	0.60	0.52	0.61	0.55	0.34	0.37	0.36	0.39	0.41	0.37	0.37
F20	0.49	0.58	0.53	0.58	0.51	0.60	0.55	0.25	0.31	0.27	0.32	0.34	0.35	0.31

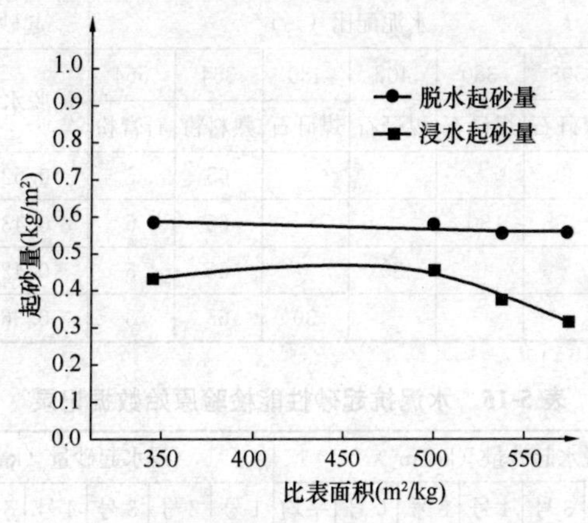

图 5-14 分别粉磨粉煤灰比表面积对水泥起砂量的影响

由图 5-14 可见，采用分别粉磨工艺时，在熟料粉和石膏粉比表面积不变的情况下，提高粉煤灰的粉磨比表面积，粉煤灰硅酸盐水泥的脱水起砂量和浸水起砂量的变化均很小，除了粉煤灰比表面积大于 500m²/kg 之后，浸水起砂量下降较为显著外，其他几乎没有变化。说明提高粉煤灰粉磨比表面积，并不能有效提高粉煤灰硅酸盐水泥的抗脱水起砂性能。但，当粉煤灰粉磨比表面积大于 500m²/kg 以后，继续提高粉煤灰的粉磨比表面积，可显著提高粉煤灰硅酸盐水泥的抗浸水起砂性能。

因此，采用分别粉磨工艺生产粉煤灰硅酸盐水泥时，为了降低粉磨电耗，粉煤灰没必要粉磨得太细，对粉煤灰硅酸盐水泥的抗脱水起砂性能影响不大。如果，欲提高粉煤灰硅酸盐水泥的抗浸水起砂性能，就宜将粉煤灰的粉磨比表面积提高到 500m²/kg 以上。

5.3.7 煤矸石粉磨比表面积的影响

将粉磨至不同比表面积的熟料粉和石膏粉，按表 5-14 的配比，混合制成火山灰质硅酸盐水泥。然后按 3.2 节水泥抗起砂性能检验方法，分别进行脱水起砂量和浸水起砂量测定，结果如表 5-15 和图 5-15 所示。

表 5-14 煤矸石粉磨比表面积与水泥抗起砂性能检验结果

比表面积 / 编号	水泥配比（%）						起砂量(kg/m²)	
	338	380	402	430	364	564	脱水	浸水
	煤矸石	煤矸石	煤矸石	煤矸石	熟料粉	石膏粉		
F21	30				65	5	0.52	0.69
F22		30			65	5	0.43	0.58
F23			30		65	5	0.42	0.50
F24				30	65	5	0.36	0.48

表 5-15 水泥抗起砂性能检验原始数据记录

编号	脱水起砂量（kg/m²）							浸水起砂量（kg/m²）						
	1号	2号	3号	4号	5号	6号	平均	1号	2号	3号	4号	5号	6号	平均
F21	0.60	0.57	0.47	0.48	0.49	0.53	0.52	0.73	0.68	0.67	0.71	0.65	0.70	0.69
F22	0.46	0.43	0.42	0.41	0.48	0.39	0.43	0.54	0.52	0.59	0.59	0.60	0.59	0.58
F23	0.46	0.49	0.39	0.46	0.38	0.37	0.42	0.55	0.46	0.44	0.47	0.56	0.52	0.50
F24	0.38	0.34	0.35	0.36	0.32	0.40	0.36	0.49	0.46	0.49	0.45	0.52	0.49	0.48

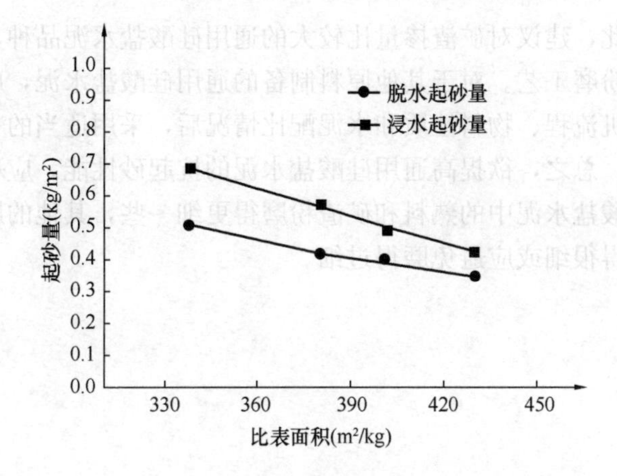

图 5-15 分别粉磨煤矸石比表面积对水泥起砂量的影响

由图 5-15 可见，采用分别粉磨工艺时，在熟料粉和石膏粉比表面积不变的情况下，提高煤矸石（未煅烧）的粉磨比表面积，火山灰质硅酸盐水泥的脱水起砂量和浸水起砂量均有比较明显的降低。说明提高煤矸石（未煅烧）的粉磨比表面积，可以提高火山灰质硅酸盐水泥的抗起砂性能。此外，还可看出，在煤矸石（未煅烧）粉磨比表面积大于 380m^2/kg 后，脱水起砂量和浸水起砂量的差别逐渐减小。即，当煤矸石（未煅烧）粉磨比表面积大于 380m^2/kg 后，再提高煤矸石（未煅烧）的比表面积，火山灰质硅酸盐水泥的浸水起砂量还可明显降低，但脱水起砂量不再明显下降，也就是说浸水起砂量的下降幅度更大，说明煤矸石（未煅烧）的比表面积对火山灰质硅酸盐水泥的浸水起砂量的影响比较显著，而对脱水起砂量的影响不是很大。

综上所述，采用混合粉磨工艺，几乎所有的通用硅酸盐水泥品种，提高粉磨比表面积，均可提高水泥的抗起砂性能。通过分别粉磨的实验，发现提高矿渣、熟料的粉磨比表面积，可以显著提高所配制的通用硅酸盐水泥的抗起砂性能。提高未煅烧煤矸石的粉磨比表面积，也可在一定程度上提高所配制的通用硅酸盐水泥的抗起砂性能，但提高石灰石、石膏和粉煤灰的粉磨比表面积，对提高所配制的通用硅酸盐水泥的抗起砂性能的影响不是很大。因此，建议对矿渣掺量比较大的通用硅酸盐水泥品种，应采用分别粉磨工艺。对于其他原料制备的通用硅酸盐水泥，应充分考虑磨机流程、物料性质和水泥配比情况后，采用适当的粉磨工艺生产。总之，欲提高通用硅酸盐水泥的抗起砂性能，应尽量使通用硅酸盐水泥中的熟料和矿渣粉磨得更细一些，其他的原料没必要磨得很细或应避免磨得过细。

6 外加剂对水泥抗起砂性能的影响

随着建筑技术的发展，掺用外加剂已成为改善混凝土性能的主要措施，混凝土外加剂在工程中的应用越来越受到重视，外加剂已成为混凝土中不可或缺的材料。此外，在我国的众多水泥生产厂家，在水泥粉磨时添加各种工艺外加剂也逐渐流行，除了添加助磨剂外，还经常在助磨剂中添加各类早强剂。这些外加剂有的虽然能改善混凝土的性能，使水泥早期强度得到提高，或使水泥石更为致密，孔结构和界面区微结构得到改善，改善混凝土的和易性等，但也有可能会给水泥或混凝土带来不利的影响，特别是有可能降低水泥的抗起砂性能。因此，有必要研究外加剂对水泥抗起砂性能的影响。

6.1 外加剂对水泥脱水起砂量的影响

6.1.1 水泥配比与性能

本章中所用到的水泥有三种是从市场购买，分别为 P·O42.5 普通硅酸盐水泥、P·S32.5 矿渣硅酸盐水泥和 P·C32.5 复合硅酸盐水泥。其余的水泥试样是采用 2.1 节中所介绍的原料，按表 6-1 的配比配制而成。各种水泥的物理力学性能检验结果见表 6-2。

表 6-1 各种水泥试样的配比

编号	水泥品种	水泥配比（%）				
		熟料	石膏	矿渣	粉煤灰	石灰石
K1	P·O42.5 普通水泥（市售）					
K2	P·S·B42.5 矿渣水泥	30	5	65		
K3	P·S·B32.5 矿渣水泥（市售）					
K4	P·C42.5 复合水泥	45	5	35		15

续表

编号	水泥品种	水泥配比（%）				
		熟料	石膏	矿渣	粉煤灰	石灰石
K5	P·C32.5复合水泥（市售）					
K6	P·F42.5粉煤灰水泥	73	5		22	
K7	P·F32.5粉煤灰水泥	63	5		32	

表6-2 水泥物理力学性能检测结果

编号	标准稠度（%）	初凝（min）	终凝（min）	安定性（mm）	脱水起砂量（kg/m^2）	1d（MPa）		3d（MPa）		28d（MPa）	
						抗折	抗压	抗折	抗压	抗折	抗压
K1	26.7	167	216	0	0.06	4.6	15.5	7.4	31.6	9.8	55.2
K2	26.2	225	302	0	0.36	2.0	6.7	4.9	19.4	9.1	47.7
K3	25.7	197	261	0	0.57	1.7	4.5	3.5	14.4	7.2	34.6
K4	26.2	185	238	0	0.31	2.5	7.2	5.4	22.0	11.6	45.8
K5	24.8	247	292	0	0.76	0.8	2.6	5.4	16.6	11.0	38.0
K6	27.1	208	248	0	0.38	3.4	13.5	5.8	25.5	8.8	45.4
K7	26.9	213	264	0.5	0.60	2.7	10.4	5.0	20.8	7.9	38.0

6.1.2 外加剂对普通硅酸盐水泥脱水起砂量的影响

将市售的P·O42.5普通硅酸盐水泥（K1）试样，按3.2节所介绍的水泥抗起砂性能检验方法，检验其脱水起砂量，结果如图6-1所示。实验时，首先将外加剂溶于水配成溶液或者乳浊液，然后与水泥、砂一起在胶砂搅拌机里进行搅拌后，加入起砂检测试模中进行实验，各外加剂在水泥中的掺量均为1%。

由图6-1可见，实验所用的5种外加剂，均没有起到降低P·O42.5普通硅酸盐水泥脱水起砂量的目的。外加剂的添加并不能改善P·O42.5普通硅酸盐的抗脱水起砂性能，不仅如此，不少外加剂甚至起到反作用，使P·O42.5普通硅酸盐水泥的脱水起砂量反而增大。因此，添加本实验的5种外加剂（除Na_2SO_4外）均将降低P·O42.5普通硅酸盐水泥的抗脱水起砂性能。

6.1.3 外加剂对矿渣硅酸盐水泥脱水起砂量的影响

将表6-1中的K2（P·S·B42.5）和K3（P·S·B32.5）

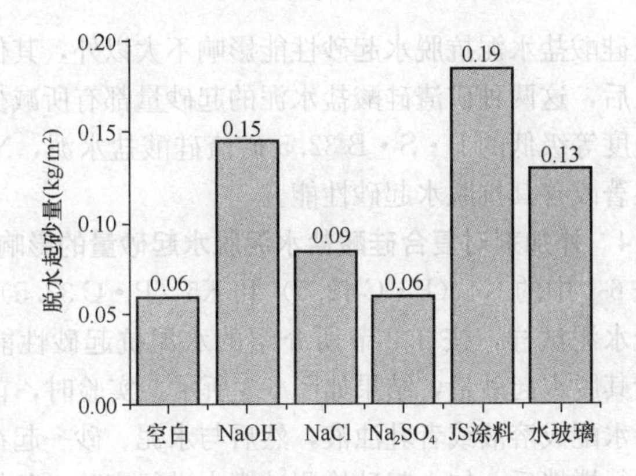

图 6-1　外加剂内掺对 P・O 42.5 普通硅酸盐水泥

（K1）起砂量的影响

两个矿渣硅酸盐水泥试样，按 3.2 节所介绍的水泥抗起砂性能检验方法，检验其脱水起砂量，结果如图 6-2 所示。实验时，首先将外加剂溶于水配成溶液或者乳浊液，然后与水泥、砂一起在胶砂搅拌机里进行搅拌后，加入起砂检测试模中进行实验，各外加剂在水泥中的掺量均为 1%。

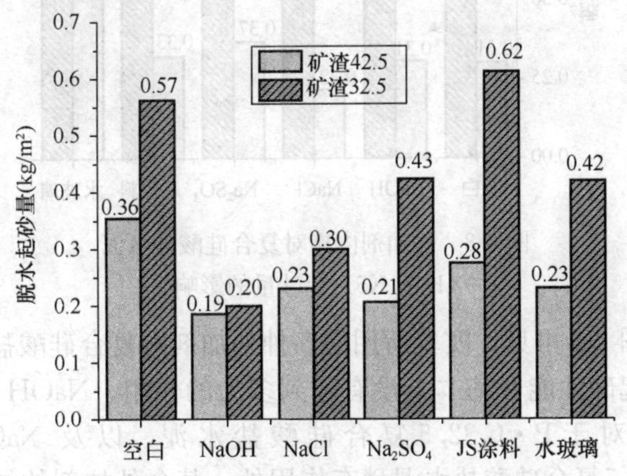

图 6-2　外加剂内掺对矿渣硅酸盐水泥

（K2、K3）起砂量的影响

由图 6-2 可以看出，外加剂的添加对两个品种的矿渣硅酸盐水泥的抗脱水起砂性能，都有所改善。其中，除了 JS 涂料对这两种矿渣硅酸盐水泥抗脱水起砂性能影响不大以外，其他四种外加剂加入后，这两种矿渣硅酸盐水泥的起砂量都有所减少。特别是对于强度等级低的P·S·B 32.5矿渣硅酸盐水泥，NaOH的加入可显著改善其抗脱水起砂性能。

6.1.4　外加剂对复合硅酸盐水泥脱水起砂量的影响

将表6-1中的K4（P·C 42.5）和K5（P·C 32.5）两个复合硅酸盐水泥试样，按3.2节所介绍的水泥抗起砂性能检验方法，检验其脱水起砂量，结果如图6-3所示。实验时，首先将外加剂溶于水配成溶液或者乳浊液，然后与水泥、砂一起在胶砂搅拌机里进行搅拌后，加入起砂检测试模中进行实验，各外加剂在水泥中的掺量均为1%。

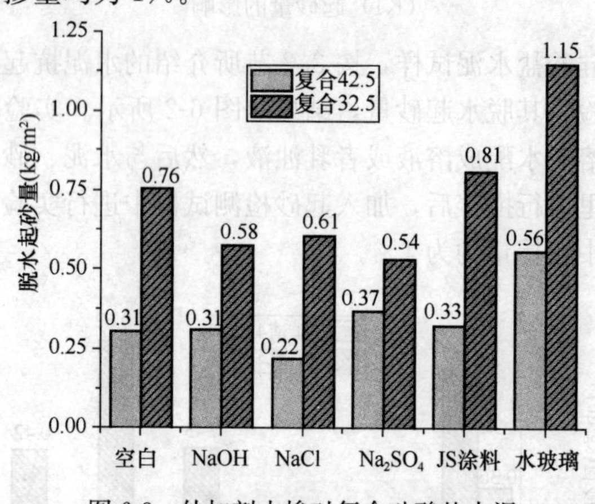

图6-3　外加剂内掺对复合硅酸盐水泥（K4、K5）起砂量的影响

由图6-3可见，实验所用的5种外加剂对复合硅酸盐水泥的抗脱水起砂性能，基本上没有起到多大的作用。NaOH、NaCl、Na_2SO_4对于P·C 32.5复合硅酸盐水泥，以及NaCl对于P·C 42.5复合硅酸盐水泥稍有作用外，其余外加剂的加入都增加了复合硅酸盐水泥的脱水起砂量。说明欲用这5种外加剂提高复合硅酸盐水泥的抗脱水起砂性能是不可行的。

6.1.5　外加剂对粉煤灰硅酸盐水泥脱水起砂量的影响

将表6-1中的K6（P·F 42.5）和K7（P·F 32.5）两个粉煤

灰硅酸盐水泥试样，按 3.2 节所介绍的水泥抗起砂性能检验方法，检验其脱水起砂量，结果如图 6-4 所示。实验时，首先将外加剂溶于水配成溶液或者乳浊液，然后与水泥、砂一起在胶砂搅拌机里进行搅拌后，加入起砂检测试模中进行实验，各外加剂在水泥中的掺量均为 1%。

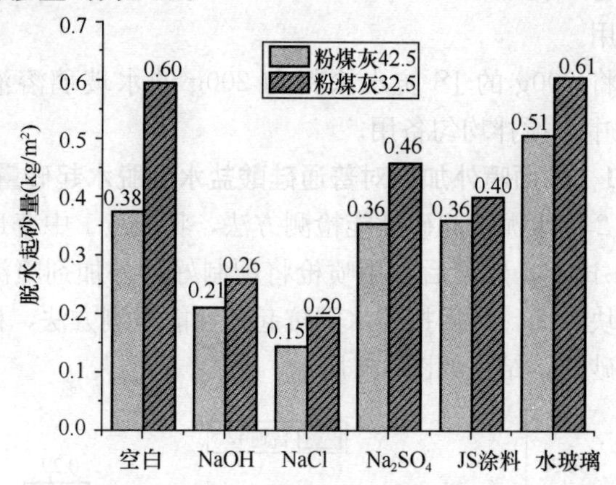

图 6-4 外加剂内掺对粉煤灰硅酸盐水泥（K6、K7）起砂量的影响

由图 6-4 可见，NaOH 和 NaCl 的添加，都明显减少了这两种复合硅酸盐水泥的脱水起砂量。尤其是 NaCl，使这两种复合硅酸盐水泥脱水起砂量减少了 200%左右。但，其他几种外加剂对这两种复合硅酸盐水泥的抗脱水起砂性能基本上作用不大。有的甚至还起反作用，如水玻璃的加入，使这两种复合硅酸盐水泥的脱水起砂量增加。

6.2 表面喷涂外加剂对水泥脱水起砂量的影响

上述实验是将外加剂掺入水泥中一起搅拌，外加剂均匀地分布于混凝土或水泥砂浆中。这种做法，即使外加剂对提高水泥抗起砂性能有效，也是使用量很大。实验上，混凝土或水泥砂浆的起砂是发生在混凝土或水泥砂浆的表面，所以采用外加剂喷涂在混凝土或水泥砂浆的表面，不但可节省大量的外加剂用量，还可能减少外加剂对水泥本体的不良作用。

为了研究外加剂表面喷涂对水泥抗起砂性能的影响，配制了一组外加剂喷涂液，其配制方法如下：

分别将 54g 的 NaOH、NaCl、Na_2SO_4 溶于 300mL 水中，搅拌均匀备用。

分别将 200g 的 JS 防水涂料和 200g 的水玻璃溶液，溶到 200mL 水中，搅拌均匀备用。

6.2.1 表面喷外加剂对普通硅酸盐水泥脱水起砂量的影响

按 3.2 节水泥抗起砂性能检测方法，将表 6-1 中普通硅酸盐水泥（K1 试样）成型后，用喷枪将配制好的外加剂喷涂液均匀地喷到试块表面，然后按照水泥抗起砂性能检测方法，检测试块的脱水起砂量，结果如图 6-5 所示。

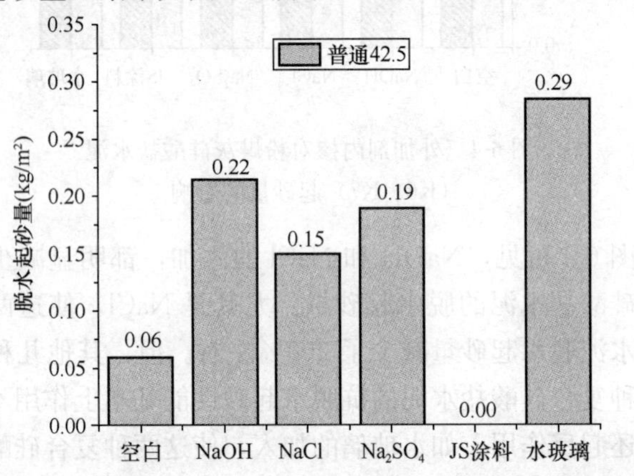

图 6-5 表面喷外加剂对普通硅酸盐水泥起砂量的影响

由图 6-5 可见，在 P·O 42.5 普通硅酸盐水泥的起砂试块表面喷涂外加剂后，除了 JS 涂料以外，另外四种外加剂喷涂液，均起到了反作用，均增加了脱水起砂量，降低了水泥抗脱水起砂性能，其中最为明显的是水玻璃，使水泥脱水起砂量大幅度增加。而喷涂 JS 涂料后，试块的脱水起砂量降为零，可以显著提高水泥的抗脱水起砂性能。

6.2.2 表面喷外加剂对矿渣硅酸盐水泥脱水起砂量的影响

按 3.2 节水泥抗起砂性能检测方法，将表 6-1 中矿渣硅酸盐水泥（K2、K3 试样）成型后，用喷枪将配制好的外加剂喷涂液均匀地喷到试块表面，然后按照水泥抗起砂性能检测方法，检测试块的脱水起砂量，结果如图 6-6 所示。

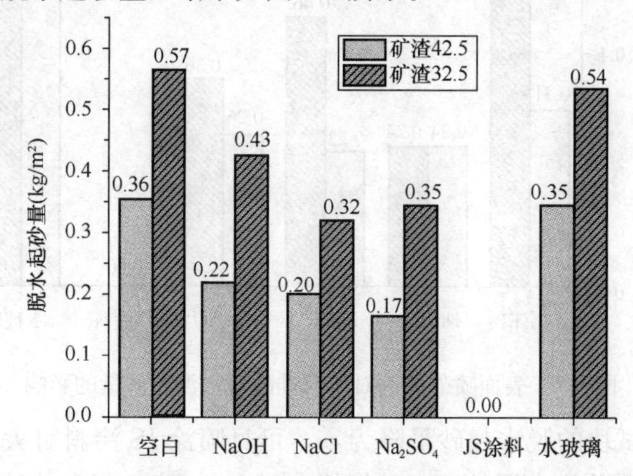

图 6-6 表面喷外加剂对矿渣硅酸盐水泥起砂量的影响

由图 6-6 可见，在矿渣硅酸盐水泥试块表面喷涂外加剂后，除了水玻璃基本上不影响这两种水泥脱水起砂量外，其他四种外加剂均能显著降低这两种水泥的脱水起砂量。对于 P·S·B 42.5 矿渣硅酸盐水泥，喷涂 JS 涂料，脱水起砂量最小（为零），喷涂 Na_2SO_4 脱水起砂量次之；对于 P·S·B 32.5 矿渣硅酸盐水泥，喷涂 JS 涂料后脱水起砂量也为零，喷涂 NaCl 脱水起砂量次之。说明，矿渣硅酸盐水泥试块表面喷涂 JS 涂料，可显著提高其抗起砂性能；喷涂 NaCl、Na_2SO_4、NaOH 也可改善其抗起砂性能。

6.2.3 表面喷外加剂对复合硅酸盐水泥脱水起砂量的影响

按 3.2 节水泥抗起砂性能检测方法，将表 6-1 中复合硅酸盐水泥（K4、K5 试样）成型后，用喷枪将配制好的外加剂喷涂液均匀地喷到试块表面，然后按照水泥抗起砂性能检测方法，检测试块的脱水起砂量，结果如图 6-7 所示。

由图 6-7 可见，喷涂 JS 涂料后，同样也使这两种复合硅酸

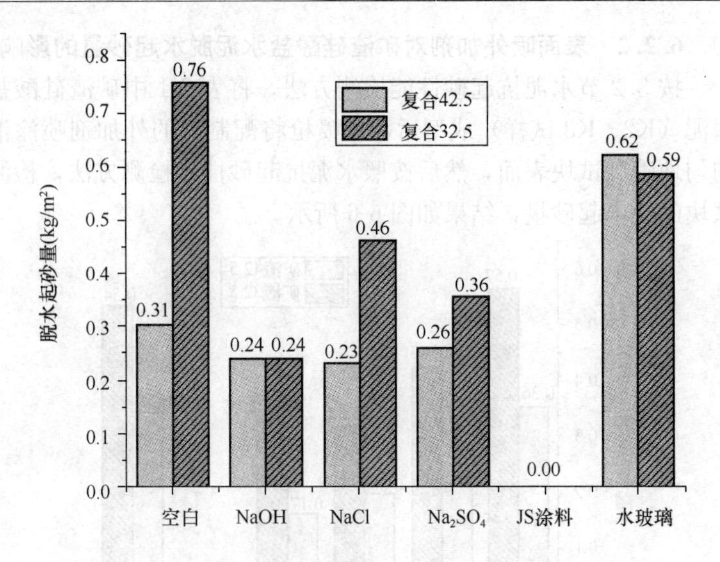

图 6-7 表面喷外加剂对复合硅酸盐水泥起砂量的影响

盐水泥试块的脱水起砂量降为零，可见喷涂 JS 涂料可大幅度提高复合硅酸盐水泥的抗起砂性能。对 P·C 4.5 复合硅酸盐水泥而言，表面喷涂水玻璃会起到反作用，脱水起砂量增加了一倍。喷涂其他三种外加剂，只少量减少其脱水起砂量，作用效果不明显。对于 P·C 32.5 复合硅酸盐水泥而言，喷涂四种外加剂都减少了其脱水起砂量，其中，NaOH 效果最明显，Na_2SO_4 次之，NaCl 和水玻璃效果不如前面两种。

6.2.4 表面喷外加剂对粉煤灰硅酸盐水泥脱水起砂量的影响

按 3.2 节水泥抗起砂性能检测方法，将表 6-1 中粉煤灰硅酸盐水泥（K6、K7 试样）成型后，用喷枪将配制好的外加剂喷涂液均匀地喷到试块表面，然后按照水泥抗起砂性能检测方法，检测试块的脱水起砂量，结果如图 6-8 所示。

由图 6-8 可见，表面喷涂 NaOH 或者水玻璃对这两种粉煤灰硅酸盐水泥的脱水起砂量基本上没影响；而喷涂 NaCl 对这两种粉煤灰硅酸盐水泥的脱水起砂量有较大影响，其脱水起砂量可减少一半以上。表面喷涂 Na_2SO_4 对 P·F 32.5 粉煤灰硅酸盐水泥降低脱水起砂量的效果优于 P·F 42.5 粉煤灰硅酸盐水泥。同

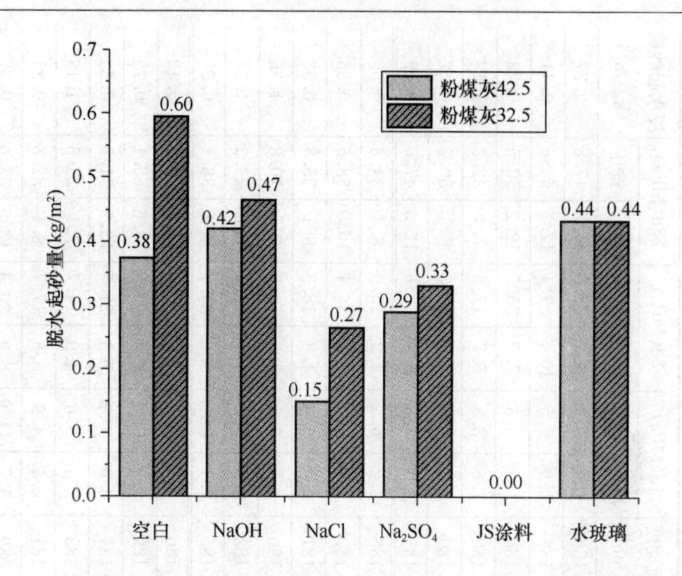

图 6-8 表面喷外加剂对粉煤灰硅酸盐水泥起砂量的影响

样，喷涂 JS 涂料可使两种粉煤灰硅酸盐水泥的脱水起砂量降为零，可显著提高其抗脱水起砂性能。

综上所述，表面喷涂 JS 涂料，其结果是使所有的水泥试样的脱水起砂量均为零，这是一个令人满意的结果。JS 聚合物水泥基复合防水涂料是一种由高分子聚合物乳液与无机粉料构成的双组分复合型防水涂料，它在水泥表面形成一层高强度、高弹性，耐水性、耐候性、耐久性好的涂膜。这层涂膜覆盖在水泥表面，增加了水泥表面强度，从而使水泥表面起砂量大大减少。

6.3 外加剂对水泥浸水起砂量的影响

将 2.1 节所介绍的实验原材料：熟料、矿渣、石灰石和石膏，按表 6-3 的配比，配制成矿渣硅酸盐水泥、粉煤灰硅酸盐水泥和复合硅酸盐水泥三个水泥品种。水泥胶砂强度成型时，各称取 450g 水泥，加 1350g 标准砂，按表 6-3 的比例加入各种外加剂，并控制水泥砂浆流动度在 180～190mm 之间，确定加水量并记录，检测其各龄期强度。

表 6-3 外加剂对各种水泥强度和浸水起砂性能的影响

编号	水泥配比(%)									加水量	流动度	1d(MPa)		3d(MPa)		28d(MPa)		浸水起砂量
	熟料	矿渣	粉煤灰	石灰石	石膏	BASF	萘系	HPMC	Na_2SO_4	(mL)	(mm)	抗折	抗压	抗折	抗压	抗折	抗压	(kg/m^2)
D1	35	52		8	5					225	185	1.6	5.3	6.2	23.8	12.3	47.8	0.27
D2	35	52		8	5	1				169	184	1.9	6.5	10.3	39.4	12.3	65.6	0.11
D3	35	52		8	5		1			204	188	1.7	5.3	7.0	25.5	12.2	50.5	0.23
D4	35	52		8	5			0.2		203	180	1.5	3.3	5.7	17.5	7.4	32.3	1.19
D5	35	52		8	5	1		0.2		185	180	1.2	2.4	4.8	14.5	6.5	30.2	0.62
D6	35	52		8	5				1	218	185	2.8	7.5	5.7	20.6	12.3	47.0	0.29
D7	65		30		5					216	186	2.2	6.6	4.2	15.9	8.4	34.8	0.59
D8	65		30		5	1				162	180	5.0	15.4	7.7	36.1	10.9	58.6	0.25
D9	65		30		5		1			196	181	2.0	6.9	4.8	18.3	8.1	35.8	0.33
D10	65		30		5			0.2		200	180	1.5	3.5	3.8	10.3	5.5	19.8	1.36
D11	65		30		5	1		0.2		189	182	2.2	5.2	4.3	13.6	6.2	23.3	1.32
D12	65		30		5				1	202	185	3.1	10.6	5.2	21.7	8.9	38.1	0.37
D13	45	35		15	5					225	186	2.9	8.0	5.7	20.5	11.8	48.6	0.42
D14	45	35		15	5	1				162	189	3.9	13.1	9.2	40.6	13.5	68.1	0.15
D15	45	35		15	5		1			195	187	3.6	10.5	7.3	27.5	13.5	51.9	0.32
D16	45	35		15	5			0.2		212	183	2.4	5.8	4.9	14.7	7.1	25.6	1.13
D17	45	35		15	5	1		0.2		179	181	2.1	4.9	5.5	17.7	8.1	32.8	0.81
D18	45	35		15	5				1	205	189	3.7	11.9	8.3	30.3	13.5	53.0	0.37

然后将此砂浆用起砂试模成型，按 3.2.2 节中水泥浸水起砂量试块的养护方法进行养护，并检验表 6-3 中各类水泥的浸水起砂量，结果如表 6-3 和图 6-9～图 6-11 所示。

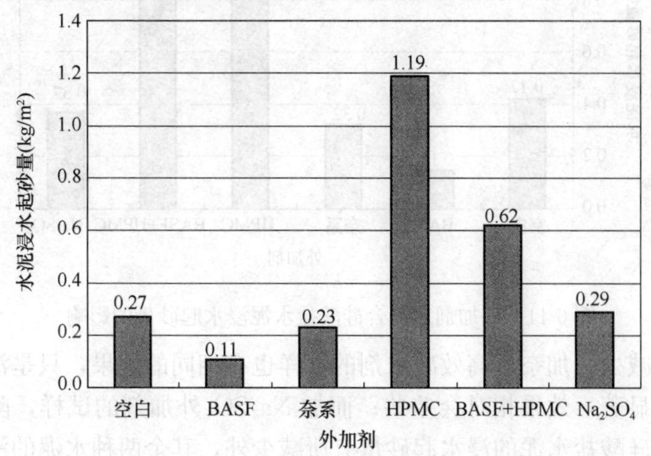

图 6-9　外加剂对矿渣硅酸盐水泥浸水起砂量的影响

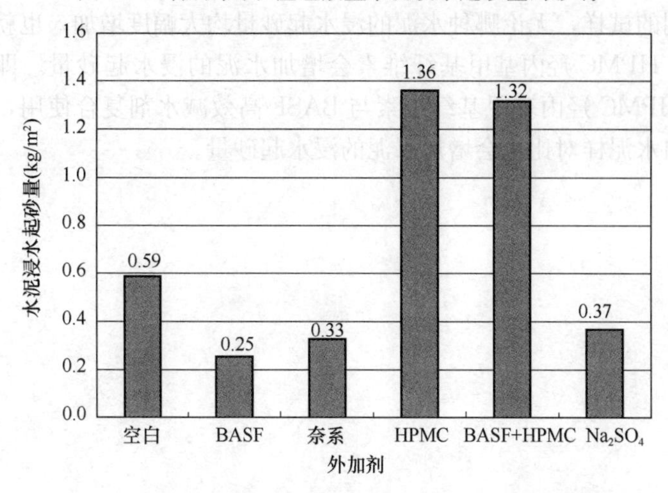

图 6-10　外加剂对粉煤灰硅酸盐水泥浸水起砂量的影响

由图 6-9～图 6-11 可见，外加剂对三个品种水泥的影响规律基本相同，加 BASF 高效减少剂的水泥，由于强烈的减水效果，水灰比大幅减少，早期强度显著增加，因此水泥浸水起砂量也大

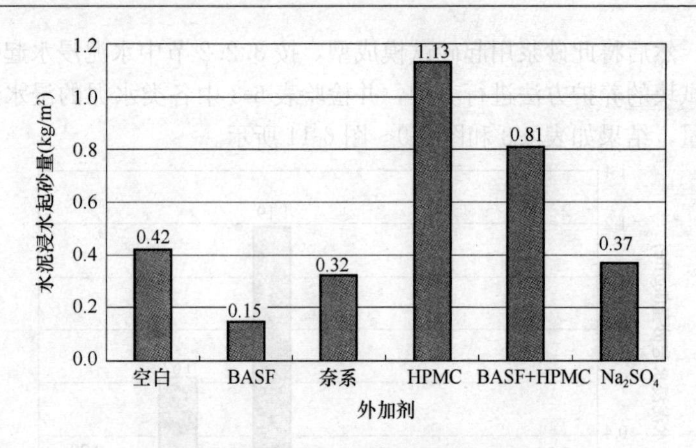

图 6-11 外加剂对复合硅酸盐水泥浸水起砂量的影响

幅度减少；加奈系高效减水剂的试样也有相同的效果，只是没有那么显著，效果相对会差些；而加 Na_2SO_4 外加剂的试样，除粉煤灰硅酸盐水泥的浸水起砂量有所减少外，其余两种水泥的浸水起砂量与空白试样相差不大；而加 HPMC 羟丙基甲基纤维素外加剂的试样，无论哪种水泥的浸水起砂量均大幅度增加，也就是说，HPMC 羟丙基甲基纤维素会增加水泥的浸水起砂量。即使将 HPMC 羟丙基甲基纤维素与 BASF 高效减水剂复合使用，与空白水泥样对比也会增加水泥的浸水起砂量。

7 钢渣砌筑水泥抗起砂性能研究

7.1 砌筑水泥的概况

我国目前的住宅建筑中，砖混结构仍占很大比例，相应的砌筑砂浆就成为需要量很大的一种建筑材料。因而，如何在砖混结构的建筑中，开展节约水泥、节约能源，降低造价，就具有十分重要的现实意义。

我国在建筑施工中配制的砌筑砂浆，往往采用强度等级为32.5和42.5的水泥，而常用的砂浆为M5，对强度（5.0MPa）要求不高，水泥强度和砂浆强度的比值大大超过了一般应为4～5倍的技术经济原则。但是，为了满足砌筑砂浆和易性的要求，又往往需要多用水泥，结果造成砌筑砂浆强度偏高、浪费水泥的现象。因此，生产低强度等级的砌筑水泥就十分必要。

砌筑水泥的生产方法与通用硅酸盐水泥相同，只是熟料掺量较少，混合材掺量较高。砌筑水泥的粉磨方式，可采用分别粉磨后再混合，也可以先进行分别粉磨，然后再进行混合粉磨，或直接混合粉磨。具体采用哪种方式，要根据各组分物料的性能和粉磨设备而定。当生产粉煤灰砌筑水泥时，采用两级粉磨流程比较合理，即水泥熟料和石膏首先粉磨至0.080mm方孔筛筛余约35%左右，再与粉煤灰一起粉磨成成品。

砌筑水泥适用于工业与民用建筑的砌筑砂浆、内墙抹面砂浆及基础垫层等；允许用于生产砌块及瓦等；一般不用于配制混凝土，但通过试验，允许用于低强度等级混凝土，但不得用于钢筋混凝土等承重结构。

目前，砌筑水泥有两个标准可以使用，一个是GB/T 3183—2003《砌筑水泥》标准，另一个是JC/T 1090—2008《钢渣砌筑水泥》标准。

7.1.1 GB/T 3183《砌筑水泥》

GB/T 3183—2003《砌筑水泥》标准规定：凡由一种或一种以上的水泥混合材料，加入适量的硅酸盐水泥熟料和石膏，经磨细制成的工作性较好的水硬性胶凝材料，称为砌筑水泥，代号M。

混合材料可采用符合GB/T 203《用于水泥中的粒化高炉矿渣》要求的矿渣、GB/T 1596《用于水泥和混凝土中的粉煤灰》要求的粉煤灰、GB/T 2847《用于水泥中的火山灰质混合材料》要求的火山灰、GB/T 6645《用于水泥中的粒化电炉磷渣》要求的磷渣、JC/T 418《用于水泥中的粒化高炉钛矿渣》要求的粒化高炉钛矿渣、JC/T 454《用于水泥中的粒化增钙液态渣》要求的粒化增钙液态渣、JC/T 742《掺入水泥中的回转窑窑灰》要求的回转窑窑灰和YB/T 022《用于水泥中的钢渣》要求的钢渣，若采用其他混合材料，必须经过试验。

水泥中混合材料掺加量按质量百分比计应大于50%，允许掺入适量的石灰石或窑灰，石灰石中的Al_2O_3不得超过2.5%。水泥粉磨时允许加入助磨剂，其掺入量不应超过水泥质量的1%。

砌筑水泥分为两个强度等级，即12.5、22.5，其各龄期的强度应不低于表7-1中数据。

表7-1 砌筑水泥各龄期强度要求

水泥等级	抗压强度（MPa）		抗折强度（MPa）	
	7d	28d	7d	28d
12.5	7.0	12.5	1.5	3.0
22.5	10.0	22.5	2.0	4.0

对砌筑水泥的品质要求如下：

（1）水泥中的SO_3含量应不大于4.0%；

（2）0.080mm方孔筛筛余不大于10.0%；

（3）初凝时间不早于60min，终凝时间不迟于12h；

（4）水泥的安定性用沸煮法检验，应合格。

7.1.2 JC/T 1090《钢渣砌筑水泥》

JC/T 1090—2008《钢渣砌筑水泥》标准规定：以转炉钢渣或电炉钢渣、粒化高炉矿渣为主要成分，加入适量硅酸盐水泥熟料和石膏，经磨细制成的工作性较好的水硬性胶凝材料，称为钢渣砌筑水泥。

钢渣砌筑水泥中的钢渣应符合 YB/T 022《用于水泥中的钢渣》的规定；粒化高炉矿渣应符合 GB/T 203《用于水泥中的粒化高炉矿渣》的规定；硅酸盐水泥熟料应符合 GB/T 21372《硅酸盐水泥熟料》的规定；石膏应符合 GB/T 5483《天然石膏》的规定。

钢渣砌筑水泥中的三氧化硫含量应不超过 4.0%，如水浸安定性合格，三氧化硫含量允许放宽至 6.0%；钢渣砌筑水泥的比表面积应不小于 350m^2/kg；初凝时间应不早于 60min，终凝时间应不迟于 12h；钢渣砌筑水泥安定性用沸煮法检验必须合格，用氧化镁含量大于 5%的钢渣制成的水泥，经压蒸安定性检验，必须合格。钢渣中的氧化镁含量为 5%～13%时，如粒化高炉矿渣的掺量大于 40%，制成的水泥可不做压蒸法检验；如水泥中三氧化硫含量超过 4.0%时，须进行水浸安定性检验；水泥保水率应不低于 80%；钢渣砌筑水泥分 17.5、22.5 和 27.5 三个强度等级，各等级水泥的各龄期强度应不低于表 7-2 中的数值。

表 7-2 钢渣砌筑水泥各龄期强度

水泥等级	抗压强度（MPa）		抗折强度（MPa）	
	7d	28d	7d	28d
17.5	7.0	17.5	1.5	3.0
22.5	10.0	22.5	2.0	4.0
27.5	12.5	27.5	2.5	5.0

以钢渣和矿渣为主要原料生产钢渣砌筑水泥，可以大量利用钢渣，大幅度减少熟料的用量，有利于环境保护。钢渣砌筑水泥性能良好，经济效益显著，但容易起砂，所以，本章节主要研究钢渣砌筑水泥的原料、配比及粉磨与水泥抗起砂性能的

关系。

由于砌筑水泥的主要用途是配制砌筑砂浆，用于粉刷和砌墙，不能用于配制混凝土，所以砌筑水泥施工后水泥砂浆表面是不会有水膜产生的，因此实验时没必要测浸水起砂量，以下所谓的抗起砂性能主要是指抗脱水起砂性能。

7.2 原料化学成分

1. 水泥熟料

硅酸盐水泥熟料取自云南省宜良县蓬莱水泥厂。经测定，其密度为 3.20g/cm³。实验时将熟料破碎后，每次称取 5kg，放入 φ500mm×500mm 的实验室标准球磨机中粉磨一定时间，按要求控制到一定的比表面积。

2. 马龙矿渣

马龙矿渣取自云南省马龙县天创钢铁厂矿渣。经测定，其密度为 2.90g/cm³。实验时将其置于烘箱中，经 110℃烘干后，每次称取 5kg，放入 φ500mm×500mm 的实验室标准球磨机中粉磨一定时间，按要求控制到一定的比表面积。

3. 玉溪矿渣

玉溪矿渣取自云南省玉溪市北城钢铁厂矿渣。经测定，其密度为 2.97g/cm³。实验时将其置于烘箱中，经 110℃烘干后，每次称取 5kg，放入 φ500mm×500mm 的实验室标准球磨机中粉磨一定时间，按要求控制到一定的比表面积。

4. 武钢矿渣

武钢矿渣取自武汉钢铁股份有限公司，密度为 2.87g/cm³。

5. 钢渣

钢渣取自云南省宜良县蓬莱水泥厂，经测定，其密度为 3.49g/cm³。实验时将其置于烘箱中，经 110℃烘干后，每次称取 5kg，放入 φ500mm×500mm 的实验室标准球磨机中粉磨一定时间，按要求控制到一定的比表面积。

6. 石灰石

石灰石取自云南省宜良县蓬莱水泥厂，经测定，其密度为2.71g/cm³。实验时将其置于烘箱中，经110℃烘干后，每次称取5kg，放入ϕ500mm×500mm的实验室标准球磨机中粉磨一定时间，按要求控制到一定的比表面积。

7. 石膏

石膏取自云南省宜良县蓬莱水泥厂，经测定，其密度为2.67g/cm³。实验时将其置于烘箱中，经45℃烘干后，每次称取5kg，放入ϕ500mm×500mm的实验室标准球磨机中粉磨一定时间，按要求控制到一定的比表面积。

各种原料化学成分见表7-3。

表7-3　各原料化学成分（%）

成分＼原料	熟料	马龙矿渣	玉溪矿渣	武钢矿渣	石膏	石灰石	钢渣
烧失量	2.64	−0.29	−1.26	−0.30	24.00	30.58	0.65
SiO_2	20.77	36.28	33.80	32.65	2.25	20.84	13.76
Al_2O_3	4.11	9.90	13.85	16.05	0.62	6.81	2.59
Fe_2O_3	3.11	1.55	0.68	0.46	0.36	2.21	22.51
CaO	65.14	30.59	38.21	35.87	31.11	34.22	41.96
SO_3	0.86	1.45	1.84	0.04	38.43	0.91	0.47
MgO	1.55	16.34	6.38	8.74	2.57	2.46	6.15
K_2O	1.01	0.71	1.25	0.57	0.26	1.58	0.03
Na_2O	0.14	0.13	0.23	0.20	0.00	0.00	0.00
TiO_2	0.39	0.81	1.35	0.82	0.08	0.22	4.40
MnO	0.01	2.07	2.05	0.42	0.00	0.01	2.08
合计	99.73	99.54	98.38	95.52	99.68	99.84	94.6
质量系数		1.45	1.57	1.79			
碱度系数		1.02	0.94	0.92			

7.3 砌筑水泥配比对水泥抗起砂性能的影响

7.3.1 熟料掺量对抗起砂性能的影响

将云南宜良熟料、云南马龙矿渣、云南宜良钢渣、云南宜良石灰石和石膏分别单独粉磨至比表面积为：417m²/kg、481m²/kg、393m²/kg、570m²/kg 和 480m²/kg，按表 7-4 的配比配制成钢渣砌筑水泥，按 GB/T 17671—1999《水泥胶砂强度检验方法（ISO 法）》检验其强度，并按 3.2 节水泥抗起砂性能检验方法检测其脱水起砂量，结果如表 7-4 和图 7-1 所示。

表 7-4 熟料掺量对强度和脱水起砂量的影响（%）

编号	417 熟料	481 矿渣	393 钢渣	570 石灰石	480 石膏	脱水起砂量（kg/m²）	3d（MPa）		7d（MPa）		28d（MPa）	
							抗折	抗压	抗折	抗压	抗折	抗压
E1	8	40	30	15	7	1.73	0.4	1.0	2.8	6.8	7.5	21.2
E2	10	38	30	15	7	1.47	0.5	1.5	3.3	7.9	7.3	21.8
E3	12	36	30	15	7	1.27	0.6	1.6	2.8	7.9	7.5	21.0
E4	14	34	30	15	7	1.20	0.7	2.0	3.0	8.0	7.5	20.8

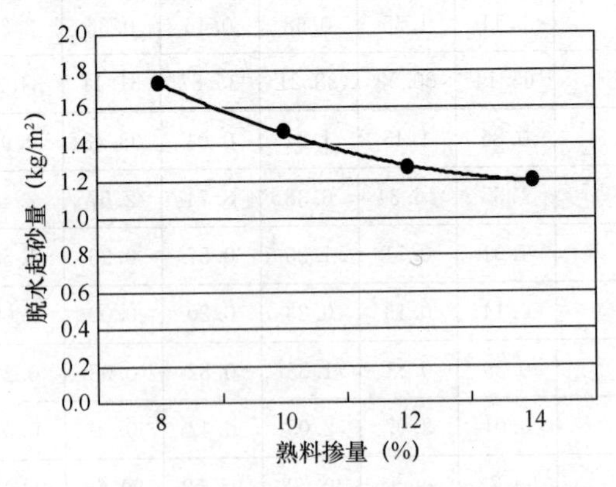

图 7-1 熟料掺量对钢渣砌筑水泥脱水起砂量的影响

改变云南宜良熟料和钢渣的粉磨比表面积为 374m²/kg 和 380m²/kg，其余原料不变，按表 7-5 的配比调整熟料的配比，重新进行实验，结果如表 7-5 和图 7-2 所示。

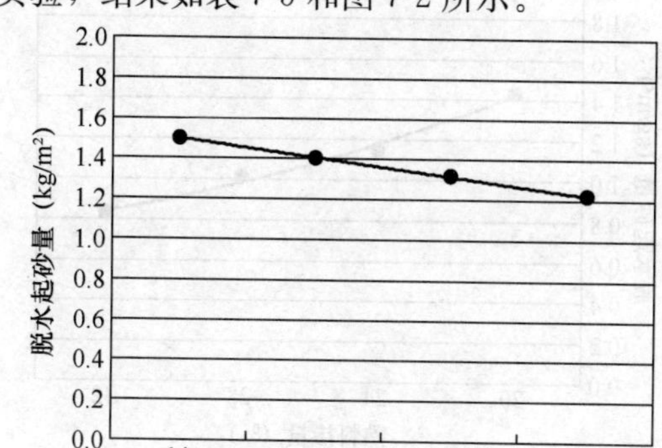

图 7-2 熟料掺量对钢渣砌筑水泥脱水起砂量的影响

表 7-5 熟料掺量对强度和脱水起砂量的影响（%）

编号	374 熟料	481 矿渣	380 钢渣	570 石灰石	480 石膏	脱水起砂量 (kg/m²)	3d (MPa)		7d (MPa)		28d (MPa)	
							抗折	抗压	抗折	抗压	抗折	抗压
E5	14	41	25	15	5	1.50	1.2	3.4	3.2	7.7	6.8	21.7
E6	18	37	25	15	5	1.40	1.4	4.0	3.1	8.2	6.3	21.8
E7	22	33	25	15	5	1.32	1.5	4.7	3.0	8.6	6.3	20.8
E8	26	29	25	15	5	1.22	1.8	5.2	3.1	8.1	6.1	19.9

使用与表 7-5 相同的原料，按表 7-6 的配比，增加钢渣砌筑水泥中的熟料掺量，同时相应减少矿渣、钢渣和石灰石的掺量，重新进行强度和脱水起砂量的检测，结果如表 7-6 和图 7-3 所示。

表 7-6 熟料掺量对强度和脱水起砂量的影响（%）

编号	374 熟料	481 矿渣	380 钢渣	570 石灰石	480 石膏	脱水起砂量 (kg/m²)	3d (MPa)		7d (MPa)		28d (MPa)	
							抗折	抗压	抗折	抗压	抗折	抗压
E9	20	38	27	10	5	1.43	1.3	3.4	2.6	7.3	7.3	22.0
E10	24	37	25	9	5	1.15	1.7	4.3	3.0	8.9	7.3	23.7
E11	28	36	23	8	5	1.01	2.1	6.0	3.5	11.0	7.4	27.1
E12	32	35	21	7	5	0.83	2.4	6.6	3.9	12.4	7.9	27.4

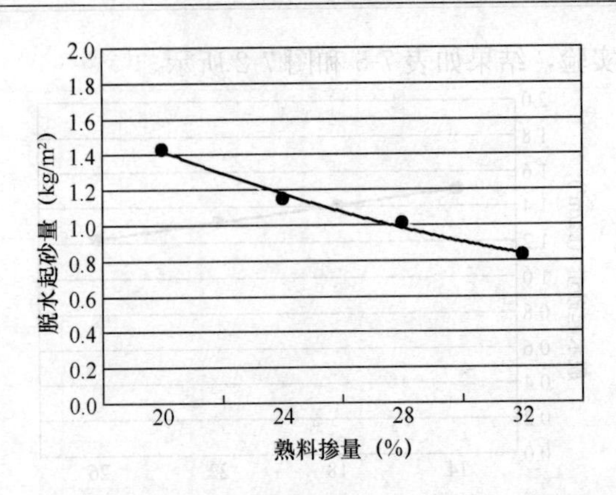

图 7-3 熟料掺量对钢渣砌筑水泥脱水起砂量的影响

由表 7-4～表 7-6 可见，熟料小于26％时，提高熟料掺量对钢渣砌筑水泥的强度影响不大。当熟料掺量大于26％以后，继续提高熟料掺量，其强度将显著提高。由图 7-1～图 7-2 可见，随着熟料掺量的提高，钢渣砌筑水泥的脱水起砂量不断降低。熟料掺量较低时（小于 20％），钢渣砌筑水泥的脱水起砂量还是相当大的。也就是说生产钢渣砌筑水泥，熟料掺量降到 20％以下时，钢渣砌筑水泥的强度还过得去，就是水泥起砂量太大，抗起砂性能太差，所以欲降低钢渣砌筑水泥中的熟料掺量，主要矛盾应是解决如何提高钢渣砌筑水泥抗起砂性能的问题。

7.3.2 提高钢渣掺量，降低矿渣掺量的影响

将云南宜良熟料、云南马龙矿渣、云南宜良钢渣、云南宜良石灰石和石膏分别单独粉磨至比表面积为：374m²/kg、481m²/kg、380m²/kg、570m²/kg 和 480m²/kg，按表 7-7 的配比配制成钢渣砌筑水泥，按 GB/T 17671—1999《水泥胶砂强度检验方法（ISO 法）》检验其强度，并按 3.2 节水泥抗起砂性能检验方法检测其脱水起砂量，结果如表 7-7 和图 7-4 所示。

由表 7-7 可见，固定熟料、石灰石和石膏的掺量，变化钢渣和矿渣的掺量对钢渣砌筑水泥的强度和脱水起砂量的影响均不是很大，综合强度、起砂量和水泥生产成本，以钢渣掺量 25％左右为佳。

表 7-7 钢渣掺量对强度和脱水起砂量的影响（%）

编号	374 熟料	481 矿渣	380 钢渣	570 石灰石	480 石膏	脱水起砂量 (kg/m^2)	3d (MPa)		7d (MPa)		28d (MPa)	
							抗折	抗压	抗折	抗压	抗折	抗压
E20	18	47	15	15	5	1.49	1.5	4.2	3.3	8.6	6.4	22.7
E21	18	42	20	15	5	1.41	1.3	3.8	3.0	8.4	6.1	21.6
E22	18	37	25	15	5	1.40	1.4	4.0	3.1	8.2	6.3	21.8
E23	18	32	30	15	5	1.49	1.1	3.4	2.7	7.6	6.1	20.6

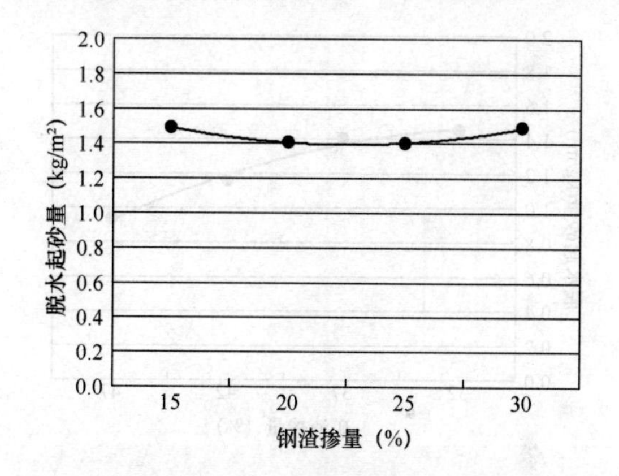

图 7-4 钢渣掺量对钢渣砌筑水泥脱水起砂量的影响

7.3.3 提高矿渣掺量，降低石灰石掺量的影响

将云南宜良熟料、云南马龙矿渣、云南宜良钢渣、云南宜良石灰石和石膏分别单独粉磨至比表面积为：374m²/kg、481m²/kg、380m²/kg、570m²/kg 和 480m²/kg，按表 7-8 的配比配制成钢渣砌筑水泥，按 GB/T 17671—1999《水泥胶砂强度检验方法（ISO 法）》检验其强度，并按 3.2 节水泥抗起砂性能检验方法检测其脱水起砂量，结果如表 7-8 和图 7-5 所示。

由表 7-8 和图 7-5 可见，在固定熟料、钢渣和石膏掺量不变的条件下，增加矿渣掺量，相应减少石灰石掺量，可显著提高钢渣砌筑水泥的各龄期强度，减少钢渣砌筑水泥的脱水起砂量，是改善钢渣砌筑水泥性能的有效途径。

表 7-8　矿渣掺量对强度和脱水起砂量的影响（%）

编号	374 熟料	481 矿渣	380 钢渣	570 石灰石	480 石膏	脱水起砂量 (kg/m^2)	3d (MPa) 抗折	3d (MPa) 抗压	7d (MPa) 抗折	7d (MPa) 抗压	28d (MPa) 抗折	28d (MPa) 抗压
E25	18	32	25	20	5	1.45	1.3	3.4	2.5	6.7	5.8	18.2
E26	18	37	25	15	5	1.40	1.4	4.0	3.1	8.2	6.3	21.8
E27	18	42	25	10	5	1.16	1.5	4.2	3.3	9.4	6.8	23.8
E28	18	47	25	5	5	0.93	1.6	4.4	3.5	9.8	7.0	24.5

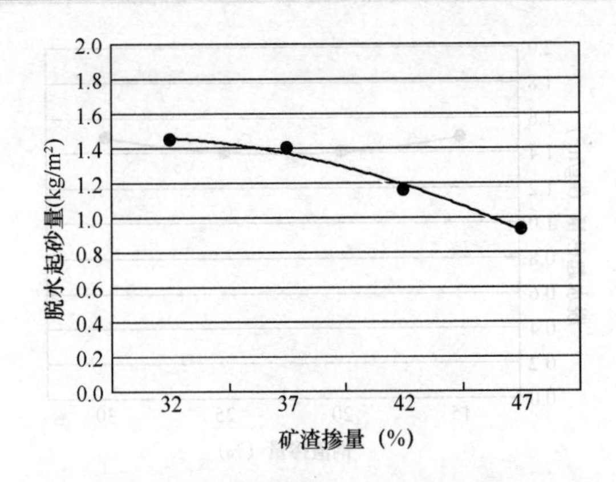

图 7-5　矿渣掺量对钢渣砌筑水泥脱水起砂量的影响

7.3.4　提高石膏掺量，降低矿渣掺量的影响

将云南宜良熟料、云南马龙矿渣、云南宜良钢渣、云南宜良石灰石和石膏分别单独粉磨至比表面积为：417m^2/kg、481m^2/kg、393m^2/kg、570m^2/kg 和 480m^2/kg，按表 7-9 的配比配制成钢渣砌筑水泥，按 GB/T 17671—1999《水泥胶砂强度检验方法（ISO 法）》检验其强度，并按 3.2 节水泥抗起砂性能检验方法检测其脱水起砂量，结果如表 7-9 和图 7-6 所示。

由表 7-9 和图 7-6 可见，在固定熟料、钢渣和石灰石掺量不变的条件下，增加石膏掺量，相应减少矿渣掺量，对钢渣砌筑水泥的早期强度影响不大，28d 强度稍有增加，钢渣砌筑水泥的脱水起砂量稍有下降，变化不是很显著。

表 7-9　石膏掺量对强度和脱水起砂量的影响（%）

编号	417 熟料	481 矿渣	393 钢渣	570 石灰石	480 石膏	脱水起砂量（kg/m^2）	3d（MPa）		7d（MPa）		28d（MPa）	
							抗折	抗压	抗折	抗压	抗折	抗压
E30	10	42	30	15	3	1.60	0.6	1.7	2.7	7.0	7.2	18.4
E31	10	40	30	15	5	1.53	0.6	1.8	2.9	7.2	7.3	19.6
E32	10	38	30	15	7	1.47	0.5	1.5	3.3	7.9	7.3	21.8
E33	10	36	30	15	9	1.36	0.6	1.4	3.2	7.5	7.7	22.0

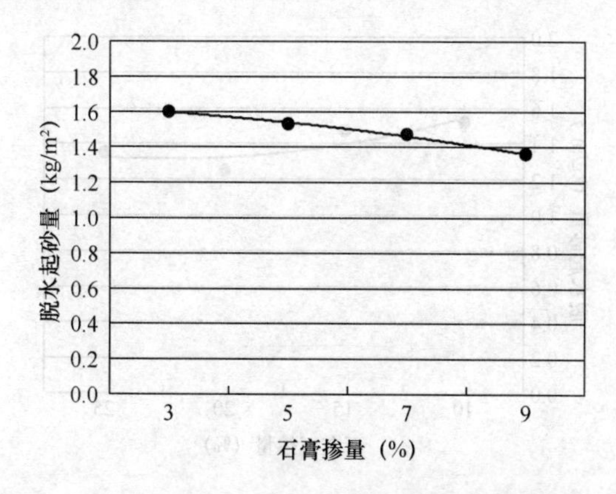

图 7-6　石膏掺量对钢渣砌筑水泥脱水起砂量的影响

7.3.5　提高石灰石掺量，降低钢渣掺量的影响

将云南宜良熟料、云南马龙矿渣、云南宜良钢渣、云南宜良石灰石和石膏分别单独粉磨至比表面积为：417m^2/kg、481m^2/kg、393m^2/kg、570m^2/kg 和 480m^2/kg，按表 7-10 的配比配制成钢渣砌筑水泥，按 GB/T 17671—1999《水泥胶砂强度检验方法（ISO 法）》检验其强度，并按 3.2 节水泥抗起砂性能检验方法检测其脱水起砂量，结果如表 7-10 和图 7-7 所示。

由表 7-10 和图 7-7 可见，在固定熟料、矿渣和石膏掺量不变的条件下，增加石灰石掺量，相应减少钢渣掺量，对钢渣砌筑水泥的各龄期强度影响不是很大。钢渣砌筑水泥的脱水起砂量随石灰石掺量提高，钢渣掺量的降低，有个最小值，即石灰石掺量为 20%，钢渣掺量为 25%时，脱水起砂量最小。

表 7-10 石灰石掺量对强度和脱水起砂量的影响（%）

编号	417 熟料	481 矿渣	393 钢渣	570 石灰石	480 石膏	脱水起砂量（kg/m²）	3d（MPa）		7d（MPa）		28d（MPa）	
							抗折	抗压	抗折	抗压	抗折	抗压
E34	10	38	35	10	7	1.52	0.4	1.4	3.1	8.8	7.0	22.2
E35	10	38	30	15	7	1.47	0.5	1.5	3.3	7.9	7.3	21.8
E36	10	38	25	20	7	1.25	0.6	1.8	2.9	9.2	7.8	21.8
E37	10	38	20	25	7	1.35	0.6	1.8	2.8	9.1	7.5	21.1

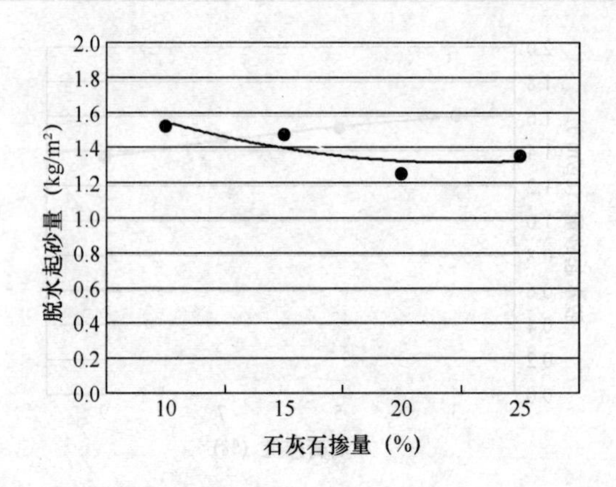

图 7-7 石灰石掺量对钢渣砌筑水泥脱水起砂量的影响

通过以上实验，综合考虑水泥强度、脱水起砂量和原料成本等因素，适宜的钢渣砌筑水泥配比为：熟料 10%，矿渣 38%，钢渣 25%，石灰石 20%，石膏 7%，可生产 17.5 等级的钢渣砌筑水泥。

7.4 各组分细度对水泥抗起砂性能的影响

由于钢渣砌筑水泥的熟料含量少，各种工业废渣的利用量大，水泥各组分之间的易磨性相差很大，为了充分发挥各种组分的作用，避免造成部分组分的过粉磨，降低水泥粉磨电耗，提高水泥的性能，通常采用分别粉磨工艺或部分分别粉磨的工艺。因此，必须了解各组分的粉磨细度对钢渣砌筑水泥抗起砂性能的影响规律。

7.4.1 熟料粉磨细度对水泥抗起砂性能的影响

将云南宜良熟料分别粉磨成4种不同的比表面积：$336m^2/kg$、$374m^2/kg$、$417m^2/kg$和$457m^2/kg$。将云南马龙矿渣、云南宜良钢渣、云南宜良石灰石和石膏分别单独粉磨至比表面积为：$481m^2/kg$、$393m^2/kg$、$570m^2/kg$和$480m^2/kg$。按表7-11的配比配制成钢渣砌筑水泥，按GB/T 17671—1999《水泥胶砂强度检验方法（ISO法）》检验其强度，并按3.2节水泥抗起砂性能检验方法检测其脱水起砂量，结果如表7-11和图7-8所示。

表7-11 熟料比表面积对强度和脱水起砂量的影响（%）

编号	336熟料	374熟料	417熟料	457熟料	481矿渣	393钢渣	570石灰石	480石膏	脱水起砂量(kg/m^2)	3d(MPa)		7d(MPa)		28d(MPa)	
										抗折	抗压	抗折	抗压	抗折	抗压
F1	10				38	30	15	7	1.61	0.3	1.1	2.1	6.5	7.6	18.8
F2		10			38	30	15	7	1.54	0.4	1.3	2.6	7.2	8.2	20.2
F3			10		38	30	15	7	1.47	0.5	1.5	3.3	7.9	7.3	21.8
F4				10	38	30	15	7	1.41	0.5	1.5	3.4	8.4	7.5	22.8

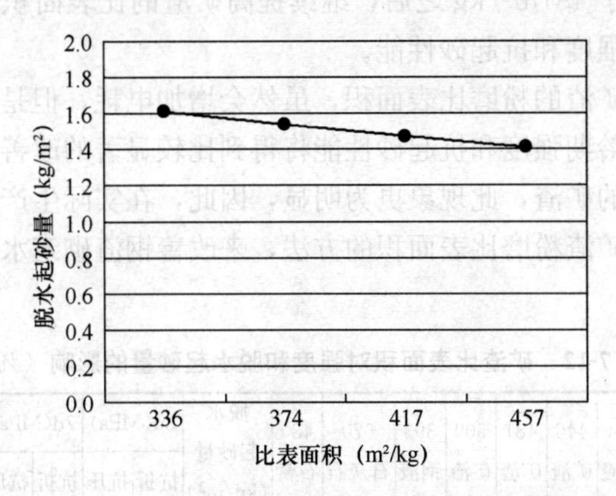

图7-8 熟料比表面积对钢渣砌筑水泥脱水起砂量的影响

由表7-11和图7-8可见，在其他原料粉磨比表面积不变的情况下，单独提高熟料的粉磨比表面积，钢渣砌筑水泥的各龄期强度有所提高，钢渣砌筑水泥的脱水起砂量有所减少，但它们的幅度均不是很大。由于粉磨比表面积的提高，会显著增加电耗，因此，实际生产中不能采用提高熟料粉磨的比表面积来改善水泥的抗起砂性能。

7.4.2 矿渣粉磨细度对水泥抗起砂性能的影响

将云南马龙矿渣分别粉磨成4种不同的比表面积：404m²/kg、446m²/kg、481m²/kg和509m²/kg。将云南宜良熟料、云南宜良钢渣、云南宜良石灰石和石膏分别单独粉磨至比表面积为：417m²/kg、393m²/kg、570m²/kg和480m²/kg。按表7-12的配比配制成钢渣砌筑水泥，按GB/T 17671—1999《水泥胶砂强度检验方法（ISO法）》检验其强度，并按3.2节水泥抗起砂性能检验方法检测其脱水起砂量，结果如表7-12和图7-9所示。

由表7-12和图7-9可见，在其他原料粉磨比表面积不变的情况下，单独提高矿渣的粉磨比表面积，钢渣砌筑水泥的各龄期强度均提高，钢渣砌筑水泥的脱水起砂量下降。但是，矿渣粉磨比表面积在481m²/kg之前，提高矿渣的比表面积对增加水泥强度和改善水泥抗起砂性能的作用不是特别明显。当矿渣的粉磨比表面积大于481m²/kg之后，继续提高矿渣的比表面积将显著改善水泥的强度和抗起砂性能。

提高矿渣的粉磨比表面积，虽然会增加电耗，但是钢渣砌筑水泥的各龄期强度和抗起砂性能将得到比较显著的改善，特别是活性较好的矿渣，此现象更为明显，因此，在实际生产中，可以采用提高矿渣粉磨比表面积的方法，来改善钢渣砌筑水泥的抗起砂性能。

表7-12 矿渣比表面积对强度和脱水起砂量的影响（%）

编号	417 熟料	404 矿渣	446 矿渣	481 矿渣	509 矿渣	393 钢渣	570 石灰石	480 石膏	脱水起砂量（kg/m²）	3d(MPa)		7d(MPa)		28d(MPa)	
										抗折	抗压	抗折	抗压	抗折	抗压
F5	10	38				30	15	7	1.65	0.4	1.2	2.3	6.5	7.1	20.1
F6	10		38			30	15	7	1.56	0.5	1.4	2.9	7.0	7.6	21.0
F7	10			38		30	15	7	1.47	0.5	1.5	3.3	7.9	7.3	21.8
F8	10				38	30	15	7	1.19	0.6	1.7	3.6	9.1	7.3	22.9

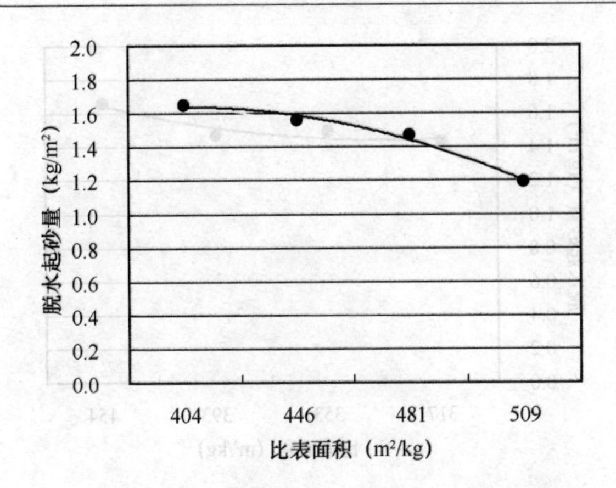

图 7-9　矿渣比表面积对钢渣砌筑水泥脱水起砂量的影响

7.4.3　钢渣粉磨细度对水泥抗起砂性能的影响

将云南宜良钢渣分别粉磨成 4 种不同的比表面积：317m²/kg、353m²/kg、393m²/kg 和 454m²/kg。将云南宜良熟料、云南马龙矿渣、云南宜良石灰石和石膏分别单独粉磨至比表面积为：417m²/kg、481m²/kg、570m²/kg 和 480m²/kg。按表 7-13 的配比配制成钢渣砌筑水泥，按 GB/T 17671—1999《水泥胶砂强度检验方法（ISO 法）》检验其强度，并按 3.2 节水泥抗起砂性能检验方法检测其脱水起砂量，结果如表 7-13 和图 7-10 所示。

表 7-13　钢渣比表面积对强度和脱水起砂量的影响（%）

编号	417 熟料	481 矿渣	317 钢渣	353 钢渣	393 钢渣	454 钢渣	570 石灰石	480 石膏	脱水起砂量 (kg/m²)	3d(MPa)		7d(MPa)		28d(MPa)	
										抗折	抗压	抗折	抗压	抗折	抗压
F9	10	38	30				15	7	1.43	0.4	1.2	3.3	7.4	7.2	20.3
F10	10	38		30			15	7	1.49	0.5	1.3	3.4	7.6	7.6	21.5
F11	10	38			30		15	7	1.47	0.5	1.5	3.3	7.9	7.3	21.8
F12	10	38				30	15	7	1.66	0.4	1.0	2.6	7.1	7.7	20.0

由表 7-13 和图 7-10 可见，在其他原料粉磨比表面积不变的情况下，单独提高钢渣的粉磨比表面积，在钢渣比表面积小于 393m²/kg 之前，钢渣砌筑水泥的各龄期强度基本上变化不大，

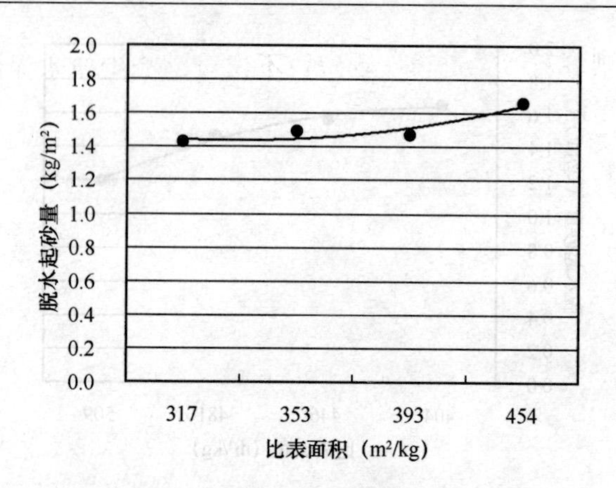

图 7-10　钢渣比表面积对钢渣砌筑水泥脱水起砂量的影响

脱水起砂量也变化不大。但是，当钢渣比表面积大于 393m²/kg 以后，钢渣砌筑水泥的各龄期强度显著下降，脱水起砂量显著上升。因此，在实际生产中，钢渣的粉磨比表面积不宜大于 393m²/kg。

7.4.4　石灰石粉磨细度对水泥抗起砂性能的影响

将宜良石灰石分别粉磨成 4 种不同的比表面积：445m²/kg、570m²/kg、754m²/kg 和 898m²/kg。将云南宜良熟料、云南马龙矿渣、云南宜良钢渣和石膏分别单独粉磨至比表面积为：374m²/kg、481m²/kg、380m²/kg 和 640m²/kg。按表 7-14 的配比配制成钢渣砌筑水泥，按 GB/T 17671—1999《水泥胶砂强度检验方法（ISO 法）》检验其强度，并按 3.2 节水泥抗起砂性能检验方法检测其脱水起砂量，结果如表 7-14 和图 7-11 所示。

由表 7-14 和图 7-11 可见，在其他原料粉磨比表面积不变的情况下，单独提高石灰石的粉磨比表面积，钢渣砌筑水泥的各龄期强度变化不大，脱水起砂量也变化不大。由于石灰石粉磨比表面积的提高，会增加粉磨电耗，而且石灰石单独粉磨容易在球磨机内产生包球、包锻、物料结团等问题，因此，实际生产中对石灰石的粉磨宜采用立磨，而且比表面积也不能控制太大，最好能小于 570m²/kg。如果采用球磨机粉磨石灰石，必须用闭路磨粉磨，否则容易产生过粉磨现象，不仅对钢渣砌筑水泥的性能无益，还白白增加了粉磨电耗。

表 7-14　石灰石比表面积对强度和脱水起砂量的影响（%）

编号	374熟料	481矿渣	380钢渣	445石灰石	570石灰石	754石灰石	898石灰石	640石膏	脱水起砂量(kg/m^2)	3d(MPa)		7d(MPa)		28d(MPa)	
										抗折	抗压	抗折	抗压	抗折	抗压
F13	18	42	25	10				5	1.40	1.2	3.5	2.7	7.5	6.5	20.6
F14	18	42	25		10			5	1.47	1.2	3.6	2.5	7.6	6.7	20.7
F15	18	42	25			10		5	1.42	1.2	3.7	2.7	7.8	6.3	21.6
F16	18	42	25				10	5	1.35	1.3	3.8	2.9	8.1	6.1	22.4

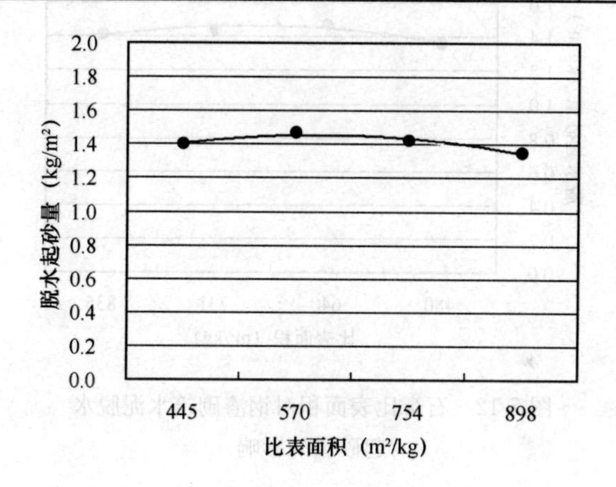

图 7-11　石灰石比表面积对钢渣砌筑水泥脱水起砂量的影响

7.4.5　石膏粉磨细度对水泥抗起砂性能的影响

将云南宜良石膏分别粉磨成 4 种不同的比表面积：480m^2/kg、640m^2/kg、731m^2/kg 和 835m^2/kg。将云南宜良熟料、云南马龙矿渣、云南宜良钢渣和石灰石分别单独粉磨至比表面积为：374m^2/kg、481m^2/kg、380m^2/kg 和 570m^2/kg。按表 7-15 的配比配制成钢渣砌筑水泥，按 GB/T 17671—1999《水泥胶砂强度检验方法（ISO 法）》检验其强度，并按 3.2 节水泥抗起砂性能检验方法检测其脱水起砂量，结果如表 7-15 和图 7-12 所示。

表 7-15　石膏比表面积对强度和脱水起砂量的影响（%）

编号	374熟料	481矿渣	380钢渣	570石灰石	480石膏	640石膏	731石膏	835石膏	脱水起砂量(kg/m²)	3d(MPa)		7d(MPa)		28d(MPa)	
										抗折	抗压	抗折	抗压	抗折	抗压
F17	18	42	25	10	5				1.36	1.3	3.8	2.9	7.8	6.7	18.8
F18	18	42	25	10		5			1.47	1.2	3.6	2.5	7.6	6.7	20.7
F19	18	42	25	10			5		1.44	1.2	3.5	2.6	7.5	6.7	20.6
F20	18	42	25	10				5	1.41	1.2	3.4	2.7	7.5	6.8	20.7

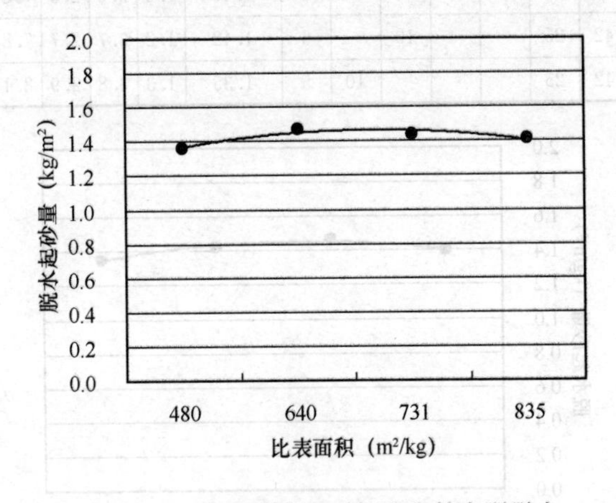

图 7-12　石膏比表面积对钢渣砌筑水泥脱水起砂量的影响

由表 7-15 和图 7-12 可见，在其他原料粉磨比表面积不变的情况下，单独提高石膏的粉磨比表面积，钢渣砌筑水泥的各龄期强度变化不大，脱水起砂量也变化不大。石膏与石灰石很相似，单独粉磨时，提高粉磨比表面积，也容易在球磨机内产生包球、包锻、物料结团等问题。此外，石膏通常含水量较高，因此，实际生产中对石膏的粉磨也宜采用立磨，水分大时也可通入热空气边粉磨边烘干，同时要确保出磨石膏的温度不大于 80℃，以防石膏脱水。而且，比表面积也不能控制太大，最好能小于 640m²/kg。如果采用球磨机粉磨石膏，必须要用闭路磨粉磨，而且要求入磨石膏自由水含量小于 1.5%，否则容易产生糊磨现象。

7.5 矿渣活性对水泥抗起砂性能影响

由以上实验知，由于钢渣砌筑水泥中熟料掺量较少，对钢渣砌筑水泥的性能不起决定性的作用，影响钢渣砌筑水泥性能的关键因素是矿渣的活性大小。活性好的矿渣，制备出的钢渣砌筑水泥不仅强度高、抗起砂性能好，而且可以大幅度减少矿渣的粉磨比表面积，水泥电耗低。

7.5.1 粉磨工艺确定

前面已经叙述过，钢渣砌筑水泥各种原料的易磨性相差很大，生产时适宜采用分别粉磨工艺。但为了简化生产工艺，可以将易磨性相差不大的两种或三种原料各自混合粉磨后，然后再将它们混合制备成钢渣砌筑水泥。如将熟料与矿渣混合粉磨成熟料矿渣粉，钢渣单独粉磨成钢渣粉，石灰石与石膏混合粉磨成石灰石石膏粉，然后再将这些混合配制成钢渣砌筑水泥。

7.5.2 原料粉磨

熟料马龙矿渣：将云南马龙天创矿渣烘干后，与已破碎的宜良熟料，按熟料：矿渣＝10：43的比例，称取5kg放入实验室小磨内混合粉磨至比表面积为461m^2/kg，测定密度为2.96g/cm^3。

熟料玉溪矿渣：将云南玉溪北城矿渣烘干后，与已破碎的宜良熟料，按熟料：矿渣＝10：43的比例，称取5kg放入实验室小磨内混合粉磨至比表面积为456m^2/kg，测定密度为3.01g/cm^3。

熟料武钢矿渣：将武汉钢铁股份有限公司的矿渣烘干后，与已破碎的宜良熟料，按熟料：矿渣＝10：43的比例，称取5kg放入实验室小磨内混合粉磨至比表面积为451m^2/kg，测定密度为2.93g/cm^3。

钢渣粉：将云南宜良钢渣破碎并烘干后，粉磨成比表面积为380m^2/kg。

石灰石石膏：将云南宜良石灰石和石膏，分别破碎烘干后，按石灰石：石膏＝15：7的比例，称取5kg放入实验室小磨内混合粉磨至比表面积为566m²/kg，测定密度为2.70g/cm³。

7.5.3 水泥配制和性能检验

将上述粉磨好的原料，按表7-16的配比混合配制成钢渣砌筑水泥，按GB/T 17671—1999《水泥胶砂强度检验方法（ISO法）》检验其强度，并按3.2节水泥抗起砂性能检验方法检测其脱水起砂量，结果见表7-16。

由表7-16可见，在水泥原料配比相同，粉磨工艺相同，粉磨比表面积基本相同的条件下，对比马龙矿渣、玉溪矿渣和武钢矿渣所制备的钢渣砌筑水泥的各项性能，武钢矿渣所制备的钢渣砌筑水泥的各龄期强度最高，玉溪矿渣制备的钢渣砌筑水泥次之，马龙矿渣所制备的钢渣砌筑水泥最差。相对应的马龙矿渣所制备的钢渣砌筑水泥的脱水起砂量最大，玉溪矿渣所制备的钢渣砌筑水泥次之，武钢矿渣所制备的钢渣砌筑水泥最小。

由表7-3可见，马龙矿渣、玉溪矿渣和武钢矿渣的质量系数分别为：1.45、1.57和1.79，说明质量系数越高，所制备的钢渣砌筑水泥的强度越高、抗起砂性能也越好。因此，为了提高钢渣砌筑水泥的性能，在生产钢渣砌筑水泥时，应尽可能选择质量系数较高的矿渣。

表7-16 不同矿渣配制的钢渣砌筑水泥的性能（%）

编号	熟料马龙矿渣	熟料玉溪矿渣	熟料武钢矿渣	钢渣	石灰石石膏	脱水起砂量(kg/m²)	标准稠度(%)	初凝(min)	终凝(min)	3d(MPa)		7d(MPa)		28d(MPa)	
										抗折	抗压	抗折	抗压	抗折	抗压
H1	53			25	22	1.43	24.6	220	435	0.6	1.3	3.7	10.6	7.6	24.8
H2		53		25	22	1.34	24.8	252	427	1.5	3.3	3.7	14.2	6.4	28.6
H3			53	25	22	0.96	24.6	230	425	3.6	9.6	5.8	17.6	8.6	31.7

8　过硫磷石膏矿渣水泥抗起砂性能研究

我国磷石膏大量堆积，不但给磷化工企业的可持续发展造成了巨大压力，还对周边的生态环境造成严重的破坏，加快磷石膏资源化利用的任务已迫在眉睫。

在国家高技术研究发展计划（863 计划）支助下（课题编号：2012AA06A112），林宗寿等[44]以磷石膏为主要原料，通过与矿渣、钢渣等其他工业废渣或少量硅酸盐水泥熟料复合，研发成功了一种具有较高强度的新型水硬性胶凝材料——过硫磷石膏矿渣水泥。

通常少熟料或无熟料水泥的抗起砂性能较差，过硫磷石膏矿渣水泥也属于无熟料水泥。为了提高过硫磷石膏矿渣水泥的抗起砂性能，扩大过硫磷石膏矿渣水泥的应用领域，以便能替代通用硅酸盐水泥作为建筑材料使用，进一步研究过硫磷石膏矿渣水泥的抗起砂性能，对资源的合理化利用和我国磷化工业和建材工业的可持续发展具有重要意义。

8.1　过硫磷石膏矿渣水泥定义与基本性能

8.1.1　过硫磷石膏矿渣水泥的定义

凡以过量的磷石膏、矿渣和碱性激发剂为主要成分，加入适量水后可形成塑性浆体，既能在空气中硬化又能在水中硬化，硬化后的水化产物中含有大量未化合的游离石膏，并能将砂、石等材料牢固地胶结在一起的水硬性胶凝材料，称为过硫磷石膏矿渣水泥（Excess-Sulfate Phosphogypsum-Slag Cement）[44]。其中磷石膏质量百分含量应≥40％且≤50％。

8.1.2 原料与实验方法

1. 原料

（1）磷石膏

实验所用磷石膏为湖北省黄麦岭磷化工有限公司的磷石膏，在60℃的烘箱中烘干后，块状物在陶瓷研钵中敲碎，通过0.02mm方孔筛，测定磷石膏的比表面积为$81m^2/kg$。

（2）矿渣粉

实验所用矿渣粉为武汉武新新型建材有限公司生产的S95级矿渣粉，比表面积为$399m^2/kg$。

（3）石灰石

取自华新水泥股份有限公司咸宁分公司，密度为$2710kg/m^3$，在实验小磨中粉磨至比表面积为$513m^2/kg$备用。

（4）熟料粉

取自华新水泥股份有限公司咸宁分公司，密度为$3160kg/m^3$，粉磨至勃氏比表面积为$385m^2/kg$备用。

（5）钢渣粉

取自武汉钢铁股份有限公司，密度为$3280kg/m^3$，粉磨至比表面积为$531m^2/kg$备用。

（6）减水剂

德国生产的BASF聚羧酸减水剂Rheoplus26（LC）。

江苏博特新材料有限公司生产的SBTJM®-A萘系高效减水剂。

2. 实验方法

过硫磷石膏矿渣水泥的标准稠度、凝结时间和安定性实验，按照国家标准GB/T 1364—2011《水泥标准稠度用水量、凝结时间、安定性检验方法》进行。由于试样凝结时间很长，在测定安定性时，水泥净浆在雷氏夹中成型后，先在水泥标准养护箱中养护延长到48h，而不是标准中所规定的24h，测定雷氏夹指针间距离，然后再放入沸煮箱中沸煮，沸煮后取出雷氏夹，测定雷氏夹指针间距离并判定安定性是否合格。

过硫磷石膏矿渣水泥胶砂强度实验，按照国家标准GB/T 17671—1999《水泥胶砂强度检验方法（ISO法）》进行。由于试样的凝结时间长，强度发展很慢，成型后在标准养护箱内养护24h后仍难以脱模，所以试样都在成型48h后脱模浸水养护。

过硫磷石膏矿渣水泥抗起砂性能除特别说明外，按3.2节所介绍的方法进行。

8.1.3　过硫磷石膏矿渣水泥制备与基本性能

为了研究磷石膏掺量对过硫磷石膏矿渣水泥性能的影响，将石灰石、矿渣和钢渣的比例大致固定为1∶3.5∶1，然后与不同比例的磷石膏混合，以测定过硫磷石膏矿渣水泥的标准稠度、凝结时间、安定性和胶砂强度的变化，试样配比和性能测定结果见表8-1。

由表8-1可以看出，随着磷石膏掺量的增加，标准稠度明显变大，但初凝和终凝时间变化不大。各试样的沸煮法安定性均为合格。各试样的3d、7d和28d抗折强度和抗压强度的测定结果，分别如图8-1和图8-2所示。

表8-1　试样配比及标准稠度、安定性、凝结时间的测定结果

编号	配比（%）				标准稠度（%）	安定性	凝结时间(h:min)	
	磷石膏	石灰石	矿渣	钢渣			初凝	终凝
HH1	15	16	53	16	30.0	合格	11：22	12：50
HH2	25	14	47	14	30.6	合格	12：05	12：57
HH3	35	12	41	12	31.0	合格	10：17	13：12
HH4	45	10	35	10	30.8	合格	9：05	11：56
HH5	55	8	29	8	32.0	合格	11：04	12：57
HH6	65	6	23	6	33.0	合格	9：46	12：41

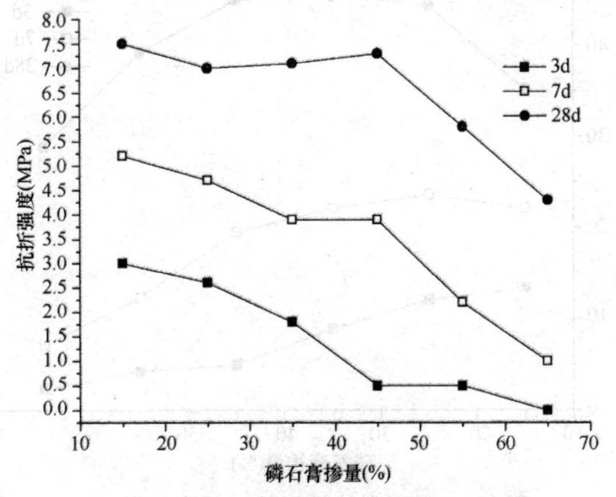

图8-1　磷石膏掺量对抗折强度的影响

由图 8-1 可见，随着磷石膏掺量的增加，各龄期的抗折强度都呈不同程度的下降趋势。磷石膏掺量在 35%～45%之间时，7d 和 28d 抗折强度变化不大，当磷石膏掺量超过 45%后，抗折强度显著下降。

由图 8-2 可以看出，随着磷石膏掺量的增加，各龄期的抗压强度也呈不同程度的下降趋势。但在磷石膏掺量在 25%～45%之间时，3d 和 7d 抗压强度下降较少，而 28d 抗压强度相差不大。由此可见，磷石膏在该体系中并不是完全惰性的原料，在一定范围内提高磷石膏掺量，同时减低矿渣掺量，对 28d 抗压强度影响不大。

表 8-2 磷石膏掺量对水泥性能的影响

编号	配比（%）				标准稠度（%）	凝结时间（h：min）		3d 强度（MPa）		7d 强度（MPa）		28d 强度（MPa）	
	熟料	矿渣	磷石膏	石灰石		初凝	终凝	抗折	抗压	抗折	抗压	抗折	抗压
C31	4	51	35	10	30.8	5:54	10:34	1.6	4.6	4.3	16.8	9.6	55.1
C32	4	41	45	10	31.4	6:28	11:20	1.4	4.3	3.7	15.8	7.6	48.8
C33	4	31	55	10	32.1	6:50	12:16	1.3	4.0	3.5	13.2	7.7	41.6
C34	4	21	65	10	33.0	7:21	13:03	1.2	3.9	2.8	9.2	6.2	28.9

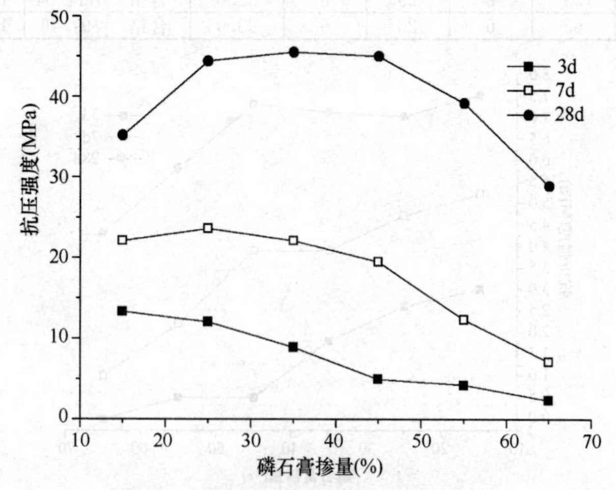

图 8-2 磷石膏掺量对抗压强度的影响

对于熟料激发的过硫磷石膏矿渣水泥，磷石膏掺量对过硫磷石膏矿渣水泥性能的影响规律也基本相同。将熟料和石灰石掺量固定为4%和10%，磷石膏由35%增加到65%，矿渣相应地由51%减少到21%，其配比及实验结果见表8-2。

由表8-2实验结果可见，随着磷石膏掺量的增加，过硫磷石膏矿渣水泥标准稠度用水量逐渐增大，当磷石膏掺量65%时，标准稠度用水量达到了33%。同时，随着磷石膏掺量的增加，水泥的初凝及终凝时间不断延长，其中，终凝时间延长幅度更大。

图8-3和图8-4分别为磷石膏掺量从35%增加到65%时，水泥抗折强度和抗压强度的变化情况。由图可见，随着磷石膏掺量的增加，矿渣掺量的减少，水泥的抗折强度和抗压强度均呈下降趋势。其中，抗折强度变化曲线在磷石膏掺量由45%增加到55%时出现一个平滑阶段，下降幅度变缓，随即又变快。抗压强度随磷石膏掺量的增加基本呈线性减小，且随着磷石膏掺量的增加，水泥28d抗压强度下降幅度大于3d、7d抗压强度下降幅度。

由于磷石膏的需水量大于矿渣的需水量，所以随着磷石膏掺

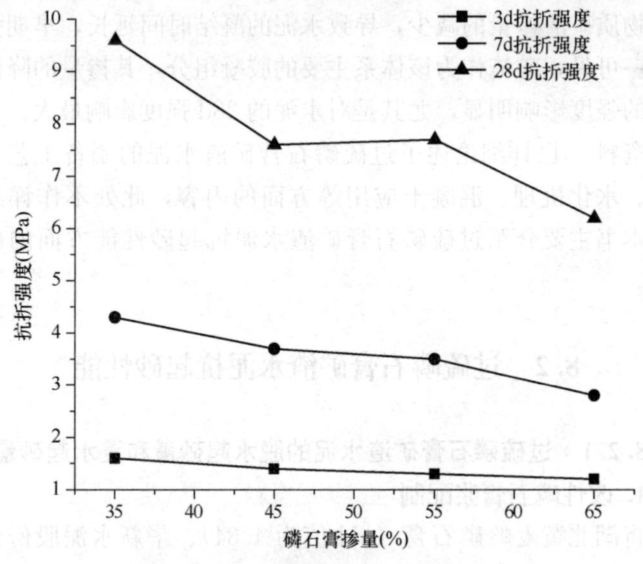

图8-3 磷石膏掺量对抗折强度的影响

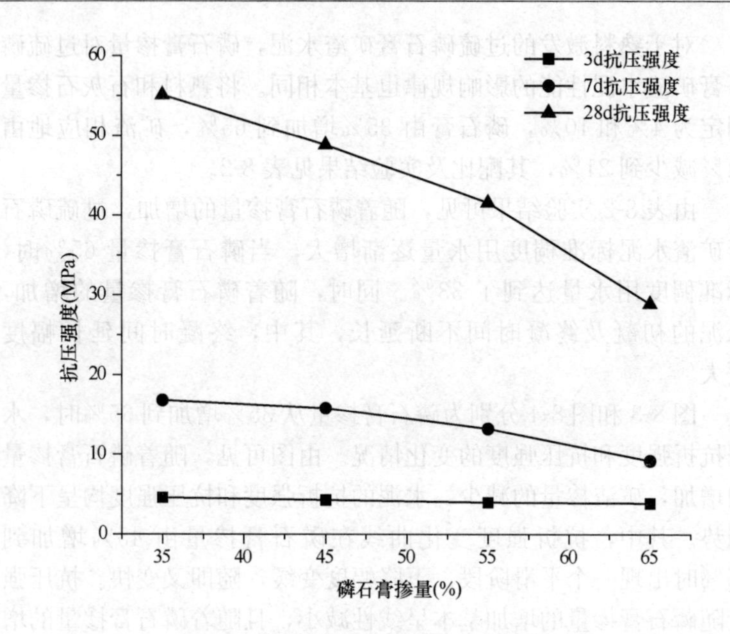

图 8-4　磷石膏掺量对抗压强度的影响

量的增加，水泥的标准稠度用水量增大。同时，随着水泥中主要胶凝物质矿渣掺量的减少，导致水泥的凝结时间延长，早期强度降低。可见，矿渣作为该体系主要的胶凝组分，其掺量的降低对水泥的强度影响明显，尤其是对水泥的 28d 强度影响最大。

资料[44]已详细论述了过硫磷石膏矿渣水泥的制备工艺、耐久性、水化机理、混凝土应用等方面的内容，此处不作详细介绍。本书主要介绍过硫磷石膏矿渣水泥抗起砂性能方面的研究内容。

8.2　过硫磷石膏矿渣水泥抗起砂性能

8.2.1　过硫磷石膏矿渣水泥的脱水起砂量和浸水起砂量

1. 改性磷石膏浆配制

将湖北黄麦岭磷石膏（pH 值为 4.34）、华新水泥股份公司咸宁分公司的熟料粉（比表面积 433.2m^2/kg）和武汉武新新型建材有限公司的矿渣粉（比表面积446.3m^2/kg）及水，按表8-3的质量配比，置于混料机中混合30min制成改性磷石膏浆。实测改性磷石膏浆含固量为：59.26%，pH值为13.08。

表8-3 改性磷石膏浆配比

原料	磷石膏（干）	熟料粉	矿渣粉	水
质量比（g）	45.00	2.00	0.50	32.66

2. 过硫磷石膏矿渣水泥配比

将改性磷石膏浆、熟料粉、矿渣粉和聚羧酸减水剂母液，按表8-4的配比混合后制成过硫磷石膏矿渣水泥，并检验其物理力学性能，结果见表8-5。

表8-4 过硫磷石膏水泥的湿基配比（g）

编号	改性磷石膏浆（湿）	矿渣粉	熟料粉	母液
C1	80.16	50.5	2.0	0.22

注：表中物料合计干基质量为100g。

表8-5 过硫磷石膏矿渣水泥物理力学性能

编号	标准稠度（%）	凝结时间（h：min）		安定性	3d强度（MPa）		7d强度（MPa）		28d强度（MPa）	
		初凝	终凝		抗折	抗压	抗折	抗压	抗折	抗压
C1	30.8	7：35	10：46	合格	3.6	12.4	6.9	25.4	8.3	36.2

3. 过硫磷石膏矿渣水泥抗起砂性能

将表8-4的过硫磷石膏矿渣水泥，按3.2节所介绍的水泥抗起砂性能的检测方法，进行脱水起砂量和浸水起砂量的检测，结果见表8-6。

表8-6 过硫磷石膏矿渣水泥脱水起砂量和浸水起砂量检测

项目	脱水起砂量测定						浸水起砂量测定					
试块编号	1	2	3	4	5	6	1	2	3	4	5	6
冲前重（g）	183.80	181.52	180.58	170.92	186.34	179.23	186.98	185.39	186.76	183.55	187.78	178.57

续表

项目	脱水起砂量测定						浸水起砂量测定					
试块编号	1	2	3	4	5	6	1	2	3	4	5	6
冲后重(g)	182.93	180.78	179.86	169.94	185.63	178.39	185.73	184.22	185.47	182.29	186.70	177.42
失重(g)	0.87	0.74	0.72	0.98	0.71	0.84	1.25	1.17	1.29	1.26	1.08	1.15
起砂量(kg/m^2)	0.36						0.54					

由表8-6可见，过硫磷石膏矿渣水泥按3.2节所介绍的水泥抗起砂性能检验方法检验，所得到的起砂量数据并不大，说明其抗起砂性能并不差，与大多数的通用硅酸盐水泥相差不大。

8.2.2　养护条件对过硫磷石膏矿渣水泥抗起砂性能的影响

为了研究不同养护条件对过硫磷石膏矿渣水泥抗起砂性能的影响规律，设计了如下的养护条件：

（1）标准养护：水泥标准养护箱中养护，温度20℃，相对湿度95%，养护期间不淋水。

（2）水膜养护：试模成型并刮平后，盖上5mm厚的浸水盖（接触一面涂上凡士林，防漏水），然后慢慢注满水，置于标准养护箱中养护，温度20℃，相对湿度95%，养护期间不淋水。

（3）养护室养护：恒温养护室中养护，温度20℃，相对湿度50%，养护期间不淋水。

（4）40℃烘干养护：烘箱中养护，温度40℃，相对湿度75%，养护期间不淋水。

（5）5℃冰箱养护：冰箱中养护，温度5℃，相对湿度85%，养护期间不淋水。

将表8-7中的过硫磷石膏矿渣水泥，按GB/T 17671—1999《水泥胶砂强度检验方法（ISO法）》中的砂浆制备方法，制备过硫磷石膏矿渣水泥的砂浆，采用0.5水灰比，胶砂比1∶3砂浆。然后在上述养护条件下养护6d后，置于60℃烘箱中烘干1d，按

3.2.4节试块冲砂方法进行实验，测定起砂量。此外，为了了解与通用硅酸盐水泥抗起砂性能的差别，特别选用武汉钢华水泥有限公司生产的P·C32.5复合硅酸盐水泥进行对比实验，结果如表8-8和图8-5所示。

表 8-7 过硫磷石膏矿渣水泥的配比和性能

编号	配比（%）			标准稠度（%）	凝结时间（h：min）		安定性	3d强度（MPa）		7d强度（MPa）		28d强度（MPa）	
	熟料粉	矿渣粉	磷石膏		初凝	终凝		抗折	抗压	抗折	抗压	抗折	抗压
C2	4.0	51.0	45.0	30.4	7：05	10：16	合格	3.3	11.2	3.7	15.8	7.8	46.7

表 8-8 过硫磷石膏矿渣水泥在不同养护条件下的起砂量（kg/m²）

试样	标准养护	水膜养护	40℃烘干养护	养护室养护	5℃冰箱养护
C2	0.18	0.15	0.77	0.53	0.13
P·C32.5	0.28	0.62	0.37	0.41	0.23

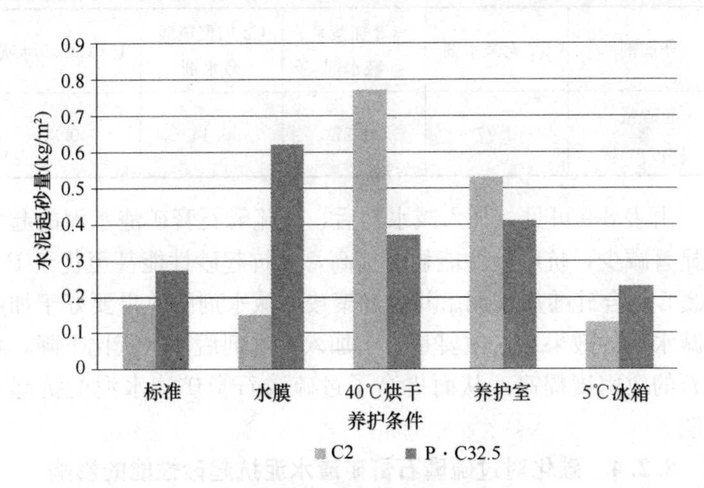

图 8-5 过硫磷石膏矿渣水泥在不同养护条件下的起砂量

由图8-5可见，在标准养护、水膜养护和5℃冰箱养护的条件下，过硫磷石膏矿渣水泥的起砂量均小于P·C32.5复合硅酸盐水泥。在40℃烘干养护和养护室养护的条件下，过硫磷石膏矿渣水泥的起砂量均大于P·C32.5复合硅酸盐水泥。说明过硫磷石膏矿渣水泥抗起砂性能与养护湿度有很大关系，养护湿度越大的地方其抗起砂性能越好。这主要是因为过硫磷石膏矿渣水泥水化产物主要是钙矾石，钙矾石在湿度大的地方更容易生成，表面强度更高，从而提高了过硫磷石膏矿渣水泥的抗起砂性能。

此外，还可看出，对于过硫磷石膏矿渣水泥而言，在40℃烘干养护条件下，其起砂量最大；而对于P·C32.5复合硅酸盐而言，在水膜养护条件下，其起砂量最大。

8.2.3 减水剂对过硫磷石膏矿渣水泥抗起砂性能的影响

为了提高过硫磷石膏矿渣水泥的抗起砂性能，将表8-7中的C2配比的过硫磷石膏矿渣水泥，外加0.2%的不同减水剂，按3.2.2节的试块成型方法进行成型，然后在40℃烘干养护的条件下，养护6d后，置于60℃烘箱中烘干1d，按3.2.4节试块冲砂方法进行实验，测定起砂量。结果见表8-9。

表8-9 减水剂对过硫磷石膏矿渣水泥抗起砂性能的影响

外加剂	C2无减水剂	C2加萘系减水剂	C2加聚羧酸减水剂	P·C32.5水泥
起砂量(kg/m^2)	0.77	0.27	0.14	0.37

由表8-9可见，加入减水剂后，过硫磷石膏矿渣水泥的起砂量显著减少，抗起砂性能显著提高，其抗起砂性能甚至优于P·C32.5复合硅酸盐水泥。并且加聚羧酸减水剂的效果要好于加萘系减水剂的效果。这主要是由于加入减水剂后，水灰比下降，水泥石的致密度提高，从而提高了过硫磷石膏矿渣水泥的抗起砂性能。

8.2.4 碳化对过硫磷石膏矿渣水泥抗起砂性能的影响

过硫磷石膏矿渣水泥具有良好的耐久性，其长期强度性能、抗淡水侵蚀性能、抗冻融性能、耐高温性能等，与普通硅酸盐水泥相当。抗硫酸盐侵蚀性能优于硅酸盐水泥，但是过硫磷石膏矿渣水泥抗碳化性能较差，低于普通硅酸盐水泥。过硫磷石膏矿渣水泥碳化后，通常强度会下降，抗起砂性能会变差，因此，有必要研究碳化对过硫磷石膏矿渣水泥抗起砂性能的影响。

将表 8-4 中的过硫磷石膏矿渣水泥，按 3.2.2 节的试块成型方法进行成型，然后置于恒温真空干燥箱中，设定温度为 40℃，常压养护 7d 后，将试块分为两部分。一部分立即按 3.2.4 节试块冲砂方法进行实验，测定起砂量。另一部分放入碳化箱，在温度 20℃，二氧化碳浓度为 20%，相对湿度为 70%条件下，碳化到规定龄期后取出，按 3.2.4 节试块冲砂方法进行实验，测定过硫磷石膏矿渣水泥碳化后的起砂量。结果如表 8-10 和图 8-6 所示。

表 8-10 碳化对过硫磷石膏矿渣水泥抗起砂性能的影响

碳化时间（d）	0	7	14	21	28
起砂量（kg/m^2）	2.11	5.34	0.57	0.70	0.85

由图 8-6 可见，过硫磷石膏矿渣水泥碳化后，其抗起砂性能会发生变化。碳化 7d 时，起砂量会大幅度增加，抗起砂性能下降。这主要是因为过硫磷石膏矿渣水泥碳化 7d 时，表面的水化产物的结构遭到破坏。随着碳化继续进行，由于二氧化碳的渗入，使表面结构致密，所以起砂量又下降，抗起砂性能提高，抗起砂性能甚至比碳化前还好。

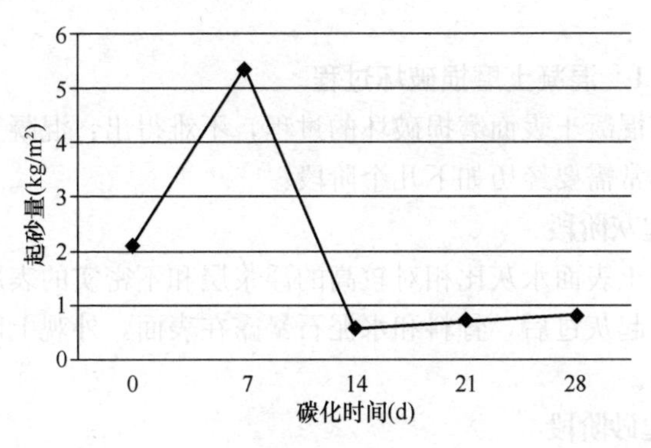

图 8-6 碳化对过硫磷石膏矿渣水泥起砂量的影响

9　水泥起砂机理分析

水泥起砂无疑是用户投诉最多的水泥质量问题之一，其原因多种多样。目前众多研究者都主要是从施工的角度进行分析，很少进行微观机理分析，尚未见到系统的理论研究成果。

在上述几个章节中，作者首先提出了一个可以定量的水泥抗起砂性能检验方法，然后通过制备不同品种水泥进行对比实验，研究其抗起砂性能。在不同水灰比、不同胶砂比、不同养护条件下，研究了水泥抗起砂性能的变化规律。同时，详细研究了水泥粉磨以及外加剂等对水泥抗起砂性能的影响。为生产抗起砂性能优异的水泥，提供了实验依据并指明了技术途径。

但是，水泥为什么会起砂？其起砂的根本原因是什么？又是如何起砂的？本章试图从微观机理分析入手，研究分析水泥起砂的机理。

9.1　起砂实例观察分析

9.1.1　混凝土磨损破坏过程

观察混凝土表面磨损破坏的过程，不难得出：混凝土表面磨损破坏通常需要经历如下几个阶段：

1. 起灰阶段

混凝土表面水灰比相对较高的浮浆层和不密实的表层很容易被磨去，起灰过后，骨料和水泥石暴露在表面，外观上已不是光滑的表面。

2. 起砂阶段

混凝土表面较软的含细骨料的水泥石相对比较容易被磨去，剩下较硬的骨料形成凹凸不平的表面，这个过程即是起砂。

3. 起坑阶段

在较大机械碾压力的作用下，凸出骨料不断被磨损和剥离，最后较大的骨料也被剥离，混凝土地面已无法正常使用，出现越来越大的坑洞。

混凝土地面中骨料自身的耐磨性一般没有问题，出现起灰、起砂的关键原因，主要是水泥石的耐磨性。因此，要减少混凝土的磨损破坏，延长混凝土地面的使用寿命，关键是如何提高水泥石的耐磨性，以避免混凝土表面的起砂。

9.1.2 混凝土起砂案例

1. 起砂案例一

据资料[35]介绍，苏州西站货场改扩建工程，2004 年 5 月 1 日开工至 2004 年 7 月 30 日竣工。该工程中仓库及场地共计混凝土硬面近 20000m^2，硬面施工时间为 2004 年 6 月下旬至 2004 年 7 月中旬。施工场地处于苏州铁路西站京杭运河边，长期有较大风力。施工用混凝土为泵送商品混凝土。施工过程中，浇筑时采用一次浇筑到整体面层标高，混凝土初凝后进行铁板压光抹面成活的施工工艺。

工程竣工投入使用后发现，混凝土硬面大面积起砂。经过分析发现以下几点情况：

① 施工期间气温很高，平均 30℃以上，而且有较大风力。这将导致混凝土面层水分损失非常快，混凝土硬面养护工作难以保证效果。

② 高温天气下，硬面浇筑基层十分干燥。虽然施工前进行了一定的基层浇水湿润，但很难避免浇筑时混凝土中水分的流失。

③ 经过对该批次的商品混凝土配合比通知单的分析发现，其中火山灰和粉煤灰的掺量明显高于通常的商品混凝土。经向商品混凝土厂家调查得知，厂家考虑到硬面施工场地较大，特别是仓库内泵送距离很大（150m 左右），特增加了商品混凝土中火山灰、粉煤灰的含量，并加大了水灰比以改善混凝土的泵送性能。

④ 施工过程中，有时未控制好硬面的浇筑时间节点，导致硬面浇筑在晚上 8、9 点完成，而压光抹面工作则到了第二天早上 6、7 点。此时距混凝土浇筑时间已超过 9h，混凝土已经完成终凝。而终凝后的水泥已失去塑性，在终凝后再次进行压光工作，将破坏硬面表层混凝土的结构，并使之无法再次胶结，使表层混凝土形成大量空隙或裂缝，为硬面起砂留下了隐患。

⑤ 在站场硬面的边缘，有一块约 $200m^2$ 的硬面，在施工收尾阶段施工，且因方量较小而采用了现场自拌混凝土。然而，这一小块混凝土硬面在同等养护的条件下并未发生起砂的质量问题。

上述混凝土起砂案例，主要原因是由于混凝土养护时温度较高，水分蒸发速度较快，同时混凝土中粉煤灰和火山灰掺量较多，再加上硬面收光时间较迟（大大超过终凝时间），几种因素叠加后，就发生了大面积的起砂现象。

2. 起砂案例二

据资料[36]报道，广州市某一街道扩建工程，采用 C35 强度等级的预拌混凝土（水泥用同一厂家生产的同一品种水泥），其中有部分路面用的是不掺粉煤灰（纯水泥混凝土）的预拌混凝土，另一部分路面用的是掺有 10%粉煤灰的预拌混凝土。通车后发现，纯水泥混凝土路面没有“起砂”现象，掺粉煤灰的混凝土路面中有一段也没有“起砂”现象，有一段则出现了“起砂”和“露砂”现象。质检部门抽芯检测结果表明，所有混凝土的强度均达到了设计要求。施工部门认为是粉煤灰的浮浆导致了表层混凝土强度偏低。经现场实地取样分析，发现表层起砂并非是粉煤灰浮浆，而是混凝土表层在施工及凝结硬化过程水灰比过大所致。具体分析过程如下：

试样 A：不掺粉煤灰的混凝土路面表层灰浆（不起砂）；

试样 B：掺粉煤灰的混凝土路面表层灰浆（起砂部分）；

试样 C：不掺粉煤灰的混凝土路面下层灰浆。

将所取样品进行研磨，用 80μm 方孔筛将大部分砂子除去以获得所需样品。对制得样品进行化学成分分析、酸不溶物分析，结果见表9-1和表9-2。

表9-1 样品的化学成分分析结果（%）

试样	烧失量	SiO_2	Fe_2O_3	Al_2O_3	CaO	MgO	SO_3	其他	合计	酸不溶物
A	14.70	41.73	3.87	6.60	27.70	0.61	0.32	4.47	100.00	43.34
B	15.47	49.82	4.91	6.88	19.55	0.34	0.11	2.92	100.00	55.83
C	10.67	41.83	2.79	7.60	29.86	0.72	1.24	5.29	100.00	40.61

表9-2 样品中酸不溶物的化学分析结果（%）

试样	SiO_2	Fe_2O_3	Al_2O_3	CaO	MgO	其他	合计
A	84.72	1.02	9.26	0.72	0.13	4.15	100.00
B	85.54	0.82	9.14	0.70	0.13	3.67	100.00
C	79.98	1.09	12.30	0.86	0.17	5.60	100.00

由表9-1可以看出：配比相同的A、C样化学成分及酸不溶物含量基本相近，A样烧失量明显高于C样；B样与A、C样相比，烧失量、SiO_2及酸不溶物含量均较高，CaO含量较低，这说明B样中钙质材料含量较少，硅质材料含量较多。通常水泥制品化学分析中的酸不溶物主要是未分离干净的砂、水泥中的混合材、混凝土中掺入的粉煤灰以及养护过程中带入的黏土质物质。其中砂的主要化学成分是SiO_2，粉煤灰及黏土质物质的主要化学成分是SiO_2与$A1_2O_3$。由表9-2结果可知，酸不溶物的主要成分是SiO_2和$A1_2O_3$，试样A与试样B的Al_2O_3含量相近，且小于试样C。这说明试样B中没有大量的粉煤灰，可见“起砂”主要原因不是粉煤灰在混凝土表面富集。

根据水泥的水化程度与化学结合水含量的关系，测定样品中化学结合水与CaO的含量，对比单位CaO所带有的化学结合水的多少，即可比较相对水化程度的高低。表9-1中的烧失量主要包括了原材料（未水化水泥）自身的烧失量及水泥水化后的化学结合水，设定原水泥的烧失量为3.5%，则扣除酸不溶物后的计算结果见表9-3。

表 9-3 扣除酸不溶物后（酸溶部分）样品的化学成分（%）

样品	烧失量	SiO_2	Fe_2O_3	Al_2O_3	CaO	MgO	SO_3	其他	合计	结合水	N
A	25.94	8.85	6.05	4.57	48.34	0.98	0.56	4.71	100.00	22.44	0.46
B	35.02	4.67	10.08	4.02	43.38	0.61	0.25	1.97	100.00	31.52	0.73
C	17.97	15.74	3.95	4.39	49.69	1.10	2.09	5.08	100.00	14.47	0.29

注：N=结合水/CaO，其余单位为%。

从化学结合水含量看，试样 A、B 的水化程度均高于试样 C，其中试样 B 的水化程度最高，单位 CaO 带有的化学结合水高达 0.73，是纯水泥路面下层混凝土试样 C 的 2.49 倍，比不“起砂”的纯水泥路面表层试样 A 高出 56.53%。这说明混凝土表层水泥颗粒的水化程度比混凝土内部的颗粒要大。何毅[36]认为这是在施工过程中混凝土泌水，造成表层水灰比过大，水泥水化较充分所致。虽然水泥具有较高的水化程度和较大的水化空间，但水化产物搭接松散、强度较低才是表面“起砂”的真正原因。

类似于路面起砂的现象还常见于大面积的楼板、停车场、薄壁混凝土等工程，对这类问题的多次现场分析及取样分析结果均表明，“起砂”的主要原因不是粉煤灰或其他混合材或掺合料的浮面，而是混凝土表层结构疏松、强度偏低。

何毅认为导致混凝土表层结构疏松、强度偏低的主要原因有两方面：

① 混凝土表层的水灰比大于混凝土内部，表层水化产物之间搭接不致密，孔隙率大；

② 混凝土养护不当，施工早期水分散失过快，形成大量的水孔，表层的水泥得不到足够的水分进行水化。检测混凝土表层中水泥的水化程度，可帮助判别“起砂”的原因。表层水泥水化程度较高主要是由于泌水所致，表层水泥水化程度较低，则主要是施工养护不当所致。从多起案例分析来看，因泌水而导致混凝土表面起砂的情况居多数。

何毅进一步分析了影响混凝土表层水灰比的因素后认为：混凝土是由颗粒大小不同、密度不同的多种固体和液体组成的复合材料，在水泥（或其他胶凝材料）的凝结过程中，密度大的粒子要沉降，因而产生了固体粒子与水的分离，即新拌混凝土不可避免地会产生泌水现象，泌水越严重，表层混凝土的水灰比越大。影响混凝土泌水量大小的因素主要有混凝土的配合比、组成材料、施工与养护等几方面。

① 混凝土的配合比

混凝土的水灰比越大，水泥凝结硬化的时间越长，自由水越多，水与水泥分离的时间越长，混凝土越容易泌水。

混凝土中外加剂掺量过多，或者缓凝组分掺量过多，会造成新拌混凝土的大量泌水和沉析，大量的自由水泌出混凝土表面，影响水泥的凝结硬化，混凝土保水性能下降，导致严重泌水。

② 混凝土的组成材料

砂石骨料含泥较多时，会严重影响水泥的早期水化，黏土中的黏粒会包裹水泥颗粒，延缓及阻碍水泥的水化及混凝土的凝结，从而加剧了混凝土的泌水。

砂的细度模数越大，砂越粗，越易造成混凝土泌水，尤其是0.315mm以下及2.5mm以上的颗粒含量对泌水影响较大。

细颗粒越少、粗颗粒越多，混凝土越易泌水。

矿物掺合料的颗粒分布同样也影响着混凝土的泌水性能，若矿物掺合料的细颗粒含量少、粗颗粒含量多，则易造成混凝土的泌水。用细磨矿渣作掺合料，因配合比中水泥用量减少，矿渣的水化速度较慢，且矿渣玻璃体保水性能较差，往往会加大混凝土的泌水量。

粉煤灰过粗，微细骨料效应减弱，也会使混凝土泌水量增大。

水泥作为混凝土中最重要的胶凝材料，与混凝土的泌水性能密切相关。水泥的凝结时间、细度、比表面积与颗粒分布都会影响混凝土的泌水性能。水泥的凝结时间越长，所配制的混凝土凝结时间越长，且凝结时间的延长幅度比水泥净浆成倍地增长，在混凝土静置、凝结硬化之前，水泥颗粒沉降的时间越长，混凝土越易泌水。

水泥的细度越粗、比表面积越小、颗粒分布中细颗粒（<5μm）含量越少，早期水泥水化量越少，较少的水化产物不足以封堵混凝土中的毛细孔，致使内部水分容易自下而上运动，混凝土泌水越严重。有些立窑水泥厂为节能降耗，在制备生料时添加较多的萤石矿化剂，致使熟料的凝结时间大幅度延缓，其水泥粉磨时，控制细度较粗，比表面积较小，因而经常有用户投诉使用该水泥易导致混凝土表面“起砂”。有些水泥厂使用磷渣或磷石膏，由于磷会使水泥凝结时间变慢，也会因水泥凝结时间过长、泌水量过大而发生起砂现象。此外，也有些大磨（尤其是带有高效选粉机的系统）磨制的水泥，虽然0.08mm筛余量较小或为零，但由于选粉效率很高，水泥中细颗粒（小于3～5μm）含量少，水泥比表面积不大，也容易造成混凝土表面泌水和起砂现象。

因此，在水泥生产过程中控制合适的技术参数和性能指标也是有效改善所配制混凝土表面“起砂”的途径之一。不同品种、不同强度等级的水泥的保水性、凝结时间、早期强度都相差较大，在使用时应根据各自的特性，选择适当的施工方法、养护条件与时间，以尽量减少水泥品种和等级对混凝土表面“起砂”的影响。

③ 施工与养护

施工过程的过振并不是将混凝土中密度较小的掺合料或混合材振到了混凝土的表面，而是加剧了混凝土的泌水，使混凝土表面的水灰比增大。

当混凝土表层的水泥尚未硬化就洒水养护或表面受到雨水的冲刷时，亦会造成混凝土表面的水灰比增大。此外，在混凝土的施工与养护过程中，太阳暴晒或天气非常干燥的时候，表面水分的蒸发大于混凝土的泌水速度，将导致表层水分大量挥发，表层水泥得不到充分的水化，建立不起足够的表面强度而产生“起砂”现象。因此，施工与养护方法应根据不同的气候条件、不同强度等级的混凝土和不同品种的水泥而及时调整，保证混凝土在施工后至建立起足够的强度之前有充分的湿养护而又不出现严重的泌水。

9.2　水泥砂浆表面电镜显微观察

水泥起砂，主要发生在水泥砂浆或混凝土的表面，因此应从水泥砂浆或混凝土的表面入手研究。

采用市售的P·C32.5复合硅酸盐水泥，按3.2节介绍的水泥抗起砂性能检验方法成型后，分别在40℃烘干养护、标准养护、水膜养护和养护室养护的不同养护条件下6d，取出后在60℃的烘箱中烘干1d后，提取表面样品进行SEM分析，实验结果如图9-1～图9-4所示。

养护制度说明：

40℃烘干养护：烘箱中养护6d，温度40℃，相对湿度75%，养护期间不淋水。

标准养护：水泥标准养护箱中养护6d，温度20℃，相对湿度95%，养护期间不淋水。

水膜养护：试模成型并刮平后，加上5mm厚的垫圈（主要一面涂上凡士林，防漏水），然后慢慢注满水，置于标准养护箱中养护6d。相对湿度95%，养护期间不淋水。

养护室养护：恒温养护室中养护6d，温度23℃，相对湿度87%，养护期间不淋水。

由图9-1～图9-4可见，水泥砂浆在不同的养护条件下，其表面的显微结构有很大的区别。

在40℃烘干养护的条件下，由于干燥，表面很快脱水，所以水泥砂浆表面基本上看不到水泥的水化产物，在砂粒之间物理填充着一些水泥灰，粘结强度差，很容易在外力的作用下脱落。用冲砂仪冲刷后，水泥砂浆表面的SEM照片如图9-5所示。

由图9-5可见，水泥砂浆试块表面形成了许多圆形的砂粒，砂粒之间有许多深沟。图9-1中见到的水泥灰及砂粒上黏附的水泥已全部脱落。原先砂粒均带尖角，冲刷后全部变成了圆角，可以认为原先的尖角是由于水泥的包裹形成的，冲刷后还原了砂子的本来形状。也就是说，水泥砂浆表面大量未水化的水泥已全部

图 9-1 40℃烘干养护 6d 后水泥砂浆表面 SEM 照片

脱落。所以，在 40℃烘干养护的条件下，水泥砂浆表面是很容易起砂和起灰的。

由图 9-2 可见，水泥砂浆试块在标准养护的条件下，水泥砂浆表面有许多裂缝和孔洞，表面比较疏松，不是很致密，但可见在砂粒之间和在裂缝中清晰分布着许多水泥的水化产物，将各砂粒粘结在一起，使其不太容易脱落，而且表面上可见到的未水化的水泥灰较少，所以标准养护的水泥砂浆试块的起砂、起灰量较少。

图 9-2　标准养护 6d 后水泥砂浆表面 SEM 照片

图 9-3　水膜养护 6d 后水泥砂浆表面 SEM 照片

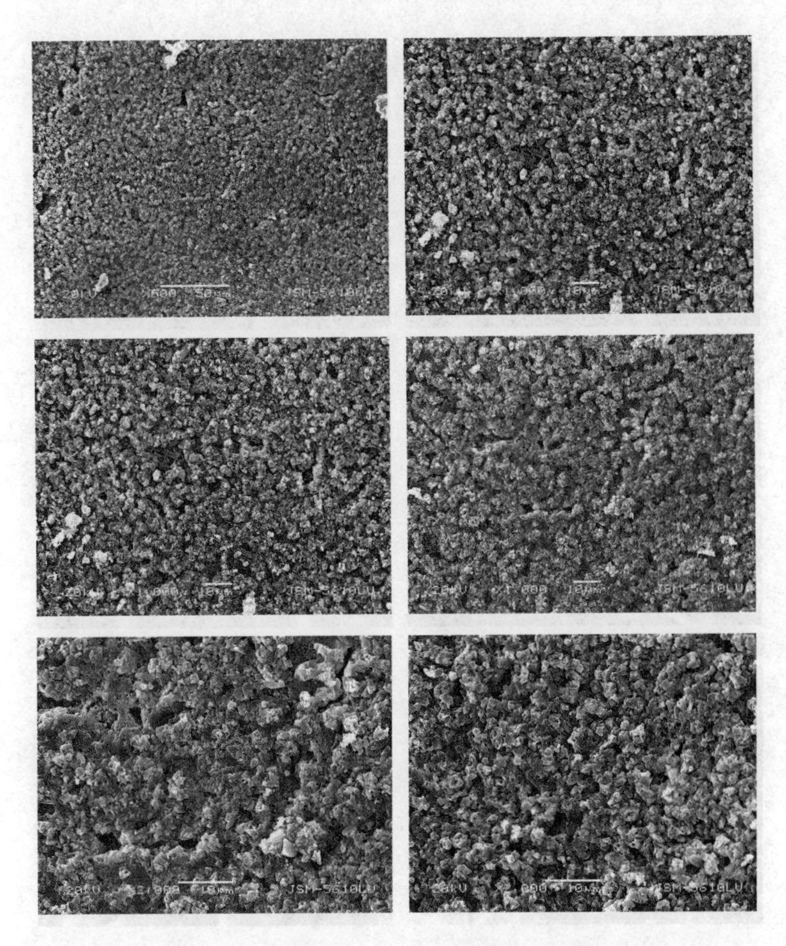

图 9-4　养护室养护 6d 后水泥砂浆表面 SEM 照片

由图 9-3 可见，水泥砂浆试块在水膜养护的条件下，水泥的水化较充分，水泥砂浆表面沉积有大量的细水泥颗粒及其水化产物，绝大多数是漂浮在水中的水泥细颗粒，以及从水溶液中结晶出来的氢氧化钙、硫酸钠、硫酸钾、水化硫铝酸钙和水化硅酸钙等水化产物，这些细水泥颗粒及水化产物沉积在水泥砂浆表面，由于水灰比很大，结构疏松，孔隙率很大，表面凹凸不平，相互之间粘结力很差，甚至结成一层薄薄的皮覆盖在水泥砂浆表面，很容易在外力的作用下脱落，产生起砂、起灰和起皮，由于沉积

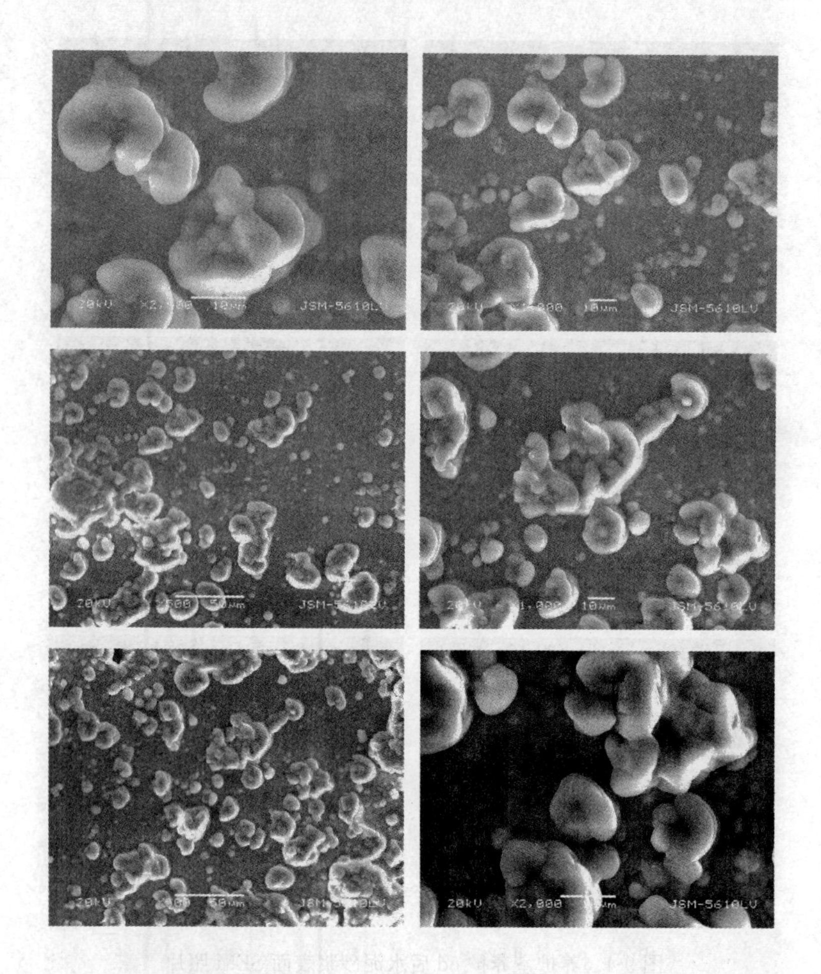

图 9-5 40℃烘干养护试块用冲砂仪冲刷后表面的 SEM 照片

物较多，所以起砂和起灰量很大。

由图 9-4 可见，水泥砂浆试块在养护室养护的条件下，水泥砂浆表面的结构比较致密，在砂粒之间均匀分布着水泥的水化产物，孔隙和裂缝都较少，见不到沉淀物，水泥灰或突出表面的粉尘也很少，各砂粒紧密地相嵌在一起，不太容易脱落，所以水泥砂浆试块起砂、起灰量较小。

根据 3.3.6 节对复合硅酸盐水泥在不同养护条件下起砂量的

研究结果（图 3-24），可以看出在不同的养护条件下，“40℃烘干养护”时复合硅酸盐水泥砂浆试块的起砂量最大，其次是“水膜养护”条件下的起砂量，“标准养护”和“养护室养护”条件下的起砂量都相对比较少。这些实验结果与上述电子显微镜观察的结果相吻合。

9.3 水泥强度与抗起砂性能的关系

为了研究水泥强度与其抗起砂性能的关系，特别在市场上购买和到厂家收集了一批不同品种和不同品牌的水泥，按 3.2 节的水泥抗起砂检验方法检测其的脱水起砂量和浸水起砂量。同时，按 GB/T 17671—1999《水泥胶砂强度检验方法（ISO 法）》检验这些水泥的各龄期强度，结果见表 9-4。此外，将表 5-1 各配比通用硅酸盐水泥的比表面积和起砂量的检测结果和表 5-2 各通用硅酸盐水泥物理力学性能的检验结果，进行合并，结果见表 9-5。分别将表 9-4 和表 9-5 的水泥脱水起砂量和浸水起砂量对 1d 和 3d 强度作图，结果如图 9-6～图 9-9 所示。

表 9-4 市售水泥的强度和抗起砂性能检验结果

生产厂家	品种等级	起砂量 (kg/m²)		1d 强度 (MPa)		3d 强度 (MPa)	
		脱水	浸水	抗折	抗压	抗折	抗压
湖北亚东水泥有限公司	P. Ⅱ 52.5	0.10	0.70	4.9	13.6	6.6	29.8
湖北亚东水泥有限公司	P. O 42.5	0.14	0.55	3.6	10.4	6.3	24.4
武汉亚东水泥有限公司	P·C 32.5	0.23	0.98	2.4	6.4	5.0	18.2
湖南韶峰水泥公司	P. O 42.5	0.13	0.68	2.5	8.0	5.4	21.3
湖南韶峰水泥公司	P·C 32.5	0.18	0.69	1.5	4.8	4.1	14.9
湖北白兆山水泥公司	P·C 32.5	0.18	0.95	2.0	6.0	4.7	17.9
华新水泥股份公司信阳分公司	P·C 32.5	0.15	0.56	2.9	7.8	5.7	21.7
湖北省联发水泥有限公司	P·C 32.5	0.24	0.81	2.6	7.0	4.6	16.6
青海宏扬水泥有限责任公司	P·C 32.5	0.31	0.65	2.6	6.7	4.8	15.9

续表

生产厂家	品种等级	起砂量(kg/m²)		1d 强度(MPa)		3d 强度(MPa)	
		脱水	浸水	抗折	抗压	抗折	抗压
汉川汉电水泥有限责任公司	P. O 42.5	0.13	0.59	3.5	10.0	6.6	26.7
华新股份公司鄂州分公司	P·C 32.5	0.38	0.92	3.1	8.1	5.4	16.8
武汉钢华水泥有限公司	P·C 32.5	0.22	0.41	1.6	4.5	5.4	17.8
HBGQ 水泥制造有限公司	P. S. B 32.5	0.78	1.27	1.0	3.1	1.8	7.7
HBWH 建材有限公司	P. S. B 32.5	1.62	2.48	0.5	1.5	1.3	4.2

表 9-5 实验室制备的通用硅酸盐水泥强度和抗起砂性能检测结果

编号	水泥配比(%)						比表面积(m^2/kg)	起砂量(kg/m^2)		1d 强度(MPa)		3d 强度(MPa)	
	熟料	石膏	矿渣	粉煤灰	煤矸石	石灰石		脱水	浸水	抗折	抗压	抗折	抗压
C1-1	91	5				4	323.1	0.94	1.26	2.3	6.9	4.4	17.1
C1-2	91	5				4	370.0	0.72	1.04	2.6	8-0	4.8	18-6
C1-3	91	5				4	421.3	0.50	0.85	2.9	8-6	5.0	19.7
C1-4	91	5				4	475.5	0.43	0.76	3.4	10.9	5.7	22.8
C2-1	80	5			15		270.0	1.70	1.60	1.5	4.1	3.4	11.2
C2-2	80	5			15		346.0	0.90	1.01	1.8	5.4	3.8	14.4
C2-3	80	5			15		381.7	0.67	0.88	2.1	5.9	4.2	15.4
C2-4	80	5			15		411.5	0.40	0.68	2.3	7.8	5.0	18-2
C3-1	80	5		15			311.7	1.03	0.84	1.6	4.5	3.3	11.3
C3-2	80	5		15			378.2	0.57	0.72	2.0	6.7	4.4	17.7
C3-3	80	5		15			422.4	0.35	0.70	2.5	9.1	5.4	20.5
C3-4	80	5		15			446.0	0.32	0.61	3.3	11.0	6.1	23.8
C4-1	55	5	40				293.4	1.23	1.04	1.1	3.3	2.9	9.9
C4-2	55	5	40				329.2	1.07	1.01	1.3	3.8	3.2	11.1
C4-3	55	5	40				365.0	0.76	0.78	1.5	4.4	3.8	13.8
C4-4	55	5	40				403.0	0.52	0.58	2.1	6.3	4.4	15.6

续表

编号	水泥配比(%)						比表面积(m^2/kg)	起砂量(kg/m^2)		1d强度(MPa)		3d强度(MPa)	
	熟料	石膏	矿渣	粉煤灰	煤矸石	石灰石		脱水	浸水	抗折	抗压	抗折	抗压
C5-1	65	5		30			325.3	1.57	1.65	1.0	3.0	2.5	8-6
C5-2	65	5		30			351.0	0.95	1.42	1.2	4.1	3.0	12.0
C5-3	65	5		30			396.3	0.72	1.03	1.6	4.5	3.6	14.2
C5-4	65	5		30			451.7	0.52	0.70	1.8	6.1	4.4	16.3
C6-1	65	5			30		330.0	2.13	1.89	1.2	3.0	2.4	8.2
C6-2	65	5			30		378.7	1.24	1.41	1.4	4.2	3.2	11.9
C6-3	65	5			30		407.8	0.93	1.04	1.8	5.1	3.8	13.7
C6-4	65	5			30		452.1	0.54	0.68	2.4	7.0	4.9	16.3
C7-1	60	5	20			15	326.3	1.63	1.30	1.1	3.0	2.8	9.3
C7-2	60	5	20			15	348.4	1.40	1.27	1.3	3.7	3.2	10.7
C7-3	60	5	20			15	383.8	1.02	0.99	1.4	4.1	3.5	12.8
C7-4	60	5	20			15	418.8	0.71	0.66	1.9	5.6	4.3	15.2
C8-1	65	5		20		10	348.1	1.58	1.51	1.2	3.3	2.8	10.0
C8-2	65	5		20		10	369.7	1.33	1.40	1.3	3.5	3.2	11.1
C8-3	65	5		20		10	398.7	1.13	0.92	1.5	3.9	3.7	12.6
C8-4	65	5		20		10	437.1	0.68	0.79	1.7	5.2	4.1	15.2
C9-1	65	5			20	10	326.9	1.88	1.74	1.1	2.8	2.2	7.0
C9-2	65	5			20	10	370.9	1.26	1.30	1.4	3.7	2.9	10.4
C9-3	65	5			20	10	407.7	0.86	1.03	1.5	4.1	3.4	12.3
C9-4	65	5			20	10	427.9	0.59	0.54	1.8	5.5	4.1	14.9

由图9-6～图9-7可以看出，水泥脱水起砂量与1d和3d抗压强度均有一定的相关性，总体上都是呈曲线关系。通常都是随着水泥强度的提高，水泥脱水起砂量快速下降，当强度提高到一定数据后，水泥脱水起砂量的下降幅度就大幅度地减慢，曲线趋于平缓。当1d抗压强度小于6MPa时，水泥脱水起砂量随1d抗

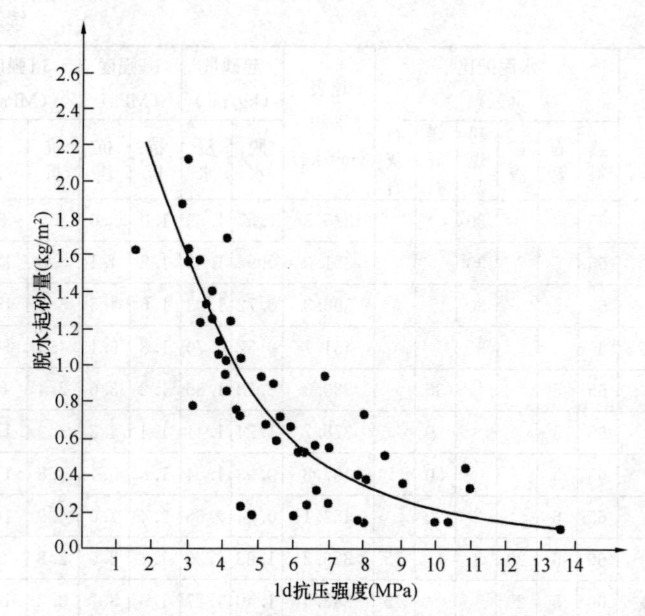

图 9-6 通用硅酸盐水泥脱水起砂量与 1d 抗压强度的关系

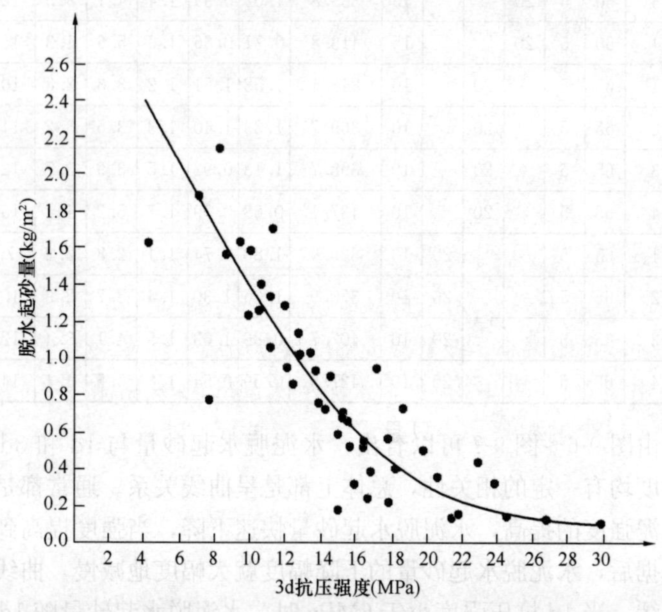

图 9-7 通用硅酸盐水泥脱水起砂量与 3d 抗压强度的关系

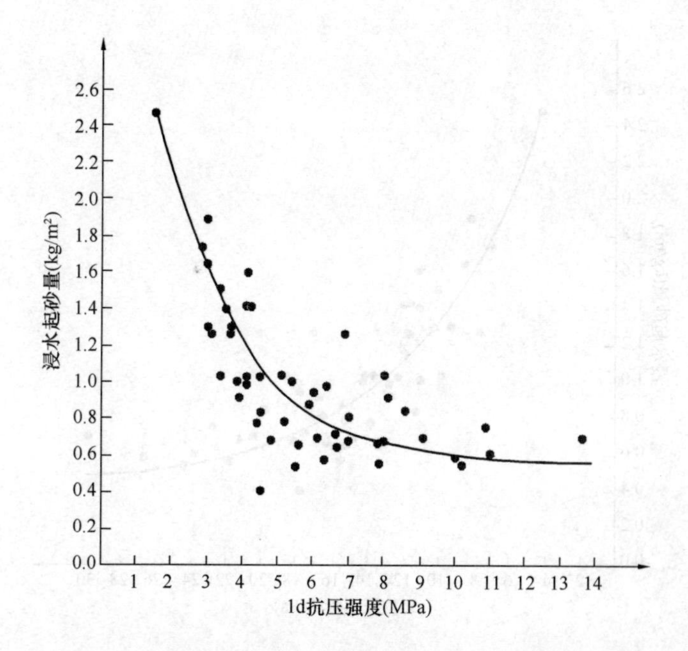

图 9-8 通用硅酸盐水泥浸水起砂量与 1d 抗压强度的关系

压强度的降低将急剧增加，也就是说水泥的抗脱水起砂性能将急剧劣化。当 1d 抗压强度大于 6MPa 后，水泥脱水起砂量随 1d 抗压强度的增大还会不断减小，但其减少幅度将逐渐减小，也就是说继续提高 1d 抗压强度对水泥抗脱水起砂性能影响不大。

与水泥 1d 抗压强度类似，当水泥 3d 抗压强度小于 15MPa 时，继续降低水泥的 3d 抗压强度，脱水起砂量将急剧增大；当 3d 抗压强度大于 15MPa 后，水泥脱水起砂量随 3d 抗压强度的增大还会不断减小，但其减少幅度将逐渐减小。

由图 9-8～图 9-9 可见，水泥浸水起砂量与 1d 和 3d 抗压强度也有一定的相关性，只是相关性稍差些。同样，随着水泥 1d 和 3d 的强度的提高，水泥浸水起砂量快速下降，当强度提高到一定数据后，水泥浸水起砂量的下降幅度就大幅度地减慢，曲线趋于平缓。当 1d 抗压强度小于 6MPa 或 3d 抗压强度小于 15MPa 时，水泥浸水起砂量随 1d 或 3d 抗压强度的降低将急剧增加，也就是说水泥的抗浸水起砂性能将急剧劣化。当 1d 抗压

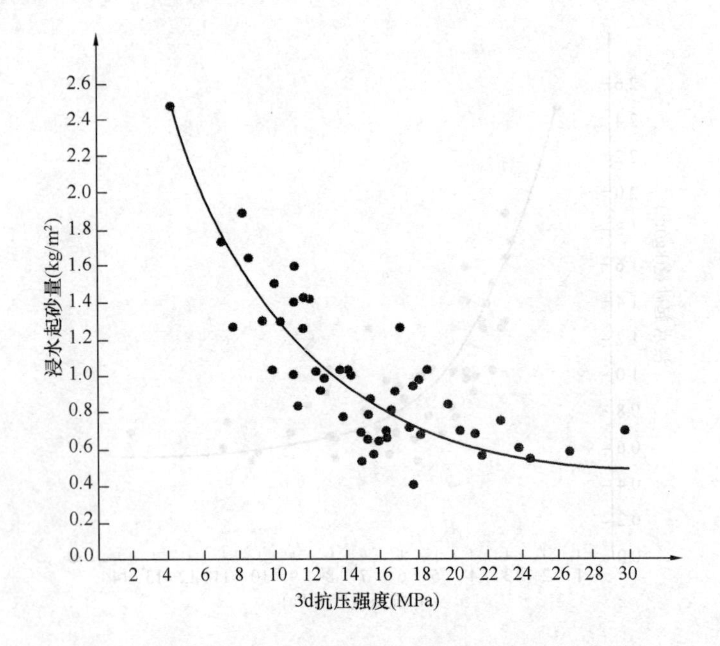

图 9-9　通用硅酸盐水泥浸水起砂量与 3d 抗压强度的关系

强度大于 6MPa 或 3d 抗压强度大于 15MPa 后，水泥浸水起砂量随 1d 或 3d 抗压强度的增大还会不断减小，但其减少幅度将逐渐减小，也就是说继续提高 1d 或 3d 抗压强度对水泥抗浸水起砂性能影响不大。

总之，通用硅酸盐水泥的抗起砂性能与其 1d 或 3d 抗压强度之间，存在一定的相关性，通常都是随着 1d 或 3d 抗压强度的增加，水泥抗起砂性能提高。1d 和 3d 抗压强度分别以 6MPa 和 15MPa 为临界值，当对应龄期抗压强度小于临界值时，水泥抗起砂性能将急剧下降；当抗压强度大于临界值时，水泥抗起砂性能随抗压强度的增大还可不断提高，但提高幅度逐渐减小。

9.4　水泥起砂的分类

水泥起砂，其产生的原因是多种多样的，既有施工和养护的原因，也有水泥本身的原因。在相同的施工和养护条件下，不同的水泥所表现出来的抗起砂性能不一样；相同的水泥，不同的施工和养护方法，其所表现出来的抗起砂性能也不一样。即使都是发生了严重起砂现象的混凝土，其起砂表面的微观形貌也有很大的不同。虽然，水泥起砂原因多样、复杂，起砂表面微观形貌各异，但根据以上对水泥抗起砂性能的系统实验数据，我们可以将水泥起砂现象分成如下几个类别。

9.4.1　表面失水类起砂

所谓水泥表面失水类起砂是指：水泥砂浆或混凝土施工后，由于养护不好，致使水泥砂浆或混凝土表面快速干燥失水，表面的水泥矿物得不到很好的水化，造成水泥砂浆或混凝土表面的强度大幅度降低，从而引起的水泥起砂称为水泥表面失水类起砂。

水泥表面失水类起砂可以认为是由于表面干燥失水造成的水泥起砂，此类水泥起砂比较常见，特别是北方干燥地区，施工后又不注意及时养护，往往会发生起砂。

如图 9-1 所示，水泥砂浆试块由于干燥，表面很快脱水，在电子显微镜下很难看到水泥的水化产物，在砂粒之间物理填充着一些水泥灰，粘结强度差，很容易在外力的作用下脱落，发生起砂。

所有水泥品种都比较容易发生脱水型起砂，因为水泥水化离不开水，但不同水泥品种由于其水泥水化机理有所不同，对干燥环境的适应性也有所不同。如硅酸盐水泥，由于熟料掺量高，混合材很少或没有。熟料矿物水化可以有两个途径：一是“溶解沉淀”，熟料矿物首先溶解于水，然后水化产物从水溶液中结晶出来；二是“就地反应”，水渗透通过熟料矿物表面的水化产物层，到达熟料矿物表面，就地进行水化反应。由于“就地反应”可以不经过熟料矿物溶解于水的阶段，所以对水泥水化水量的要求不高，只要有少量水就能进行水化反应，因此对干燥环境的适应性相对比较好。而混合材掺量较高的水泥，如矿渣硅酸盐水泥，由于矿渣硅酸盐水泥水化时，首先是熟料矿物先水化，产生 $Ca(OH)_2$ 并溶解于水，然后水溶液中的 $Ca(OH)_2$ 再与矿渣发生水化反应。因此其水化过程相对需要较多的水分，如果养护环境太干燥，就更容易发生起砂。

总之，不同水泥品种施工后对干燥环境的适应性是不同的，要检验其抗起砂性能的好坏，可以用抗脱水起砂性能的实验方法进行检验对比。也就是说，水泥表面失水类起砂，可以用水泥抗脱水起砂性能的检验方法进行检验。

9.4.2 组分离析类起砂

所谓水泥组分离析类起砂是指：水泥砂浆或混凝土施工后，由于表面发生泌水或者由于过度振动，致使水泥砂浆或混凝土本体中的自由水、粉煤灰、石灰石粉、可溶性盐等组分发生离析，漂浮于或溶解于水泥砂浆或混凝土的表面及水膜中，造成水泥砂浆或混凝土表面的水灰比变大、熟料含量下降、盐类结晶析出等，从而使水泥砂浆或混凝土表面的强度大幅度降低，所引起的起砂称为水泥组分离析类起砂。

在搅拌混凝土时，拌合用水往往要比水泥水化所需的水量多1～2倍。这些多余水分在混凝土输送、浇捣过程中，以及在静止凝固以前，很容易渗到混凝土表面，在混凝土表面形成一层水膜，即类似于“水膜养护”。由于在“水膜养护”条件下，如图9-3所示，水泥砂浆或混凝土表面会沉淀部分漂浮于水中的水泥微小颗粒，以及氢氧化钙、硫酸钠、硫酸钾、水化硫铝酸钙和水化硅酸钙等的水化产物，而且结构疏松多孔，相互之间粘结力很差，非常容易在外力作用下脱落，造成起砂和起灰。

混凝土的强度与水灰比关系密切，水灰比越大，强度越低。如果混凝土发生泌水，在混凝土表面就会有一层水膜，相当于混凝土表面层的水灰比急剧变大，混凝土表面的强度会显著下降。此时，如果再加上水泥凝结慢，相当于延长了混凝土施工后的沉淀时间，表面水量将更多，混凝土的表面一层强度会变得很低，抵抗不了外力的摩擦，产生起砂现象。水泥品种和细度不同，泌水量不同，可以通过提高水泥的比表面积、掺入火山灰质混合材、掺入微晶填料、使用减水剂或引气剂等措施改善水泥的泌水性。

混凝土泌水可以认为是混凝土组分离析的一种，所以由于混凝土泌水所引起的水泥起砂，可以归类为水泥组分离析类起砂。

此外，在粉煤灰或石灰石掺量较多的粉煤灰硅酸盐水泥和复合硅酸盐水泥中，由于粉煤灰和碳粒及石灰石粉等密度较小，混凝土施工时，如果水灰比又较大，同时混凝土施工振动太强烈，粉煤灰和碳粒及石灰石粉就比较容易从混凝土本体漂浮到混凝土表面，造成混凝土表面强度大幅度下降，也会引起起砂。此类起砂也是由于组分离析所造成，所以也可以归类为水泥组分离析类起砂。

不同品种水泥发生组分离析类起砂的可能性是不一样的，硅酸盐水泥和普通硅酸盐水泥，由于混合材掺量少，发生粉煤灰和碳粒及石灰石粉漂浮的可能性小。相反，粉煤灰硅酸盐水泥、火山灰质硅酸盐水泥、复合硅酸盐水泥等就含有大量的粉煤灰、石灰石、火山灰等混合材，发生粉煤灰和碳粒及石灰石粉漂浮的可能性就比较大。但是，硅酸盐水泥和普通硅酸盐水泥中熟料含量高，加水水化后生成的$Ca(OH)_2$含量比较高，所泌出的水中的盐类含量也较高。相反，矿渣硅酸盐水泥、粉煤灰硅酸盐水泥、火山灰质硅酸盐水泥等混合材掺量高，水化时混合材会吸收部分$Ca(OH)_2$，因此，发生混凝土表面盐类析晶的可能性，硅酸盐水泥和普通硅酸盐水泥要大些。

水泥砂浆或混凝土中的外加剂对水泥组分离析类起砂性能也有影响。在水泥粉磨过程中，许多水泥厂都掺了各种助磨剂，助磨剂中往往掺有各种早强剂。水泥砂浆或混凝土中也掺有各种减水剂等外加剂，这些助磨剂、早强剂、减水剂等外加剂有很大一部分都会溶于水，给水泥砂浆或混凝土表面的盐类析晶量带了影响，从而影响水泥的组分离析类起砂量。

水泥的粉磨工艺过程有时也会对水泥组分离析类起砂性能造成影响。目前，不少水泥厂采用分别粉磨工艺，即将熟料和混合材（如矿渣、石灰石、粉煤灰等）分别粉磨后再混合制成水泥。水泥分别粉磨工艺，如果混合不均匀，就容易造成混凝土组分的离析，降低水泥抗组分离析类起砂的性能。

总之，引起水泥组分离析类起砂的原因是多样的，水泥组分离析类的起砂量大小是多种因素综合的结果，要检验某品种水泥抗离析类起砂性能的好坏，比较适宜用抗浸水起砂性能的实验方法进行检验对比。也就是说，水泥组分离析类起砂，可以用水泥抗浸水起砂性能的检验方法进行检验。

9.4.3 强度低下类起砂

所谓水泥强度低下类起砂是指：由于水泥受潮、存放时间过长或其他原因，造成水泥的实际强度低于商品水泥的强度等级，配制成水泥砂浆或混凝土后，达不到水泥砂浆或混凝土所要求的设计强度，从而使水泥砂浆或混凝土表面的强度低下，抵抗不了外力的轻微摩擦，引起水泥起砂，此类起砂称为水泥强度低下类起砂。

由图 9-6～图 9-11 可知，水泥抗起砂性能与水泥的强度大小有关，如果水泥强度太低，就极容易起砂，抗起砂性能将大幅度下降。从表 9-4 中可见，市场上购买的水泥，有不少水泥的各龄期强度均达不到国家标准所要求的强度指标，属于废品。这类水泥的起砂量特别大，主要是由于水泥强度较低，施工后表面抵抗不了轻微的摩擦而掉砂，即所谓的起砂。

绝大多数水泥厂的水泥出厂时，都经过了严格的检验，通常情况下，水泥强度都是可以达到国家标准要求的，而且大多数水泥都是有富余强度的，但由于水泥容易风化，水泥出厂后强度会不断下降。不同的水泥，风化的速度不一样，有的很快，有的较慢。这与水泥的熟料矿物组成、水泥中水分含量、水泥粉磨细度、水泥中外加剂的种类和掺量、水泥的包装及水泥的储存环境等因素有关。如水泥熟料中 C_3A 含量高、水泥中含水量较大、水泥粉磨较细、水泥中掺有早强剂、水泥没有防潮包装及储存在潮湿环境等，这些因素都会促进水泥的风化，使水泥强度的下降速度加快。当要求提高水泥的抗起砂性能时，应该尽量选用新鲜刚出厂的水泥，而尽量不使用储存时间较长的水泥，以免引起水泥强度低下类起砂。

水泥强度低或使用过期、受潮结块的水泥，混凝土的实际强度会低于设计值。水泥强度虽然符合国家标准，但存放时间过长，水泥活性受影响，实际强度会下降，混凝土强度也会达不到设计要求。水泥保管不善，出现受潮、结块现象，仍用于混凝土施工，混凝土强度也会达不到设计要求。这三种情况均等同是使用了活性较差、强度较低的水泥，对水泥砂浆或混凝土的面层强度造成影响，导致其面层强度降低，引起水泥起砂。

水泥砂浆或混凝土施工后出现的起砂现象，一般常见于矿渣硅酸盐水泥、火山灰质硅酸盐水泥和无熟料水泥。因为这些水泥中熟料成分较少或没有熟料成分，因而在水化时其液相中的$Ca(OH)_2$浓度比硅酸盐水泥或普通硅酸盐水泥低，这些水泥浇制的混凝土或砂浆表面层的$Ca(OH)_2$浓度甚至低到不能使水泥砂浆或混凝土表面层硬化，在构件硬化后就会引起构件表面起砂、起灰，严重时还会导致构件起皮。

水泥中熟料含量少，施工后水泥砂浆或混凝土表面的$Ca(OH)_2$浓度低，就容易引起水泥砂浆或混凝土表面的碳化和风化，也会引起水泥起砂。水泥水化时空气中的CO_2与凝胶中的$Ca(OH)_2$作用生成$CaCO_3$，从而使混凝土或砂浆表面碱度降低，使水泥不能很好地硬化；此外，已硬化的砂浆或混凝土经受风吹日晒、干湿循环、碳化作用和反复冻融等也会使表面强度大幅度下降，引起水泥起砂。

总之，引起水泥强度低下类起砂，主要是由于水泥强度过低所造成的，在进行水泥脱水起砂量和浸水起砂量实验时，试样都能显示出较大的起砂量数据，所以用脱水起砂量和浸水起砂量这两种水泥抗起砂性能检验方法，都能够有效地进行检验。

9.4.4 施工不当类起砂

所谓水泥施工不当类起砂是指：由于水泥砂浆及混凝土的配合比、水灰比不当，或原材料选择不当，或施工操作及养护不当等原因，所引起的水泥起砂，此类起砂称为水泥施工不当类起砂。

水泥施工不当类起砂主要有以下几种表现形式：

1. 水泥砂浆或混凝土配合比不当，水灰比不当

水泥砂浆或混凝土的水灰比过小，水泥用量较多，砂浆或混凝土比较干硬，施工困难，容易破坏面层强度，易产生起砂；但砂浆或混凝土的水灰比过大，水泥用量过少，砂浆或混凝土强度降低，面层不耐磨也易产生起砂现象。

水泥水化过程中需要水分，适量的水分是必需的，但水分过少、过多均有害。水泥砂浆或混凝土表面起砂的多数原因是水灰比过大。

砂浆或混凝土多余的水分若为少量，待蒸发后，水泥砂浆空隙增加不大，密实度降低不多。但往往在施工中，为了增强混合料的和易性，随意加大水灰比，水分若太多，水泥砂浆或混凝土因沉淀或抹压，水泥砂浆或混凝土之中的空隙存不下过多的水分，它将渗透到水泥砂浆或混凝土表面形成一片清水，这时，水泥砂浆或混凝土空隙就不是“点状”，而是渗流形成“线状”，这将明显降低水泥砂浆或混凝土表面强度，引起水泥砂浆或混凝土表面起砂。水泥砂浆或混凝土自行沉淀或抹压后，不应在表面渗出一片清水。水泥砂浆的踢脚线及墙裙不太容易起砂，其原因就在于施工时它们表面不可能渗出一片清水。

在工程施工中，要适当控制水灰比，使水泥砂浆或混凝土处在半干硬性状态，避免施工中在水泥砂浆或混凝土表面渗出一片清水。

2. 砂的粒径过细，含泥量过大

砂的粒经过细，砂的表面积就大，需要较多的水泥包裹，而且拌合时水灰比增大，因此，在水泥掺量一定的条件下，会降低砂浆或混凝土强度。

水泥砂浆或混凝土在拌制时，砂石的含泥量如果过大，会影响水泥砂浆或混凝土粘结力，降低了水泥砂浆或混凝土的强度，造成水泥砂浆或混凝土表面耐磨性降低，容易产生起砂现象。

3. 搅拌不均匀、振捣不合要求

水泥砂浆或混凝土搅拌一定要均匀，搅拌不均匀，水泥砂浆或混凝土养护时浇水，吃水不一，水分过多处容易起砂、起皮。

水泥砂浆或混凝土表面整平时，由于欠振而原浆不足，工人用纯砂浆找平，其表面缺少粗骨料，强度降低，且找平的纯砂浆与原结构粘结不紧密，成型后容易造成起砂，甚至空鼓起皮。

过分振捣，混凝土产生离析现象，大颗粒骨料下沉，砂浆悬浮于混凝土表面，造成混凝土表面强度降低，也易造成起砂。

4. 面层压光时间掌握不当，在初凝前没有适时压光

面层压光时间过早，砂浆或混凝土表面会有一层游离水不利于消除表面孔隙和气泡等，会直接影响其强度的增长。

面层压光时间过晚，水泥已经凝硬化，表面较干，此时压光会破坏表面强度，影响表面的耐磨性，表面层容易起砂。

表面抹压的时机掌握不当，致使混凝土表面已终凝硬化，施工人员为了操作方便，洒水湿润并强行抹压，造成该处混凝土内部结构破坏，强度降低，导致起砂。

5. 水泥砂浆或混凝土表面施工中受冻，或未达到足够的强度就在地面上走动

受冻影响：在温度低于5℃的情况下，没有采取冬期施工措施进行水泥砂浆或混凝土施工，面层容易受冻，因冻胀原因使其表面强度受到破坏，严重时会引起大面积起砂现象。

面层尚未达到一定强度就施工作业：在地面尚未达到一定强度就上人走动或进行上部结构施工，面层扰动较大，容易破坏面层强度，使表面耐磨性降低。

6. 洒水养护的时间过早或过迟，或养护天数不够

砂浆或细石混凝土的强度在水化作用下会不断增长，如果过早开始养护，过早浇水，此时面层强度较低，容易受到破坏引起起皮、起砂。如果过晚开始养护，会因为水化热引起表层水分蒸发较快而缺水，减缓水泥的硬化速度，不利于其强度增长。

7. 养护不当

混凝土浇筑时遇雨，未能及到覆盖，雨水冲走水泥浆，严重影响混凝土表面的强度，轻者造成表面起砂，重者影响结构安全。

9.5 水泥起砂的成因

综上所述，造成水泥起砂的原因很多，如：水泥砂浆或混凝土配合比不当，水灰比过大；砂的粒径过细，含泥量过大；水泥强度低，或使用过期、受潮结块的水泥；水泥中熟料含量过低，施工后表面碱度低；水泥细度粗，泌水严重；水泥砂浆或混凝土施工时没有按规定遍数抹压，在初凝前又没有适时压光；水泥砂浆或混凝土表面施工中受冻，或未达到足够的强度就在地面上走动；水泥砂浆或混凝土施工后洒水养护的时间过早或过迟，或养护天数不够；水泥砂浆或混凝土表面碳化和风化等，这些因素都会降低水泥砂浆或混凝土表面的强度和耐磨性，引起水泥起砂。

前面已根据引起水泥起砂的原因，将水泥起砂划分为四类：表面失水类起砂、组分离析类起砂、强度低下类起砂和施工不当类起砂。说明造成水泥起砂，其原因是多种多样的。

虽然，引起水泥起砂的原因众多，形式也各异，但有一个共同点，就是水泥砂浆或混凝土表面层强度低下，经不起轻微的摩擦，容易掉砂，这是引起水泥起砂的根本原因。

因此，我们可以认为：水泥起砂的成因就是由于水泥砂浆或混凝土表面施工时失水、或组分离析、或水泥强度低下、或施工不当等原因，造成水泥施工后的砂浆或混凝土表面层强度降低，从而经受不住轻微的外力摩擦，出现扬灰、砂粒脱落的现象，造成水泥起砂。

10　水泥起砂预防与修复

水泥砂浆和混凝土表面起砂的原因多种多样，既有水泥本身抗起砂性能不好的原因，也有水泥砂浆及混凝土施工和养护不当造成的原因。欲防止和避免水泥砂浆及混凝土表面出现起砂现象，主要应从以下几方面着手解决。

一是在水泥基材料未成型之前采取预防措施，包括提高水泥抗起砂性能、加强对水泥基材料原材料的控制、物料的配合比设计、施工作业规范化管理，以及加强过程控制，加强混凝土养护，避免环境对质量的影响等。

二是对已经出现起灰、起砂的水泥砂浆或混凝土表面进行处理和治理，通过物理或化学方法进行增强补救。

三是改变地面的材料种类，如铺设瓷砖、水磨石、石材、地毯等。

10.1　提高水泥的抗起砂性能

如何提高水泥的抗起砂性能，对水泥生产厂家而言，主要应从调整水泥配比和控制水泥粉磨细度这两方面着手。

10.1.1　优化水泥配比

上述几个章节的试验中，配制了各种配比的通用硅酸盐水泥，并对各种通用硅酸盐水泥的物理力学性能及抗起砂性能进行了详细的检验。通过对不同配比通用硅酸盐水泥抗起砂性能的分析研究，可以总结出通用硅酸盐水泥抗起砂性能的发展规律，以及提高通用硅酸盐水泥抗起砂性能的主要途径如下：

1. 增加熟料掺量，提高水泥抗起砂性能

通过各种通用硅酸盐水泥抗起砂性能的对比可知，水泥的抗起砂性能通常是随熟料掺量的提高而提高。在各种通用硅酸盐水泥的对比中，硅酸盐水泥起砂量最小，抗起砂性能最好。

2. 选用高活性混合材，提高水泥的抗起砂性能

对比各种普通硅酸盐水泥可知：在混合材掺量较少（10%）的情况下，掺不同的混合材（如矿渣、粉煤灰、火山灰）所制成的普通硅酸盐水泥的抗起砂性能相差不大。但当混合材掺量较高时（如20%），普通硅酸盐水泥中掺加矿渣时的抗起砂性能明显高于掺加粉煤灰、煤矸石时的抗起砂性能。所以，当生产混合材掺量较高时的普通硅酸盐水泥时，应尽量采用高活性的混合材，其抗起砂性能更好。

当生产混合材掺量较高的矿渣硅酸盐水泥、粉煤灰硅酸盐水泥或火山灰质硅酸盐水泥时，通常这些水泥的抗起砂性能均会随着水泥中混合材掺量的增加而下降。但，不同的混合材下降的幅度不同，矿渣硅酸盐水泥起砂量的增加较平缓，而粉煤灰硅酸盐水泥和火山灰质硅酸盐水泥起砂量的增加则较为迅速。在混合材掺量相同时，矿渣硅酸盐水泥的起砂量明显小于粉煤灰硅酸盐水泥和火山灰质硅酸盐水泥。因此，三者之中矿渣硅酸盐水泥抗起砂性能最好。

3. 优化石膏配比，提高水泥抗起砂性能

水泥粉磨时，存在一个最佳石膏掺量的问题，按最佳石膏掺量配入石膏，不仅可控制水泥的凝结时间在要求的范围内，还可以使水泥的强度达到最佳。同样，在其他条件不变时，水泥的抗起砂性能也存在一个最佳石膏掺量，按最佳石膏掺量配入石膏，也能适当提高水泥的抗起砂性能。

4. 适当控制石灰石掺量，提高水泥的抗起砂性能

当生产矿渣硅酸盐水泥，在熟料和石膏掺量不变的情况下，增加石灰石掺量，相应减少矿渣掺量，矿渣硅酸盐水泥的抗起砂性能降低。

当生产复合硅酸盐水泥时，复合硅酸盐水泥抗起砂性能与石灰石掺量的关系存在以下三种情况：

① 当矿渣与石灰石复合时，在熟料和石膏掺量不变的条件下，复合硅酸盐水泥抗起砂性能随着石灰石掺量的增加而不断

降低；

② 当粉煤灰与石灰石复合时，复合硅酸盐水泥抗起砂性能随石灰石掺量的增加先提高后降低，石灰石掺量存在一个最佳值，在这最佳值时，复合硅酸盐水泥的抗起砂性能最好；

③ 当煤矸石与石灰石复合时，随石灰石掺量的增加，复合硅酸盐水泥抗起砂量有所下降，但下降幅度不大。

10.1.2 增加水泥粉磨细度

上述几个章节的试验中，通过控制粉磨时间配制成了不同细度的各种通用硅酸盐水泥，并对其物理力学性能及抗起砂性能行了检测。通过对抗起砂性能变化情况的分析，可得出以下结果：

各种通用硅酸盐水泥抗起砂性能都受水泥粉磨细度的影响，且规律相似，即各种通用硅酸盐水泥的抗起砂性能都随着水泥粉磨细度的不断增加，抗起砂性能不断提高。增加水泥的粉磨细度，可以显著提高水泥的抗起砂性能。

根据化学反应动力学的一般原理，在其他条件相同的情况下，反应物同时参与反应的表面积越大，其反应速率越快。一方面，随着水泥比表面积的不断增大，水泥与水的接触面积不断增大，使得水泥水化速率加快；同时，熟料矿物晶格随着粉磨时间的延长而不断被破坏，缺陷增多，也有利于水泥水化的进行。另一方面，掺加了活性混合材的水泥，随着活性混合材的比表面积不断增大、细度不断增加，混合材化学活性不断提高，其物理填充作用也越来越显著，在相同的水化龄期内，水化程度越高。

10.1.3 提高水泥强度

上述几个章节的试验中，清楚地看出，水泥抗起砂性能均随水泥强度的提高而提高，而且各品种水泥的影响规律都相似。在水泥各龄期强度与水泥起砂量的关系曲线上，可以看出：水泥1d、3d、28d抗压强度分别以6MPa、14MPa和28MPa为临界值，当对应龄期抗压强度小于临界值时，水泥起砂量随抗压强度的增大而急剧减小；当抗压强度大于临界值时，水泥起砂量随抗压强度的增大也不断减小，但减少的幅度逐渐变小。

因此，提高水泥的强度，可比较显著地提高水泥的抗起砂性能。提高熟料的强度，适当控制混合材的掺量，增加粉磨细度，这些措施一般均可提高水泥的强度，同样也可提高水泥的抗起砂性能。

10.1.4 避免使用外加剂

许多水泥厂在进行水泥粉磨时，都使用了各种助磨剂和早强剂，以提高水泥的强度和降低水泥的粉磨电耗。这些早强剂或助磨剂或许可以提高水泥的强度，但大多数都会降低水泥的抗起砂性能。为了提高水泥的抗起砂性能，应尽量不使用各种外加剂，必须使用时，应通过实验选择那些对水泥抗起砂性能影响较小的外加剂。

10.1.5 尽可能减少可溶性盐的含量

在通用硅酸盐水泥中，多多少少都存在一些可溶性的盐，如 Na_2SO_4、K_2SO_4、$Ca(OH)_2$、$CaSO_4$ 等，这些可溶性盐在水泥加水水化时，会进入溶液中，当水泥砂浆或混凝土表面出现泌水或由于低洼而形成水膜时，这些富含各种离子的溶液，最终会结晶形成一层结构比较疏松的面层，引起水泥砂浆或混凝土表面起灰、起砂。所以，水泥中可溶性盐含量越高，水泥浸水起砂量可能就会越大。因此，通用硅酸盐水泥应尽可能减少可溶性盐的含量。

10.2 加强水泥施工管理

如何预防水泥起砂，国内外众多学者和相关从业者，从水泥砂浆或混凝土的施工和养护方面进行了大量的研究，其研究结果具有高度的相似性，资料[13]对此进行总结汇总，概括起来主要包括以下几点：

10.2.1 人员管理

（1）施工前应对相关人员进行技术交底，并加强材料、生产、浇筑、抹面、养护等工序过程的监督和控制力度。

（2）加强人员的培训和指导，不断提高人员技术水平和质量意识，认真落实人员岗位责任制、操作方法和奖惩制度。

(3) 在人员安排上应有足够的技术工人，因为混凝土表面适于抹压的时间较短，特别是大面积混凝土及商品混凝土，表面干燥速度较快，如果人手不足，前面在抹压，后面已经凝结硬化，就错过了抹压的最佳时机。管理必须能体现“以人为本”，多关心员工，不应让工人疲劳作业。

(4) 混凝土的搅拌时间应能确保匀质性符合要求。

(5) 加强生产计量设备的维护保养，保证计量精度在允许的偏差范围内。

10.2.2 施工材料的控制

1. 砂石骨料含泥量

砂石含泥较多时，会严重影响水泥的早期水化，黏土中的黏土粒会包裹水泥颗粒，延缓及阻碍水泥的水化及混凝土的凝结，从而加剧了混凝土的泌水。砂石骨料应洁净，不含泥土，质地较密，具有足够的强度，表面粗糙、有棱角的较好。用天然砂比用人工砂配制的混凝土耐磨性好，因此，对于表面质量要求高的地面、路面等，应尽量使用天然砂配制。粗骨料含泥量应小于1.0%，细骨料含泥量应小于3.0%。当使用人工砂时，亚甲蓝MB值必须合格，且石粉含量不应大于7.0%。

2. 砂石的颗粒级配

砂子0.315mm以下及2.5mm以上的颗粒含量对泌水影响较大。规范要求不宜使用细砂，这不仅是因为细砂的强度低、需水量大、干缩性大，容易造成地面开裂，还因为细砂引起保水性差，不利于地面修光；与水泥的粘结性能差，降低砂浆的强度。所以混凝土地面或大面积地坪一旦使用细砂，地面“起砂”的可能性很大。应尽量采用二级配或三级配的粗骨料和中砂拌制混凝土。

3. 矿物掺合料

矿物掺合料颗粒分布同样也影响着混凝土的泌水性能，若矿物掺合料的细颗粒含量少、粗颗粒含量多，则易造成混凝土泌水。

粉煤灰过粗，微骨料效应减弱，也会使混凝土泌水量增大。

粉煤灰在混凝土中的应用，国内外已有大量工程实例。粉煤灰的品质也是重要的影响因素，规范规定Ⅲ级粉煤灰不能用于钢筋混凝土和C30以上地面混凝土。但目前国内的粉煤灰除经过处理的Ⅰ级灰能保证品质外，Ⅱ级灰质量很难保证，基本上是统灰，其活性指数达不到要求。许多粉煤灰如同砂、石粉的功能一样，仅仅是改善混凝土和易性，对混凝土地坪的性能有害而无利。另外，如直接使用湿排粉煤灰或受潮粉煤灰时，因搅拌不开或不均匀，将引起“脱皮”“空鼓”等质量问题。

4. 水泥的品种和特性

水泥作为混凝土中最重要的胶凝材料，与混凝土的泌水性能密切相关。水泥的凝结时间、细度、比表面积与颗粒分布都会影响混凝土的泌水性能。水泥的凝结时间越长，所配制的混凝土凝结时间越长，且凝结时间的延长幅度比水泥净浆成倍地增长，在混凝土静置、凝结硬化之前，水泥颗粒沉降的时间越长，混凝土越易泌水；水泥的细度越粗、颗粒分布中细颗粒含量越少，早期水泥水化量越少，较少的水化产物不足以封堵混凝土中的毛细孔，致使内部水分容易自下而上运动，混凝土泌水越严重。

水泥要优先选用32.5等级以上的普通硅酸盐水泥，最好是42.5级水泥，不可使用过期、受潮、变质的水泥，同时，要避免水泥在运送过程中与糖类、食盐类物质接触。为确保混凝土硬化后表面有足够的强度，水泥用量不宜过少，粉煤灰掺量不宜过多。

5. 水

水的pH值不得低于4，含有油类、糖、酸或其他污蚀物质的水，会影响水泥的正常凝结与硬化，不能使用。如果水中含有大量的氯化物和硫酸盐，不得使用。尽量不用刷车水生产表面质量要求高的地面、路面等混凝土。

10.2.3 配合比的控制

1. 足够的混凝土强度等级

混凝土耐磨性与强度成正比关系。根据有关规范，用于普通地面混凝土的单位水泥用量不应少于300kg/m^3，水灰比不应大于0.5。但是有的施工单位一味地降低工程成本，盲目降低混凝土强度等级，在很多有特殊抗磨性要求（如大型自动化仓库、停车场、人流量较多的展馆等）的道路或地坪，把混凝土的强度降到C20，甚至C15，严重降低了混凝土的抗磨性能。所以，混凝土配合比设计应有足够强度等级，这样才可以有效地预防路面起砂现象的发生。

2. 要有合理的配合比设计

在进行砂浆或混凝土配合比设计时，首先要保证水泥用量、水灰比、粉煤灰掺量、砂率等技术指标满足规范要求，不能随意增大或减小。用水量不宜过多，防止拌合物产生泌水现象。外加剂掺量不能过量，否则容易造成泌水。

一般地面砂浆宜选用含泥量较少的粗砂，配合比一般为1∶2.5。如果是中砂偏细，一般宜用1∶2的配合比，细砂、风化砂不得用于水泥地面，因为配合比中的水泥分量过大，虽易收光，但多用了水泥，地面容易引起龟裂现象。搅拌好的水泥砂浆夏天宜2h至3h用完，冬天宜6h至7h内用完。

在仓储及车库、厂房等交通要求较高的场所，其地面施工设计时应当注重地面的耐磨性，因而在设计中应当使用环氧耐磨地坪及金刚砂耐磨地坪等结构，从而保证地面耐磨要求及使用寿命要求。

3. 坍落度的控制

在施工允许的范围内，坍落度应尽可能地小，这样才能做到降低水灰比，减少泌水。尽量避免使用泵送混凝土对混凝土地面施工。浇筑混凝土时，必须限制物料高度和速度，使之均匀落入，避免分离现象，然后均匀捣实。

4. 掺合料的掺量

随着商品混凝土的发展，在其中掺加的掺合料也是越来越多。掺合料的水化反应都较慢，在早期强度主要依靠水泥，过多的掺加会使其强度较低。有些施工单位为了降低成本，使用低强度的泵送混凝土，在配制较低强度的混凝土时，都会掺加大量的粉煤灰，来保证混凝土的可泵性。而粉煤灰的水化反应慢，地面在早期使用时极易产生严重的起尘现象。

5. 混凝土外加剂

混凝土外加剂掺量过多或缓凝组分掺量过多，会影响水泥的凝结硬化，使混凝土保水性能下降，大量的自由水泌出混凝土表面，造成新拌混凝土的大量泌水和离析，导致出现起砂现象。

10.2.4 水灰比的控制

水泥砂浆的稠度，以标准圆锥体沉入度不大于35mm计。但在一般的施工现场中很难有这样的条件去控制水灰比。有经验的施工人员，一般用肉眼观察也可以大致控制水灰比的适用范围：观察水泥砂浆的稠度，可用手抓捏水泥砂浆，刚拌好的水泥砂浆，干至成团，稀至不从手中滑掉；或者说干至抹压应有点浆，稀至比适合抹墙裙的水泥砂浆的稠度还干一点。在此范围内，还应有所区别，那就是普通硅酸盐水泥砂浆对吸水垫层，在夏天宜稍选稀一点，以便操作；矿渣硅酸盐水泥砂浆对不吸水垫层，冬天宜稍选干些或干硬性的水泥砂浆。

严禁往混凝土搅拌车内随意加水，更不可随意洒水抹面、修光，以防止增大水灰比而影响水泥砂浆或混凝土面层的强度和耐磨性。

10.2.5 基层处理的控制

1. 严格处理底层（垫层或基层）

① 认真清理表面的浮灰以及其他污物，冲洗干净。如底层表面过于光滑，则应凿毛。

② 控制基层平整度，其凹凸度大于等于10mm，以保证面层厚度均匀一致，防止厚薄差距过大。

③ 面层施工前1～2d，应对基层进行认真的清理并浇水湿润，使基层具有清洁、湿润、粗糙的表面。

2. 注意结合层施工质量

① 结合层均匀涂刷素水泥浆，素水泥浆的水灰比以0.4～0.5为宜。不能采用先撒干水泥后浇水的扫浆方法。

② 涂刷素水泥浆应铺设面层同时进行，做到随刷随铺，如果素水泥浆已风干硬结，则应去除后重新涂刷。

③ 在水泥炉渣或水泥石灰炉渣垫层上涂刷结合层时，宜加砂子，其体积比为水泥∶砂子＝1∶1。

3. 保证炉渣垫层和混凝土垫层的施工质量

① 拌制水泥炉渣或水泥石灰炉渣垫层应用“陈渣”，严禁用“新渣”。“陈渣”经水闷透，石灰质颗粒消解熟化，性能稳定，有利于地面质量，炉渣使用前应过筛。

② 石灰应在使用前3～4d用清水熟化，并过筛。其粒径小于等于5mm。

③ 水泥炉渣应采用体积比为水泥∶炉渣＝1∶6；水泥石灰炉渣采用体积比为水泥∶石灰∶炉渣＝1∶1∶8，拌合应均匀，严格控制水量。铺设后，宜用辊子滚压至表面泛浆，用木抹子搓打平，表面不应有松动颗粒。铺设厚度大于等于60mm。当铺设厚度超过120mm时，应分层进行铺设。

④ 在炉渣垫层内埋设管道时，管道周围应用混凝土稳固好。

⑤ 炉渣垫层铺设在混凝土基础上时，应先在基层上涂刷素水泥浆一遍，随涂随铺，铺设后及时拍平压实。铺设后，应认真做好养护工作。养护时间应避免受水侵蚀，待其抗压强度达到1.2MPa后，再进行下道工序的施工。

⑥ 混凝土垫层应用平板振捣振实，高低不平处，应用水泥砂浆或细石混凝土找平。

10.2.6 施工过程控制

1. 避免局部过振

混凝土振捣的目的是使混凝土均匀密实，并且便于收浆、抹面。所以不论用哪种振捣设备，只要不漏振，达到混凝土表面平整，气泡基本不再溢出，表面出现浮浆即可。如果在一个位置振捣时间过长或振捣完振捣器也不关闭，就会造成局部过振，产生离析或泌水，引起路面局部“起砂”。

2. 不可随意淋水、洒水

在浇筑地面混凝土之前，淋湿模板时应避免使地面基础积水，如有积水，会使浇筑的混凝土水灰比过大，经过振捣，过多的地水会泌出表面。有的施工人员为便于收光、抹面，在混凝土面层随意洒很多水，致使混凝土面层水灰比增大，强度严重降低而出现“起尘、起砂”现象。

3. 不可过分提浆

路面浇筑中，提浆机使用过多，由于提浆机振动频率大，使面层砂浆过厚，也会造成起砂。

4. 加强雨季施工防范措施

施工前没有制定细致可行的雨季施工计划，施工时没有采取有效的防范措施，使混凝土表层的水泥尚未硬化就受到雨水的冲刷，致使混凝土表面的水灰比增大或水泥浆流失，事后随意撒水泥粉处理，很容易造成路面“起砂”，故应加强雨季施工的防范措施，为避免混凝土表面受到雨淋，在混凝土终凝后应立即用草袋、麻袋等覆盖，既可以防止混凝土表面硬化之前被雨水冲刷，又可以防止混凝土中的水分在表层强度建立起之前过早散失。

5. 注意冬季施工的保温防冻

冬季施工时如果砂不事先加温，当水泥砂浆搅拌时，砂粒表面结上一层冰膜，冰膜外粘满水泥浆，施工后冰膜一经融化，砂粒周围出现一层水膜，使砂粒周围的水泥浆浓度变稀，甚至出现离析。这种状态下的面层，即使反复碾压，也只是砂粒之间互相碰撞或变换位置而已，很大一部分水泥浆已随水膜溶解使其稠度变稀并渗入基层，这时，面层出现水孔及麻点。砂粒失去水泥浆的包裹、砂浆的密实度和耐磨性降低，很容易导致起砂。

当水泥地面施工操作完成后，在未终凝之前遭受冻害，则砂浆中的水分受冻而体积膨胀，导致面层起皮，这也会造成地面起砂。

在新做水泥楼地面的房间里生炭火升温而又不组织排放烟气，燃烧时产生的CO_2是有害气体。CO_2与水泥砂浆(或混凝土)中的表层接触后，与水泥水化后但尚未完全结晶硬化的$Ca(OH)_2$反应，生成白色粉末的新物质$CaCO_3$。这是一种十分有害的物质，其自身强度不高，同时还阻碍水泥砂浆(或混凝土)内水泥水化作用的正常进行，从而显著降低楼地面面层的强度，造成楼地面凝结硬化后起砂。

冬季施工如使用火炉采暖养护时，炉子下面要架高，上面要吊铁板，避免局部温度过高而使水泥砂浆或混凝土失水过快，造成起砂。

6. 施工后防止水分快速损失

炎热的夏季施工时，应尽量选择夜间浇筑混凝土，或有防止太阳直接暴晒新浇混凝土的防护措施。

大风天气浇筑混凝土时，应及时覆盖，避免混凝土拌合水快速损失。

7. 水泥砂浆铺设

水泥砂浆铺设时，应根据＋50cm水平线，小房间在四周做灰饼、冲筋，大房间按2m间距做灰饼、冲筋（用干硬性砂浆做软筋），然后立即铺水泥砂浆面层。面层砂浆厚度用靠尺板坐浆控制在不小于20mm，面层砂浆装挡后用木抹子拍实，用大木杠靠尺刮平，用木抹子搓平，再用铁抹子抹压头遍，如表面水分过多，可略撒些1∶1干水泥砂子面，等被水分湿润后随即压光。

10.2.7 表面收光的控制

收光时机的选择要适宜。根据混凝土强度等级、温度、湿度等因素，掌握好表面抹压的时机，早了压不实，而且混凝土表面会出现不规则的干缩裂缝；晚了压不平，不出亮光。在初凝以前（混凝土表面用手按有凹坑且不粘手以前）对水泥砂浆进行抹压平，这是保证混凝土表面密实，提高混凝土表面强度和防止混凝土表面起砂的重要步骤。终凝以前进行压光，最后用力压出亮光来，以压3次为宜。在收光次数上，不宜超过3次，一般2次即可，并且在不利条件下，比如冬季施工水泥地面时，宜一次成型，砂浆应干一些。收光次数多，则时间长、费工又有害。

10.2.8 事后的补救

工程施工后若局部表面渗出一小片清水，数量较少，如发现较早，可适量撒些干的水泥和砂，比例为1∶2，并抹平；如发现较晚，可在水分蒸发后，适量撒干的水泥，待吸潮后，先用木抹搓，后用铁抹子收光。如果是大面积渗出清水，可以考虑将水泥砂浆铲起，适量掺些干的1∶2水泥和砂，搅拌均匀，重抹。

10.2.9 加强混凝土的养护

为使已施工完毕的混凝土表面达到所需力学性能，收光结束以后，应根据实际情况及时对混凝土进行覆盖，混凝土经过一段时间硬化后，应定时洒水进行养护，普通水泥养护不少于7d，其他水泥不少于14d。为保持混凝土表面湿润状态，浇水频次为：前三天每天白天2h一次，夜间至少2次，以后每昼夜4次。并注意避免引起损坏混凝土表面状态的情况发生。

冬季施工养护时，应合理采取防冻措施。在低温条件下施工，应防止早期受冻。在现场条件允许的情况下，抹地面前，应将门窗玻璃安装好，或增加供暖设备，以保证施工温度在5℃以上。采用火炉时应设有烟囱，有组织地向室外排气，温度不宜过高，并应保持室内有一定的湿度。

10.3 起砂水泥砂浆或混凝土表面的修复

对已经起砂的水泥砂浆或混凝土表面，可以进行修复。常用的修复方法有水泥浆罩面修补法和涂层渗透增强处理法两大类。

涂层渗透增强处理法是使用各种地面起砂处理剂对水泥砂浆或混凝土表面进行硬化处理。起砂处理剂是一种液体的化学硬化剂，通过渗透到砂浆或混凝土表层内部起作用，不改变原砂浆或混凝土表面的外观形态，主要作用是提高起砂的砂浆或混凝土表面的硬度、耐磨度，其处理后的效果是永久性的。起砂处理剂的生产厂家众多，品种型号各异，但作用原理和施工方法都基本上相同，以下介绍几种常见的水泥起砂表面修复方法。

10.3.1 水泥浆罩面修补法

1. 小面积起砂时的处理

小面积起砂且不严重时，可用磨石将起砂部分水磨，直到露出坚硬的表面，也可以用纯水泥浆罩面的方法进行修补，其操作顺序是：

清理基层→充分冲洗湿润→铺设纯水泥浆（或撒干水泥面）1～2mm→压光2～3遍→养护。

如表面不光滑，还可水磨一遍。

2. 大面积起砂时的处理

当发生大面积起砂时，可用107胶水泥浆或108胶水泥浆进行修补，具体方法如下：

① 107胶水泥浆修补

● 先用钢丝刷将起砂部分的浮砂清除掉，并用清水冲洗干净。

● 用107胶加水（约一倍水）搅拌均匀后，涂刷在地面表面，以增强水泥砂浆与地面的粘结力。

● 用107胶水泥砂浆应分层涂抹，每层涂抹约0.5mm厚为宜。底层胶浆的配比可用水泥：107胶：水＝1：0.25：0.35，一般涂抹1～2遍；面层胶浆的配比可用水泥：107胶：水＝1：0.2：0.45，要涂抹2～3遍为宜。

● 涂抹后按照水泥地面的养护方法进行养护，2～3d后，用细砂轮或油石轻轻将抹痕磨去，然后上蜡一遍，即可使用。

② 108胶水泥浆修补

● 用钢丝刷将起砂部分的浮砂清除掉，并用清水冲洗干净。地面如有裂缝或明显的凹痕时，先用水泥拌合少量的108胶制成的腻子嵌补。

● 用108胶加水（约一倍水）搅拌均匀后，涂刷地面表面，以增加108胶水泥浆与地面层的粘结力。

● 108胶水泥浆应分层涂抹，每层涂抹约0.5mm厚为宜，一般应涂抹3～4遍，总厚度为2mm左右。底层胶浆的配合比可用水泥：108胶：水＝1：0.25：0.35（如掺入水泥用量的3%～4%的矿物颜料，则可做成彩色108胶水泥地面），搅拌均匀后涂抹于经过处理的地面上。操作时可用刮板刮平，底层一般涂抹1～2遍。面层胶浆的配合比可用水泥：108胶：水＝1：0.2：0.45（如做彩色108胶水泥浆地面时，颜料掺量同上），一般涂抹2～3遍。

● 当室内气温低于10℃时，108胶将变稠甚至会结冻。施工时应提高室温，使其自然融化后再行配制，不宜直接用火烤加温或加热水的方法解冻。108胶水泥浆不宜在低温下施工。

● 108胶掺入水泥（砂）浆后，有缓凝和降低强度的作用。试验证明，随着108胶掺量的增多，水泥（砂）浆的粘结力也增加，但强度则逐渐下降。108胶的合理掺量应控制在水泥的20%左右。另外，结块的颜料不得使用。

●涂抹后按照水泥地面的养护方法进行养护，2～3d后，用细砂轮或油石轻轻将抹痕磨去，然后上蜡一遍，即可使用。

107胶学名为聚乙烯醇缩甲醛胶粘剂，是以水为介质的溶液或乳液形成的胶粘剂。由于107胶具有不起燃、价格较低、使用方便等特点，广泛用于建筑工程，可用作建筑胶粘剂及各种内外墙涂料、地面涂料的基料。

108胶（801胶）是107胶的改良产品，是在生产107胶过程中加入了一套生产工序，即用尿素缩合游离甲醛成尿醛，目的是减少游离甲醛含量，表现为刺激性气味减少，但以现有简陋的生产设备，游离甲醛不会被缩合彻底，且尿醛很容易还原成甲醛和尿素。

市场上还有的所谓901胶水，从某种意义上来说，也是上述107、108胶水的改良产品，其游离甲醛含量大多也超出国家强制性标准。

3.严重起砂时的处理

对于严重起砂的水泥砂浆或混凝土地面，应作翻修处理，将面层全部除掉，清除浮砂，用清水冲洗干净。铺设面层前，凿毛的表面应保持湿润，并刷一层水灰比0.4～0.5的素水泥砂浆（可掺适量环保107胶或108胶）。然后用1∶2水泥砂浆铺设一层面层，严格做到随刷浆随铺设面层，做好压光和养护工作。

需要注意的是，要掌握107胶（或108胶）的最大掺量勿超过30%。因107胶（或108胶）的掺量并非愈多愈好。试验表明：水泥浆的强度与107胶（或108胶）的掺量成反比，随107胶（或108胶）掺量的增加，水泥砂浆的粘结力在提高，但强度却逐渐下降，适宜的107胶（或108胶）掺量应控制在20%左右。而且不应在低温下使用107胶（或108胶），当温度低于

10℃时，107 胶（或 108 胶）将会受冻变稠甚至会经冻，施工时应提高室温，使其自然融化后再进行配置，不宜直接用火烤或加热水的办法解冻。

10.3.2　TD-XF1 地面起砂处理剂

1. 产品简介

TD-XF1 是海南中意拓达新材料有限公司生产的水性地面起砂处理剂，主要解决以硅酸盐水泥为硬化剂的各类地面起灰、起砂、强度不够等问题。它是一种水性无机复合液体材料，能有效渗透水泥基地面内部 3～10mm，并发生一系列复杂的化学反应，形成一种三维网状的致密整体，从而大幅度提高水泥基地面的面层强度、硬度和耐磨性能，达到完全不起砂、不起灰的效果，能承受大型车辆频繁行走，并且持久有效。

2. 产品特点

（1）硬化、防尘、耐磨：完工后硬度即有明显提升，并且可以立即投入使用，高度耐磨，永久性不起砂、不起尘。针对收光良好的地面，频繁使用后会出现一定的光泽度，并且使用越久，效果越好。

（2）防潮、抗渗：通过渗透及化学反应生成物，堵塞混凝土内部的毛孔，阻止地下潮气上行，保持室内干燥；避免油类及其他污物由表面渗透，使地面变得容易清洁。

（3）其他性能提升：提升混凝土的抗压强度、抗冲击性能；提升混凝土与环氧树脂或聚氨酯地坪漆的结合力，有效避免鼓包、脱层；提升混凝土的抗化学品腐蚀性；明显减缓混凝土的风化。

（4）施工简单、成本低廉、安全环保。

3. 使用范围

（1）C10 混凝土等级以上的严重疏松地面。

（2）适用因面层强度不够造成的起灰、起砂地面的硬化防尘处理，如：

① 起灰、起砂的混凝土地（路）面、水泥砂浆地面；

② 起灰的水磨石地面；

③ 起灰的金刚砂地面；

④ 起灰的水泥自流平地面。

4. 施工步骤

（1）施工前准备

主要工具：水桶或喷壶、水瓢、扫把、拖把、乳胶手套。

基面要求及预处理：保证地面完全干燥，清扫地面砂尘，去除油漆、涂料等附着物。重度油污地面，该产品不适用。

（2）施工

施工周期约 2d，乙组完工后第二天即有明显硬化效果，且在完工后一周内还会有明显提升。

① 甲组分（第一天）

喷洒甲组分：甲组分按原液∶水＝1∶3～5（体积比）稀释、搅匀，均匀喷洒，用扫把来回扫动以促进渗透。注意表面快干时应及时补洒甲组分，确保地面始终维持湿润状态≥1h。甲组原液用量：0.3～0.6kg/m²。

表面清洗：喷洒足量清水，先用扫把来回刷洗，再设法清除表面明水。必要时应重复清洗，以确保表面洁净、无泥浆残留。

注：对表面起砂不是特别严重的地面，或者在室内不需要过车的地面，可只用甲组分密封固化即可。

② 乙组分（第二天）

注意：地面干燥至完全发白后方可施工乙组分。乙组分不得加水稀释，起砂严重的区域（一般渗透很快）应加大材料用量。

喷洒乙组分：使用前先将乙组分摇匀，均匀喷洒，并用扫把来回扫动以促进渗透。原液用量 0.5～0.8kg/m²。

保持湿润：喷洒完乙组分后继续保持表面湿润≥2h。保湿方法：表面无明水时及时喷洒少量清水，并用扫把来回扫动，以使渗透、硬化反应更为彻底。

表面清洗：喷洒足量清水，先用扫把来回刷洗，再设法清除表层明水。建议重复清洗 2～3 次。

5. 注意事项

（1）若地面不再施工其他面层，则乙组分施工后也可不清洗，并不影响硬化效果，但在干燥后会出现表面发白的现象。若在地面硬化后还需要施工其他装饰性面层，如地坪漆、水泥自流平砂浆或 PVC 塑胶地材等，则需要多次清洗地面，以保证装饰性面层与基层地面良好的粘结力。

（2）乙组分有轻微腐蚀性，请做好防护，尤其是钢铁材质设备的保护，若接触皮肤请及时用清水冲洗。

6. 施工环境

室外地面须选择无雨天施工，施工期间不得有明显雨水，施工时地面温度应在 2～50℃之间。

10.3.3 TD-XF2 地面起砂处理剂

1. 产品简述

本品为海南中意拓达新材料有限公司生产的低黏度树脂类产品，通过高分子的自聚作用将低强度的水泥地面固化成为一个密实、坚固的整体。这种产品渗透性较强（一般可以渗透 1～3mm），施工简单，防水防油，防尘效果非常好，而且比较持久。

2. 适用地面

（1）起灰、起砂的混凝土地面、水泥砂浆地面；

（2）起灰的水磨石地面；

（3）起灰的金刚砂地面；

（4）起灰的水泥自流平地面。

3. 施工工艺

（1）基面要求

① 保证地面完全干燥，无油类污染；表面若有油漆、胶水等污物，必须完全铲除；

② 新施工混凝土表面的低强度泥浆必须去除，方法有打磨、硬毛刷加水洗刷等；

③ 正式涂刷 TD-XF2 混凝土地面起砂处理剂前，地面砂尘必须清理干净，最好使用吸尘器吸尽砂尘。

（2）施工

① 本产品打开即可直接使用，无需搅拌，无需任何添加物；

② 使用普通中长毛辊筒直接滚涂，滚涂时按顺序进行，以避免漏涂或同区域多次重涂；

③ 根据地面起砂严重程度，需要滚涂 2～4 遍，直至地面颜色完全变深（类似干燥的水泥地面用水浇湿后的颜色）为止，用量约 0.3～0.5kg/m^2；

④ 完工后养护 12h 即可投入正常使用，完工 15d 左右达到最佳效果。

4. 注意事项

（1）起砂严重的区域（一般干得比较快）应适当加大材料用量。

（2）本产品含有机溶剂，有刺激性气味，属易燃品，施工时注意通风，严禁接触明火。

（3）耐候性不佳，不建议用于室外场地。

（4）施工环境温度：0～50℃。

（5）对地面的颜色改变较大。

10.3.4 M 型水泥地面起砂处理剂

1. 产品简述

M 型水泥地面起砂处理剂为武汉沃尔固地坪材料有限公司生产的低黏度树脂类产品，能快速渗透至水泥地面内部，并通过高分子自聚作用将低强度的水泥地面固化成为一个密实、坚固的整体，彻底阻止水泥地面起灰、起砂。若配合专用色浆，可对地面进行着色，有红、绿、灰三种基本色。M 型水泥地面起砂处理剂综合性能极佳，配合专用色浆，完全可以取代环氧树脂地坪漆。

2. 适用地面

起灰、起砂的混凝土地面、水泥砂浆地面、水磨石地面等。

3. 施工工艺

（1）基面要求

地面完全干燥，无油类污染，表面若有油漆、胶水等污物，必须完全铲除。

（2）施工方法

① 本产品可直接使用，无需搅拌，无需任何添加物；

② 使用普通中长毛辊筒直接滚涂；

③ 根据地面起砂严重程度，一般需要滚涂 3～5 遍，直至地面颜色完全变深（类似干燥的水泥地面被水浇湿后的颜色），并有一定的光亮度为止，用量约 0.3～0.5kg/m²；开封后的材料必须当天用完。

④ 完工后养护 12h 即可投入正常使用，15d 天左右达到最佳效果；

⑤ 若需要对地面进行着色，加入专用色浆搅拌均匀即可。

4. 注意事项

（1）本品贮存在 5～40℃阴凉通风处，严禁曝晒和受冻，密封保质期 24 个月。

（2）本产品含有机溶剂，有刺激性气味，属易燃品，施工时注意通风，严禁接触明火。

（3）抗紫外线性能不佳，不建议用于室外场地（室外场地使用 M2 型水泥地面起砂处理剂）。

（4）主要工具：辊筒、羊毛刷、水桶、扫把、铲刀、手套等。施工环境温度：0～50℃。

10.3.5 M1 型高效混凝土密封固化剂

1. 产品简述

M1 型高效混凝土密封固化剂为武汉沃尔固地坪材料有限公司生产的一种单组分液态化学硬化剂，它可以有效渗透至水泥基地面内部 3～10mm，并与其中的游离成分发生一系列化学反应，生成大量坚硬致密的物质，从而明显提升地面的硬度、耐磨性和密实度，经这种混凝土密封固化剂处理过的地面，若配合机器打磨抛光，可具有大理石地面的效果，兼具金刚砂耐磨地面和环氧地面的优点，同时又避免了这两种地面的缺点。

2. 产品特点

（1）可快速提升硬度和耐磨性（一般完工第二天即有明显效果）。

（2）酸性材料，可阻止混凝土碱-骨料反应，有效避免混凝土地面出现细裂纹。

（3）水性材料、环保无毒。

3. 适用地面

该产品适用于混凝土地面、水泥砂浆地面、金刚砂耐磨地面、水磨石地面、水泥自流平地面等。

4. 施工工艺

（1）基面要求：已水（干）磨至300～500号磨片，并完全干燥。新施工地面不能打蜡或涂抹养护剂。

（2）喷洒M1型高效混凝土密封固化剂原液，当表层无明水或变黏稠时，及时喷洒少量清水，保持湿润状态约2h后再次打磨抛光，最后清除表层明水，自然干燥；用量约0.1～0.3kg/m²。

10.3.6 M2型水泥地面起砂处理剂

1. 产品简介

M2型水泥地面起砂处理剂为武汉沃尔固地坪材料有限公司生产的水性地面起砂处理剂，主要解决以硅酸盐水泥为硬化剂的各类地面起灰、起砂、强度不够等问题。它是一种水性无机复合液体材料，完全不含有机物，由甲（浓缩型，青灰色半透明）、乙（无色透明）两种组分构成，能有效渗透水泥基地面内部3～10mm，并发生一系列复杂的化学反应，形成一种三维网状的致密整体，从而大幅度提高水泥基地面的面层强度、硬度和耐磨性能，达到完全不起砂、不起灰的效果，能承受大型车辆频繁行走，并且持久有效。

2. 适用范围

（1）起灰、起砂的混凝土地（路）面、水泥砂浆地面；

（2）起灰的水磨石地面；

（3）起灰的金刚砂耐磨地面；

（4）起灰的水泥自流平地面。

3. 施工方法

（1）基面要求及预处理

完全干燥，清扫砂尘，去除油漆、涂料等附着物。若具备条件，可用清水冲洗、干燥后再施工。

（2）施工 M2 甲组分（用量 0.3～0.5kg/m²）

① 据地面情况，将 M2 甲组分按一定比例（一般加 1 倍左右的清水）稀释，使用喷洒、涂刷等任意方法将材料均匀分散于地面即可，渗透很快的地面应适当加大材料用量。

② 若表面产生较多泥浆，应在结束时进行清洗，并去除表层明水，自然干燥。

（3）施工 M2 乙组分（用量 0.3～0.5kg/m²）

地面完全干燥后方可施工乙组分，注意乙组分不能加水，使用喷洒、涂刷等任意方法将材料均匀分散于地面即可，保持地面湿润约 2h 后清洗地面（渗透很快的地面应适当增加材料用量），24h 后即有明显硬化效果。若配合专用磨光机打磨、抛光，可使地面具有明显的光亮度。

注：M2 型水泥地面起砂处理剂完全靠渗透起作用，不改变原地面的外观形态，也不影响后续其他面层的施工。

4. 注意事项

（1）若地面不再施工其他面层（如环氧树脂地坪、水泥自流平、PVC 地材等），则乙组分施工后可以不清洗，并不影响硬化效果，但在干燥后会出现表面发白的现象。

（2）乙组分有轻微腐蚀性，若接触皮肤请及时用清水冲洗。

（3）请注意保管好本产品，避免儿童接触。若误服请立即饮用大量温水催吐或就医。

（4）保质期：>2 年。

（5）若地面仅仅是起灰起尘，并无明显起砂现象，可考虑使用 M6 粉剂型水泥地面硬化剂处理，施工现场加水溶解即可使用，施工简单，成本更低。

10.3.7　M3 水泥地面起砂处理剂

1. 产品特点

M3 水泥地面起砂处理剂为武汉沃尔固地坪材料有限公司生产的水泥地面起砂处理剂。是一种改性碱金属硅酸盐水溶液，能快速渗透至水泥地面内部、与其中的有效成分发生一系列的硬化反应，从而明显提升原地面的耐磨性、抗压强度和表面硬度，阻止进一步起灰起砂。

产品主要特点：无毒无腐蚀性，不在表面成膜，不改变原地面外观，硬化作用长久有效。

2. 适用基材

因各种原因造成面层强度不够、起灰、起砂的水泥砂浆或混凝土地面、墙面、屋面，金刚砂耐磨地面，水磨石地面，水泥自流平地面等。

3. 基面要求及预处理

完全干燥，清扫砂尘，去除油漆、涂料等附着物。重度油污地面，本产品不适用。

4. 施工步骤

（1）将 M3 按原液：水＝1∶1（体积比）稀释、搅匀，用喷壶或喷雾器均匀喷洒（也可用辊筒或毛刷均匀涂刷），随时补充被吸收的材料，直到地面吸收 M3 至饱和状态。原液用量：0.3～0.5kg/m^2。

（2）自然晾干，养护 3d 以后可上人，7d 后可以上车。

（3）起砂严重的地面，可在地面干燥后再重复以上步骤 1～2 遍。

5. 注意事项

（1）处理后的地面 3d 内不能用明水浸泡，不得有重物碾压。

（2）请注意保管好本产品，避免儿童接触。若误服请立即饮用大量温水催吐或就医。

（3）本产品不建议用于室外地面。

10.3.8 M4 水泥地面起砂处理剂

1. 产品简介

M4 型水泥地面起砂处理剂为武汉沃尔固地坪材料有限公司生产的水泥地面起砂处理剂，采用高分子聚合物经过多道工序复合而成。低黏度的高分子聚合物能渗透到水泥地面内部，将松散水泥颗粒固化成为一个坚实的整体。有无色和绿色、蓝色、红色等多种颜色可选。

2. 产品功能

(1) 可对低强度、起灰起砂的水泥地面或墙面进行硬化防尘处理；方便铺设其他面层，如地毯、地砖、各类地板、卷材等。

(2) 用作界面剂，可增强水泥混凝土面层与基面的结合力，有效防止混凝土（水泥砂浆）面层、地砖和腻子的空鼓、脱层现象。

(3) 耐水防潮，可以避免木地板受潮气侵蚀而产生的变形，同时避免日后从地板缝隙中“扑灰”。

(4) 添加适量水泥和细砂，可对混凝土表面破损进行局部修补。

(5) 不含甲醛等有害物质，是绿色环保产品，对人体无害。

3. 水泥地面固化施工方法

(1) 使用前先将水泥地面清扫干净。

(2) 本产品为浓缩型，使用前需加 3～5 倍清水稀释，彩色产品需要现场添加色浆。

(3) 辊筒滚涂或毛刷刷涂均可，间隔 1h 涂第二次。若地面较差，可重复多次涂刷。原液用量：0.1～0.2kg/m²。

(4) 施工温度在 5℃以上，理论干燥时间为 8h。

4. 贮存和运输

本品贮存在 5～40℃阴凉通风处，严禁曝晒和受冻，密封保质期 12 个月。产品无毒不燃，贮存运输可按《非危险品规则》办理。

10.3.9 M6 水泥地面硬化剂

1. 产品简介

武汉沃尔固地坪材料有限公司生产的 M6 水泥地面硬化剂是一种起灰、起砂处理剂粉剂，也叫固体混凝土固化剂。它含有多种无机—有机化合物的复配粉剂，易于运输、施工简单，适用于各类水泥基地面（水泥砂浆地面、混凝土地面、金刚砂耐磨地面、水磨石地面、水泥自流平地面）的渗透硬化，明显提升耐磨性和表面硬度，阻止地面起灰、起砂。

2. 使用方法

(1) 地面保持干燥(新施工地面养护7d以后即可施工),清扫表面砂尘。若具备条件,可用水冲洗地面,干燥后再施工。

(2) M6粉剂加3~5倍清水搅拌至完全溶解即可使用。若地面起灰严重,甚至起砂,建议加3倍水溶解,反之则建议加4~5倍水溶解。

(3) 低压喷雾器均匀喷涂3遍左右,让地面吸收材料至饱和状态;地面充分吸收后用清水将地面残留的材料清洗掉,避免地面发白。

(4) 若具备条件,可洒水养护1~2d,效果更佳。

3. 注意事项

(1) 使用注意事项:本品呈弱酸性,皮肤不宜长期接触;施工时建议配戴防尘口罩、乳胶或塑料手套,并注意不要喷洒到设备或者玻璃上。

(2) 储存注意事项:储存于干燥、通风的库房;远离火种、热源;防止阳光直射;包装密封。

4. 包装规格

编织袋装,25kg/袋。

10.3.10 L1型高效混凝土密封固化剂

1. 产品简述

武汉沃尔固地坪材料有限公司生产的L1型高效混凝土密封固化剂,其主要成分是具有反应活性的改性硅酸锂,它能强力渗透至水泥基地面内部3~10mm,并与其中的有效成分发生一系列化学反应,从而提升地面的耐磨性、硬度和密实度。若配合机器打磨抛光,可使普通水泥地面具有大理石地面的效果。

2. 产品特点

(1) 可明显提升地面的密实度和耐磨性。

(2) 打磨抛光后具有极好的光亮度,且不会造成地面泛白。

(3) 锂基产品,可阻止混凝土碱-骨料反应,有效预防地面出现细裂纹。

(4) 水性材料、环保无毒。

3. 适用地面

混凝土地面、水泥砂浆地面、金刚砂耐磨地面、水磨石地面、水泥自流平地面等。

4. 施工工艺

(1) 基面要求：已水（干）磨至 300～500 号磨片，并完全干燥。新施工地面不能打蜡或涂抹养护剂。

(2) 喷洒 L1，当表层无明水或变黏稠时，及时喷洒少量清水，保持湿润状态约 2h 后再次打磨抛光，最后清除表层明水，自然干燥。用量约 0.1～0.3kg/m^2。

10.3.11 N1 型高效混凝土密封固化剂

1. 产品简述

武汉沃尔固地坪材料有限公司生产的 N1 型高效混凝土密封固化剂，主要成分是具有反应活性的改性硅酸钠和硅酸锂，它能强力渗透至水泥基地面内部 3～10mm，并与其中的水泥水化副产物——$Ca(OH)_2$发生化学反应，从而提升地面的硬度、耐磨性和密实度，阻止水泥基地面起灰起砂。

经 N1 混凝土密封固化剂处理过的地面，若配合机器打磨抛光，可具有大理石地面的效果，兼具金刚砂耐磨地面和环氧地面的优点，同时又避免了这两种地面的缺点。

2. 产品特点

(1) 可明显提升地面的表面硬度、密实度和耐磨性。

(2) 打磨抛光后具有良好的光亮度。

(3) 水性材料、环保无毒。

(4) 锂基成分还可阻止或减缓碱-骨料反应的发生，防止地面出现发丝状裂纹。

3. 适用地面

混凝土地面、水泥砂浆地面、金刚砂耐磨地面、水磨石地面、水泥自流平地面等。

4. 施工工艺

(1) 基面要求：已水（干）磨至 300～500 号磨片，并完全干燥。新施工地面不能打蜡或涂抹养护剂。

（2）N1原液加1倍左右清水稀释，低压喷雾器均匀喷涂。当表层无明水或变黏稠时，及时喷洒少量清水，保持湿润状态约2h后再次打磨抛光，最后清除表层明水，自然干燥。用量约0.1～0.5kg/m²（视地面情况而定）。

10.3.12 Z2混凝土硬化剂

1. 产品介绍

天津正祥科技有限公司生产的Z2混凝土硬化剂，主要解决混凝土地面、墙面起灰、起砂、强度不够等问题，是一种有着独特配方的水性有机复合新型材料，能有效渗透混凝土表层3～10mm，与混凝土中的游离物质发生一系列复杂的化学反应，形成一种三维网状的致密整体，从而大幅度提高混凝土的表层强度，达到硬化地面，防治起砂、起灰的效果，并且持久有效，使用寿命与混凝土相同，且施工简单，只需在混凝土表面进行涂刷处理即可。

2. 混凝土硬化剂主要功能

（1）快速硬化、地面防尘、高度耐磨；

（2）提升原地面抗压强度、抗冲击性能；

（3）提升抗化学品腐蚀性；

（4）明显减缓碳化；

（5）维护简单，仅需常规清洗即可。

3. 混凝土硬化剂的适用范围

（1）容易起灰、起砂的新老混凝土地面、水泥砂浆地面；

（2）新施工的原浆压光混凝土地面；

（3）室内外墙体抹灰层起砂、掉面；

（4）结构强度等级不够；

（5）提高车库、厂房地面耐磨强度。

4. 混凝土硬化剂施工方法

（1）首先彻底把地面上的尘土清理干净，尽量做到不留积灰，如果要用水做冲刷处理的，一定要隔天施工，并确保地面没有明水或过湿。

（2）采用一边浇一边赶的方法，把料均匀赶开，使材料充分的渗入地面；30min 内对有渗干现象的地方随时补刷材料，并把聚积的材料扫均匀。

（3）要注意材料的用量与地面的疏松程度有直接关系，一般的地面涂刷 2～3 遍即可达到最佳效果。

5. 混凝土硬化剂的注意事项

（1）施工温度：0～45℃。

（2）塑料桶密封，0℃以上保存，保质期 12 个月。

（3）运输时检查包装是否完整、密封。

（4）若误服请立即饮大量温水催吐并就医。皮肤接触或溅入眼内，立即用清水冲洗或就医，避免儿童接触。

11　抗起砂耐磨地坪

抗起砂耐磨地坪是指使用特定材料和工艺对原有地面进行施工处理并呈现出一定装饰性和功能性的地面。

抗起砂耐磨地坪顾名思义就是这种地坪表面很耐磨、不起砂，它除了具有耐磨程度高的特点外，还具有表面致密程度高，不起灰、不起砂的特点。对于一些有特殊要求的地坪，如现代工业企业地坪、商业地坪、大中型停车场地坪、停车库地坪、商业广场、车站码头、学校运动场、物流仓库地坪、医院地坪、办公室地坪、游泳池地坪、旅游胜地地坪、各种娱乐活动中心地坪、各种研发领域地坪、食品厂车间地面、制药厂车间地面、实验楼地面、机房地面等，可以采用耐磨地坪。

抗起砂耐磨地坪的种类繁多，如环氧自流平地坪、金刚砂耐磨地坪、环氧水磨石地坪、水磨石地坪、环氧彩砂地坪、环氧防静电地坪、环氧防滑地坪、聚脲防腐地坪、聚氨酯地坪、混凝土密封固化剂地坪等。以下主要介绍几种常用的抗起砂耐磨地坪。

11.1　无砂细石混凝土

水泥砂浆地面起砂是建筑工程质量通病之一，万小平[20]用无砂细石混凝土做地面，解决水泥砂浆地面起砂的做法，经多年实践应用，效果良好。这种无砂细石混凝土地面不起砂，不空鼓，耐磨性好，抗压强度高，造价低。具体的施工方法介绍如下：

1. 原材料

水泥：用 42.5 级普通硅酸盐水泥。水泥必须是合格水泥，不允许使用过期水泥。在施工前最好对水泥强度进行测定，强度等级不宜低于 32.5 级。

骨料：粒径2～6mm石灰岩质碎石（石屑）。细石子中的含粉量要求不大于3%。这种细石子也叫石屑，但不是有些资料上介绍的石屑粉。用石屑粉作骨料做成的地面，强度低，不宜采用。骨料中如有杂质须经筛选或水洗后方可使用。

2. 水灰比和配合比

① 水灰比宜小，应控制在0.5以内。由于细石子含水量不定，特别是经雨水或现场浸水后的石子，含水量增大，配制混凝土时用水量就应减少，实际用水量应经过现场试验确定。

② 配合比。水泥∶细石（石屑）∶水（重量比）=1∶2.5∶0.5。因水泥与石灰岩质碎石体积密度相差不大，为便于施工，可用体积比。用水量根据经验掌握。但应注意无论用重量比，还是用体积比都应严格按照操作规程施工。

3. 施工工艺

① 工具。除准备好做砂浆地面用的工具外，还应准备一件铁制辊筒，用以压实地面。辊筒用焊接管、无缝管均可，直径75～100mm、长500mm左右，焊上手柄，可以滚动。

② 基层清理。按照常规做法，首先清理基层，将楼面或地面垫层上的灰、松动的混凝土等清理干净，凸出基层的应剔凿掉，如有油污或其他污染应进行清污处理。如设计有垫层时，应在垫层施工完后，立即施工面层，这样容易保证质量。

③ 湿润基层。一般在施工地面前一天进行，根据天气情况，对楼面或垫层进行洒水湿润。如在秋末冬初或进入冬季施工时应少洒水，在盛夏时要多洒水。

④ 超平弹线，冲筋贴饼或粘玻璃条。小房间用玻璃条界十字格即可，大房间界井字格为好，这是为了保证平整度，同时也作为温度缝，一条两用。如需加色或做图案可根据设计要求处理。对有地漏的房间，找好流水坡。对有特殊要求的地面做好预留预埋工作。

⑤ 玻璃条粘好后，凝固半天或一天，刷素水泥浆结合层。在楼板或垫层上先撒干水泥面，然后洒水，用笤帚或大刷子涂刷均匀即可。

⑥ 铺无砂细石混凝土。把搅拌好的细石混凝土铺在刷过素水泥浆的楼面或垫层上，厚度以 2.5～3cm 为宜，或按设计要求的厚度。用木抹子摊平，高于玻璃条 2mm，用 2～2.5m 刮尺刮平，然后用铁辊子反复滚压，直到全部提上浆来。用木抹子压第一遍，紧接用铁抹子压第二遍，在水泥初凝时再压第三遍，要求到边、到角不漏压，找平压光。玻璃条两侧也要找平压光，不能使玻璃条凸出面层。如果水灰比过大，铺细石混凝土后可用拌好的干料均匀撒在面层上，反复滚压，最后搓平压光，应注意一定不能干撒水泥面。

4. 地面养护

用无砂细石混凝土做地面，特别是在楼面上，不另增设垫层，厚度仅 2.5～3cm，易脱水、干缩，因此要特别加强施工后的养护。在 7～15d 内不要在上面工作。正常养护，温度 15～20℃时，养护 2～3 周。养护的简单办法是在地面上撒锯末，然后洒水，养护到地面发青时为最佳。

5. 地面干磨处理

无砂细石混凝土地面做好后可能因抹压或其他原因，如未干上人踩上脚印等，不能达到光滑美观的使用要求时，可对地面进行再处理，有以下几种方法：

① 用不带砂轮的磨石机，夹上麻袋片或粗帆布，开机在地面上干磨，这样可以磨得很光滑。

② 用木屑盖在地面上，再用地板刷子擦，这样也可以擦得很光滑。

③ 对局部不平的地方可以用小型磨石机进行干磨或水磨处理，磨至地面平整达到验收规范要求为止。

11.2 水磨石混凝土地坪

水磨石是一种常用于厂房、办公楼及商场等地面的建筑装饰材料。水磨石是一种人造石，用水泥作胶结料，掺入颜料，不同粒径的大理石或花岗石碎石，经过搅拌、成型、养护、研磨等工序，制成一种具有一定装饰效果的人造石材。周鑫[37]详细介绍了水磨石地面的施工技术及质量控制措施，可供读者参考。

11.2.1 施工准备

1. 选料

为保证水磨石颜色一致，水泥、石渣和颜料要一次备足，最好使用同厂、同批号的材料。对于石渣应按不同品种、规格和颜色分别存放，使用前过筛、冲洗，晾干备用。

① 水泥。采用不低于 42.5 等级的普通硅酸盐水泥、矿渣硅酸盐水泥或白水泥。

② 石渣规格、颜色和质量。要求色石渣在颜色深浅及彩度上差异大，选购时除了注意材质外，还要注意透明性。

③ 颜料。因水泥具有碱性，故要选择耐碱、耐光和着色力强的矿物颜料。掺入量一般不大于水泥质量的 15%，如配深重色超出 15%时，要用 42.5 等级水泥，以保证饰面强度。

④ 河砂。用于找平层，选用中砂，使用前要过 5mm 孔径筛。

⑤ 分格条种类和规格。用铝条时，在使用前要涂清漆 1～2 遍，防止过早腐蚀而导致松动。对于铜、铝和塑料分格条，要在下部 1/3 处打小孔，小孔距离 200～250mm，以便连结铁丝。

⑥ 草酸。块状或粉末状均可使用，草酸有毒及腐蚀性，不要接触食物及皮肤，操作时注意防护。

⑦ 地板蜡。有成品出售，高级水磨石还可采用汽车蜡。也可自配蜡液：蜡∶煤油＝1∶4（质量比），在大桶中加热至 130℃（冒白烟时为止），边加热边搅拌，使蜡全部熔解，冷却后待用。使用时再加入蜡液质量的 1/10 松香水和 1/50 鱼油调匀。

⑧ 22 号铅丝或玻璃钉。镶嵌铜、铝及塑料分格条，应穿入孔中与水泥石渣浆连结。

2. 机具

除常用的工具、器具外，还应备专用的磨石、磨机和大、小铁辊子。铁辊子重量分别为 30 和 50kg 左右，可在钢管内灌混凝土做成有轴的辊筒，长度在 600～1000mm 之间。

11.2.2 配合比设计

一般来说，水磨石的类别有两种，一是主要突出其功能，称为普通水磨石，用灰色水泥与白色石渣配制而成；二是强调其艺术表现力，称为美术水磨石，用白水泥（重色、暗色也可用灰色水泥）、彩色石渣和矿物质颜料配制而成。水磨石面层厚度由石渣粒径决定，即面层厚度＝石渣料径＋2mm。

水磨石的施工程序是：基层处理→找平→抹找平层→镶嵌分格条→摊浆罩面→磨光→打蜡。

水磨石的常见做法如下：

1. 碎花做法

以八厘石渣为骨料制作普通碎花水磨石和美术碎花水磨石，磨出来的是匀称、活泼的小碎花。在施工前要进行配合比设计，做出各种不同配合比的样板，从中优选最佳配合比。主要包括：

① 水泥色粉配比设计。以质量比做出深浅不同的色谱样板，供选用。

② 色石渣匹配设计。当采用两种以上不同颜色石渣时，按不同比例以质量比进行匹配，做出多种样板，供选用。

③ 石渣粒径匹配设计。当两种以上粒径的石渣匹配使用时，按不同比例以质量比进行匹配，做出多种样板，供选用。

④ 水泥石渣浆配比设计。在前三项设计的基础上，以质量比调制不同比例的水泥石渣浆，做成多种样板，从中选优。碎花水磨石中的石渣规格不宜单一，要两种或三种规格混合使用，这样饱满、活泼、不呆板。配比以质量计为准确，体积比因密实程度有出入，容易出现误差，难以保证大面积的颜色及饱满度的一致。如需体积比时，可将质量比通过计算或容器进行换算。

2. 大花做法

这种做法和配比设计，基本同于碎花做法，骨料为分半或大二分石渣，使多彩多姿的艳丽大花开于素雅、鲜艳的色浆之中，十分大方、美观、豪华。

3. 撒花做法

这是碎花做法与大花做法的结合，使大花水磨石减少了“显浆量"，增加了碎花，从而活泼画面，提高亮度，更具艳丽、豪华感。其做法是：先铺以中、小八厘石渣为骨料的水泥石渣浆，初步压平后再干撒一层分半或大二分石渣，然后压入浆内滚压拍平。

4. 组花做法

这是撒花做法的另外一种形式。撒花做法是后撒分半或大二分石渣，组花却是选一些有造型的石子或小贝壳、小螺壳以及截成小段的铜管和硬塑料管（长度与饰面厚度同），代替分半或大二分石渣精心组成各种花式或图案，增添不少韵味和情趣。在特定环境中，还可以铜条、铝条、玻璃或塑料条围成动物的图形，创造出更动人的花饰。

11.2.3 操作工艺

1. 找平层施工

首先是将基层上的杂物清理干净，以免影响面层与基层的粘结性。其次是楼板的裂缝要单独处理，因为它常常是渗透水的主要原因。最后是基层上的水泥砂浆稠度要适当，搅拌要均匀，因此砂浆不宜现场人工搅拌，而要使用机械搅拌。此外，泛水的走向和地漏的位置与标高，要在找平层阶段一起完工。找平层施工完毕，24h 后应洒水养护，养护 2～3d，便可做面层施工。

2. 固定分格条

在基层上用墨线弹出分格条的位置，如图纸未注明分格尺寸，一般按 1m×1m 布置。在分格时应从中间往两边分，这样可使分格的结果更完整，同时还应注意地面的分格与天棚的图案要协调。分格条用八字形的水泥砂浆固定，上部一般留出 3～4mm 不抹水泥浆，以使石碴均匀地铺在分格条两侧。

3. 抹面层

分格条固定三天左右，便可抹面施工。为使面层与找平层粘结牢固，在抹面层前湿润找平层，然后再刷一道素浆。抹面层应从里往外，装完一块，用铁抹子轻轻拍打，检查平整度与标高，再用辊筒滚压平整。如果采用美术水磨石，应先将同一色彩的面层砂浆抹完，再做另一种色彩，免得相混或色彩上存在差异。在

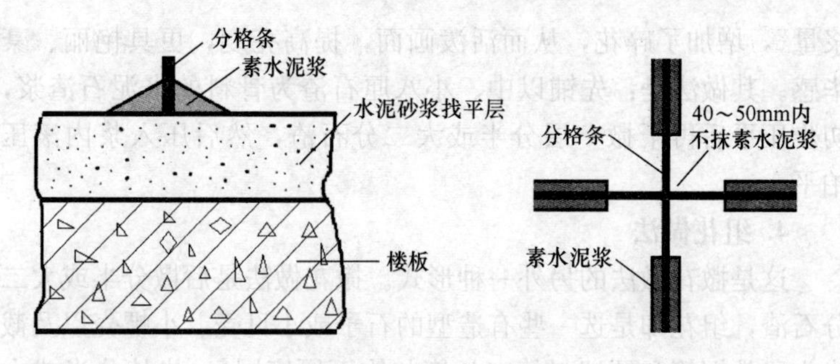

图 11-1　分格条的做法

同一地面中使用深浅不同的面层，铺灰时宜先铺深色部分，后铺浅色部分。面层颜料的搅拌与掺量，石碴不同规格与不同色彩的掺量，应由专人负责。大面积施工应先做小样板，经设计方确认后，才可大面积展开。面层水泥石碴浆的配比，因石碴的粒径大小或装饰效果的不同而有所差异。常用的配比是：水泥∶石碴＝1∶1.5～2。如临时要增加面层石碴的密度，可在施工中均匀地铺撒适量的石渣，但应注意石渣的平整性和稳定性。

4. 磨面

面层磨光是水磨石施工的重要环节。现在施工一般都采用机械磨光机。机械磨面，工效快，劳动强度低，只要操作得当，效果与人工操作同样好。水磨石的开磨时间和磨面遍数对其效果影响很大。现制普通水磨石一般要经过不少于“两浆三磨”才能达到理想的效果。第一遍磨面的时间一般在面层浇筑 2～3d 后进行，效果较好，选用的砂轮应粗一些，常用 60～80 号。要求磨平、磨均，使石子和分格条全部做到清晰可见，对面层出现的凹陷或缺石要进行及时处理。2～3d 后进行第二次磨面，选用 180～240 号金刚石磨，磨面的方法与第一遍相同。这一遍要求做到将磨痕去掉，表面磨光，对于局部的麻面及小缺陷，再进行修补。养护 2～3d 便可进行第三遍磨面。第三遍要用 180～240 号的金刚石。这一遍要达到表面光滑平整，无砂眼，无细孔，石子显露均匀。边角部位应用手工补磨，最后用水冲洗干净。

5. 打蜡

打蜡的目的是使水磨石地面更光亮、光滑、美观。打蜡必须在面层完全干燥后，才能开始。打蜡前，先用10%的草酸溶液，均匀地洒到面层上，用油石轻磨一遍，再用清水冲洗干净，待地面干燥后，便可上蜡抛光。一般是用薄布包住成品蜡向地面满擦一层，待干燥后，用磨石机扎上帆布或麻布，摩擦几遍，直到光滑洁亮为止。

总之，只要在施工时能注意以上的几点，就能控制好水磨石地面的施工质量。

11.3 钢纤维混凝土耐磨地坪

钢纤维混凝土就是在普通混凝土中掺入适量钢纤维而成的一种复合材料，已在国内外得到迅速发展。它克服了混凝土抗拉强度低、极限延伸率小、性脆等缺点，具有优良的耐磨、抗拉、抗弯、抗剪、阻裂、耐疲劳、高韧性等性能，已在建筑、路桥、水工等工程领域得到应用。

苑得华等[38]通过一个叶片模具车间钢纤维混凝土耐磨地面的实际施工，详细介绍了大面积钢纤维混凝土耐磨地坪的施工技术，可供读者参考。

11.3.1 场地与原材料

1. 现场地质情况

根据现场实际勘察及所出示地质勘察报告可以看出，待施工的叶片模具车间地处太行山东麓冲洪积平原。场地表层土为杂填土，土质松散，且含有大量粉煤灰，经设计单位和勘察部门认定基层土需要进行1∶9灰土换填，换填深度约800mm。

2. 地面工程做法

2mm厚非金属耐磨骨；

180mm 厚 C25 钢纤维混凝土，纤维强度大于等于1000MPa；

300mm厚3∶7灰土垫层；

素土夯实。

3. 钢纤维混凝土配合比

根据实验室原材料现场取样，C25钢纤维混凝土配合比为：水泥：石：砂：水：钢纤维：外加剂：掺合料＝318：1079：782：164：31.2：7.22：52。

所用原材料的明细见表11-1。

表11-1 钢纤维混凝土材料明细表

序号	材料名称	型号规格	备 注
1	水泥	P·O42.5	普通硅酸盐水泥
2	卵石	5～25mm	含泥量小于1％
3	砂	中砂	含泥量小于3％
4	钢纤维	长度60mm，直径0.9mm	最低抗拉强度：1000N/mm^2
5	水	自来水	
6	外加剂	泵送剂	
7	掺合料	Ⅰ级粉煤灰	

11.3.2 施工重点分析

1. 回填土压实度

基层土部分进行换填处理，从－1.2m处至－0.48m处进行1：9灰土换填。1：9灰土以上部分为30cm的3：7灰土回填。在3：7灰土基层上做18cm厚钢纤维混凝土。如何确保分层回填后的地坪基层土方压实度，满足设计要求（≥0.95），防止出现不均匀沉降，是施工中控制的重点之一。

2. 钢纤维混凝土的搅拌

钢纤维混凝土搅拌过程中，钢纤维只有在拌合料中分散均匀，才能在混凝土中发挥其增强作用，如果钢纤维分散不均匀，造成混凝土局部掺量相差较大，不仅不能起到增强作用，还会引起局部强度的削弱。试验表明，影响钢纤维在拌合料中分散均匀性的主要因素为：钢纤维的体积率、长径比、碎石粒径、水灰比、砂率，以及搅拌机械、投料方法等，其中搅拌机械和投料方法尤为重要。施工时应严格按照实验室设计的配合比下料，采用强制式搅拌机拌合，可先投入砂、石、水泥、钢纤维进行干拌，使钢纤维均匀分散于拌合料中，然后加入水进行湿拌；也可先投入砂、石、水泥、水，在拌合过程中分散加入钢纤维的方法，为了提高分散性，在投放钢纤维时，可用钢纤维分散布料机。由于采用商品混凝土，搅拌时安排专职试验员长驻搅拌站，监督、控制商品混凝土的搅拌质量，确保混凝土配合比符合设计要求，搅拌质量合格。

3. 耐磨面层平整度

叶片模具车间地坪施工面积约 11000m²，地坪表面平整度误差要求在 3mm 内，水平度要求高，控制好面层的平整度是施工的另一个重点。

4. 地面割缝

为防止地面出现裂缝，设计规定叶片模具车间沿南北 1～23 轴方向每 8m 设置一道假缝，沿 A～D 轴方向每 9m 设置一道平头缝。地面切割的目的是在面板中切割一个裂缝，以避免由于水泥水化收缩和温度变化所带来的应力。切割缝宽度应该保持在 3～4mm 之间，切割深度为面板整体深度的 1/4～1/3。为确保切割缝的整齐，使用金刚石锯片。必须掌握好切割时间，与混凝土的固化率密切相关（水化、环境），过早切割会损坏缝隙边缘，过迟则会导致收缩裂缝和无法控制的断裂。

11.3.3 施工过程及工艺流程

1. 基层置换 1∶9 灰土

1∶9 灰土置换深度约 800mm，由－1.2m 处至－0.48m 处。回填时采取分步回填，每步土虚铺厚度控制在 250～300mm，使用机械压实，主要采用 18t 震动式压路机，每步碾压 5～6 遍，行驶速度控制在 25～30m/min，轮迹互相搭接 20～30cm。基础周围机械无法进行压实的部位采用蛙式打夯机或立式打夯机配合人工夯实。为确保厂房地坪下土体稳定，在厂房边轴线以外 2m 范围内均需进行素土回填。碾压压实前在监理单位见证下先进行土的取样工作，送实验室进行击实试验，以得出压实填土的最大干密度；每步灰土压实完成后，同样在监理单位的见证下进行现场环刀取样并将土样及时送至有资质的实验室进行试验检测，以保证回填土的压实度满足设计要求。

2. 灰土回填

在1∶9灰土换填完成后进行3∶7灰土回填，回填深度300mm，分两步进行回填，同样采取机械压实，并进行环刀取样试验，保证压实度满足设计要求。

3. 钢纤维混凝土及耐磨面层施工

(1) 工艺流程

基层清理→模板安装→钢纤维混凝土浇筑→撒耐磨骨料→提浆→收光→养护→切割→灌缝。

(2) 施工工艺

1) 钢纤维混凝土施工

① 施工前将基层表面的浮土、垃圾清除，局部松散的部分压实打夯，提前一天浇水湿润；基层接浆必须随铺随扫，扫浆均匀，做到不积浆、不积水。

② 模板安装前由测量放线人员进行放线并抄平，周边墙体弹出50线。

③ 模板使用18cm槽钢，支模时用水平仪严格控制槽钢顶标高。

④ 模板安装完成由施工技术人员进行复查，报验监理复核验收合格后进行混凝土浇筑。

⑤ 地面使用混凝土为C25钢纤维商品混凝土，钢纤维掺量满足设计要求，浇筑厚度18cm。混凝土浇筑时应加强振捣，一般插入式振动棒振捣时间为15～30s，但由于钢纤维会阻碍混凝土的流动，因此钢纤维混凝土的振捣要比普通混凝土的振捣时间长，一般应为普通混凝土的1.5倍。振捣时采用平板振动器（尽量避免使用插入式振动棒）将混凝土振捣密实直至出浆，最后用刮杠和木抹子将混凝土表面混凝土浆抹平，误差控制在3mm以内。

2) 非金属耐磨骨料面层施工

① 待地面混凝土浇筑达到初凝强度，耐磨地坪施工人员方

可进行耐磨地坪施工。

② 去除浮浆——使用加装圆盘的地面抹光机（模板边缘用木抹）均匀地将混凝土表面的浮浆层破坏掉。

③ 散布材料——将规定用量（$5kg/m^2$）的 2/3 耐磨材料均匀散布在初凝阶段的混凝土表面，完成第一次散布作业。待耐磨材料吸收一定水分后，进行第二次材料散布作业（1/3 材料）。

④ 圆盘作业——待耐磨材料吸收水分后，再进行至少两次加装圆盘的地面抹光机作业。

⑤ 地面抹光机作业——在以后的作业中，视混凝土的硬化情况，进行至少三次未加装圆盘的地面抹光机作业。地面抹光机作业应纵横交错进行。地面抹光机的运转速度和地面抹光机角度的变化应视混凝土地台的硬化情况作调整。

⑥ 表面磨光作业——耐磨材料的最终修饰是使用地面抹光机加工完成，边角等机械难以操作的区域可用手工磨加工完成。

⑦ 地坪养护——采用专门养护剂进行养护，养护期间严禁上人，时间 72h，以防止其表面水分的剧烈蒸发，保障耐磨材料强度的稳定增长。

⑧ 地面留缝——厂房地坪 1～23 轴每 8m 留置一道假缝；A～C 轴以地坪颜色为标准留置平头缝，其中 AB 轴及 BC 轴中间绿色通道两侧地坪均在中间留置平头缝；地坪与墙体交接处均放置聚苯板，浇筑后形成自然缝。

⑨ 灌缝——最后使用沥青胶泥灌缝。

11.3.4 施工注意事项

(1) 混凝土对耐磨面层质量影响

① 基层钢纤维混凝土平整度直接关系到耐磨面层的平整性和施工缺陷。

② 混凝土塌落度过大会造成对施工面践踏、污染，同时使耐磨面层与基层结合不好，成为“两层皮”。

③ 混凝土塌落度过小将会造成提浆困难，耐磨面层与基层没有结合力，形成局部起皮空鼓。

④ 标高及模板标高线，混凝土施工前必须进行二次校正，

做到支模位置正确平直。不平、不直，造成耐磨面层施工表观不齐、接茬不齐。

⑤ 基底扫浆水不宜太多，成糊状即可，基底积水太多，造成商品混凝土有裂纹，成品地坪龟裂，混凝土表面积水太多，如采用素水泥找平，会致使耐磨面层施工形成空鼓起壳。

(2) 耐磨地坪施工注意事项

① 项目部技术人员应根据当天钢纤维混凝土的浇捣时间、施工面积等合理安排耐磨面层作业班组的作业时间。

② 雨天施工确保室内工作面不能漏水，露天工作面则严禁施工，并须密切注意气象预报。

③ 施工完毕，须加强产品保护，在养护期间严禁上人和交叉施工。

(3) 质量控制及安全措施

大面积钢纤维混凝土耐磨地坪施工过程中，关键质量控制点有四个，一是保证换填及回填土的压实度符合设计要求，基层土回填的质量直接关系到上部钢纤维混凝土及耐磨面层的施工质量；二是对于钢纤维混凝土的配合比及搅拌控制，要确保钢纤维混凝土配合比符合设计要求，搅拌质量合格；三是控制好车间地坪的平整度，使之控制在 3mm 以内；四是对于裂缝产生的控制。

11.4　石英砂混凝土耐磨地坪

石英砂混凝土耐磨地坪，具有强度高、耐久性好、抗油污性好、抗冲击性强、施工快捷、避免灰尘、整体性能良好等优点，加上耐磨地坪色彩丰富，表面美观，可广泛应用于大面积的室内地面，以及机械、冶金、轮胎制造及橡胶等诸多行业的厂房、库房中。单劲松[39]从合理划分施工区域、配合比设计、测量放线、基层处理、混凝土浇筑、耐磨层施工及养护等方面，介绍了石英砂混凝土耐磨地坪的施工工艺，可供读者参考。

11.4.1 材料选用

混凝土采用强度等级为C30，水泥为普通硅酸盐水泥，混凝土的坍落度控制在（120±20）mm；骨料粒径为5～25mm的碎石和洁净中砂；在混凝土中需添加减水剂，以输送泵进行混凝土输送，确保其和易性，无泌水问题。

11.4.2 施工工艺

石英砂混凝土耐磨地坪的施工工序分为：基层处理→安装模板→浇筑混凝土→耐磨层施工→分格缝作业→后浇带作业→拆模→养护。

1. 基层处理

在混凝土基层，设置不大于6m×6m方格网，确定各区域标高值，确保面层混凝土厚度不小于5cm。对于原有混凝土基层，表面可能存在油污、灰尘及油漆等，需进行清洗、凿毛等处理。如果局部的标高超过标准或者受到油料污染，可采取人工凿除方式。如果用清水进行冲刷，应注意冲刷完后不得留有积水，在施工区域严禁无关人员或车辆通行，避免由于踩踏而产生污染。在混凝土浇筑前的24h进行洒水保养，确保基层湿润度。同时还应涂刷界面处理剂，避免发生结合不牢或者空鼓问题。

2. 安装模板

模板以槽钢为主，利用膨胀螺栓进行固定，应确保模板顶面和地面顶标高保持一致，以符合设计要求。同时，模板的底面应和基层的顶面贴紧，如果存在局部低凹位置，应事先用水泥浆铺平，进行密实处理。在模板的内侧均匀涂刷脱模剂，检查合格后进入下道工序。

3. 浇筑混凝土

采取“跳仓”方法进行混凝土施工，从一端开始向另一端铺设，当完成一个界格摊铺后，进行找平处理，来回拖动平板振动器以确保振动的密实性。完成振捣后，再利用钢管辊筒进行反复碾压，直到表面呈现泛浆状态，以铝合金直尺进行刮抹，以保持地面平整度。如果使用大型激光整平机，可取消辊筒找平环节，并大量节省人力和时间，极大提高生产效率和质量。完成混凝土浇筑工作后，利用直径为15cm的提浆辊轴将提浆碾平或使用大型精密激光整平机械进行整平，当混凝土固定后，利用磨光机进行2～3遍打磨处理。

4. 耐磨层施工

1）耐磨材料。在混凝土进入初凝状态之前，需撒布一层石英砂耐磨材料；应确保耐磨材料撒布前的混凝土表面没有积水，一般分两次进行均匀撒布：第一次撒布耐磨材料后，吸收水分并逐渐均匀化，利用抹平机将其抹平；第二次撒布耐磨材料后，确保其大面积的均匀性、适量化，并对界格、边角以及泛色等部位采取人工补撒方法，重点修补存有缺陷位置，当表面略干后再进行粗光磨平和局部修理。

2）抹光耐磨层。耐磨层的抹平处理主要包括以下几个程序和步骤：

① 粗抹。待耐磨材料吸收水分后，利用圆盘机械作业，至少抹平2遍以上；

② 精抹。在混凝土终凝前，进行2遍以上的精细抹平，注意将边角部分压光、抹平；

③ 终抹。在混凝土终凝前，以机械与人工压抹相结合的方式进行抹光处理，同时确保表面不留痕迹，保持平整度和光亮度。

5. 分格缝作业

完成耐磨地面终抹约3d后，即可进行分格缝施工。一般情况下，分格缝的宽度约0.3cm，缝深控制在5～15cm，间距为6m×6m；应注意的是该工序不能过晚，如果耐磨面的强度达到一定数值，可能切口后出现裂崩问题，影响美观。

6. 后浇带作业

当完成混凝土浇筑工作之后，在第二天即可将后浇带模板拆除，同时对模板边缘位置平整度进行处理，确定切割具体位置，以确保后浇带平缓、美观；一般情况下，凿除部分的厚度控制在3.5～4.0cm，宽度在1cm之内；结合设计实际要求，一般经过

30～35d之后，可将后浇带中的杂物、浮灰等去除，保持至少36～48h的湿润状态；在对后浇带的混凝土进行浇筑过程中，一般应高于原有混凝土的等级，同时掺加一定量的膨胀剂，利用插入式振动棒进行振捣，以铝合金刮尺找平处理，再撒布耐磨材料。在抹光过程中，由于表面硬度有所不同，因此以人工抹压方式为主；否则，利用机械抹光，可能在新旧混凝土交界的位置产生跳动现象，影响美观。

7. 拆模

当完成耐磨地坪施工后2～3d，即可进行拆模；在拆模作业过程中，应注意对地台边缘的保护，一般在完成耐磨地坪施工后的第三天切割收缩缝，缝隙宽度约为0.3cm；厚度为板厚的30％～50％；合理确定锯缝的时间应结合混凝土的实际硬化程度而定，但应注意在出现收缩裂缝之前完成收缩缝的切割工作。

8. 养护

首先，完成地面收光机的作业后，面层可能存有抹纹，为将其消除，以保证美观性，可利用钢抹以同方向进行有序的人工压光处理，完成修饰工作。如果地面的要求较高，则可当面层达到一定厚度后，再进行磨光处理。其次，完成耐磨地面施工后，应做好养护工作，一般在作业后的3～6h进行覆盖并洒水养护，确保面层湿润度。另外，也可采用养护剂方式，但是在养护期间由于面层尚未完全凝固，因此不能利用压力水管进行直接冲洗，以免对耐磨地面造成破坏。

11.4.3 施工注意事项

石英砂混凝土耐磨地坪施工中，主要从以下几方面加强注意，以确保工程效率与质量水平。

（1）浇筑混凝土应采取分区作业，一般浇筑的面积控制在800～2400m²/d；如果利用细石混凝土在混凝土面进行二次找平，应在细石混凝土中加入钢丝网，同时确保钢丝网片处于二次浇筑的中间位置。

（2）为避免施工中耐磨材料对墙面污染，如果作业面产生较多泌水，则应引起注意并采取处理措施。

(3) 耐磨地坪施工中，应结合混凝土凝固的实际情况来调节机械运转的角度与速度。如果施工处于室外，应注意避免雨水对施工层造成破坏。杜绝雨天浇筑混凝土。在偏高温或者低温季节施工中，应该在地面铺设塑料薄膜，以发挥养护作用，保障作业效果。

(4) 作为工程现场的施工人员，在作业过程中应穿胶鞋，在耐磨地坪养护期间，不得同时在地面进行其他操作，注意避免硬物、重物及锐器等对地面产生冲击与破坏，同时保持地面清洁度。

11.5 金刚砂高耐磨地坪

金刚砂高耐磨地坪由于具有耐磨抗压、减少灰尘、表面坚硬、容易清洁、经济耐用等优点，广泛应用于工业厂房、仓库、车库、超市等有高度耐磨损要求的地面。王丽静等[40]总结了青岛橡六输送带有限公司年产 2000 万 m^2 输送带项目，15mm 厚金刚砂耐磨地坪的施工经验，可供读者参考。

11.5.1 施工准备

(1) 清理地基。使用扫毛机对地基进行凿毛处理并用鼓风机等设备进行清理作业，确保基层的干净。

(2) 设置模板。模板应平整、坚固。用水平仪随时检测模板标高，偏差处使用楔形块调整。

(3) 浸泡混凝土基层。将基层用清水进行浸泡 1～2d，确保基层充分浸透。

(4) 扫浆。利用水泥浆（也可用混凝土原浆）进行扫浆，确保混凝土与基层的结合力。

(5) 材料准备。采用天然优质金刚砂骨料、P·I52.5 高强度等级硅酸盐水泥、具有核心技术的活性添加剂等材料，施工完成后地坪强度可达 C80 以上，耐磨地面技术指标见表 11-2。

表 11-2　耐磨地面技术指标

指　　标	数　值
28d 抗压强度（MPa）	≥80
28d 抗折强度（MPa）	≥11.5
耐磨度比（%）	≥308
表面硬度（压痕直径）（mm）	≤3.30

11.5.2　基层混凝土施工

（1）混凝土浇筑应在室内场地分仓、按序进行，应尽可能一次性浇筑至低于设计地面标高 1.5cm 处（以设计要求为准）。

（2）分仓模板支设时，要求每边的模板宽出混凝土完成宽度的 20mm，跳仓浇筑。待仓区混凝土达到拆模强度后，拆除模板，并对每一仓边宽出的混凝土进行放线切直。

（3）振捣。使用振动梁或滚杠进行振捣作业。混凝土振捣后用水平仪检测模板水平情况，对偏差部位调整。振浆后混凝土泌水要均匀，对于水窝现象，必须立即清除，重新找平。

（4）地台水平。使用较重钢制长辊（钢辊应宽于模板 0.5m 以上）多次反复滚压地台，作出地台水平。地台水平完成后，应使用橡皮管去除多余泌水。

11.5.3　材料摊铺

（1）在基层混凝土初凝期开始摊铺材料，将耐磨材料按规定用量的 40%进行均匀撒布，采用 6m 尺杆进行反复刮平、压实，使耐磨材料与混凝土充分结合。

（2）使用加装圆盘的抹光机（模板边缘使用木镘）均匀地将混凝土表面的浮浆层破坏掉。

（3）浮浆去除后将规定用量的耐磨材料分两次（30%，30%）进行撒布。第一次撒布后，待耐磨材料吸收一定水分后，用铝合金尺杆找平，高出标高部分刮平，凹面用细石混凝土或耐磨料填补、刮平，然后进行加装圆盘的抹光机作业；待耐磨材料硬化至一定阶段后，进行第二次材料撒布作业。

11.5.4　打磨、抹光

第二次撒布材料后，待耐磨材料吸收一定水分后，再进行至少4次加装圆盘的机械镘作业，机械镘作业应纵、横向交错进行。

在以后的作业中，根据地台表面的硬化情况，进行至少3次不加装圆盘的机械镘作业。机械镘的运转速度和铁板角度的变化应视地台的硬化情况进行调整，作业应纵、横交错进行。

最后去除圆盘，以刀片收光。打磨工负责大面压实、打磨和收光。修边工负责边角等部位的压实、收光。抹灰工负责边角、设备机座、接茬等细部处理平直。

11.5.5 卸模、切缝

耐磨材料地台完成后20h内，采用在其表面洒水的方法进行养护。卸模作业可在耐磨材料地台完成后第二天进行。卸模作业时应注意不损伤地台边缘。收缩缝的切割可以在耐磨材料完成后的第三天进行，割缝要求宽度3～5mm，深度为地台厚度的2/3，并要求割断地台中的冷拔钢丝网（钢筋）。切割缝可按梁柱长宽度进行切割，柱子根部按尺寸规定割出方形或菱形浇筑缝，如图11-2所示。

图11-2 分割缝示意

11.5.6 渗透型混凝土液体密封硬化剂施工

为寻求更好的施工效果，进一步增强耐磨地面的使用寿命，可用渗透型混凝土液体密封硬化剂增强。施工完混凝土液体密封硬化剂的地坪有硬化、密实、密封、防尘的效果。渗透型混凝土液体密封硬化剂是一种半透明、无毒的水性锂基硅酸盐高渗透溶液，由无机物、化学活性物质和络合物组成，通过有效渗透（根据基层空隙率的不同，最多可以渗达15mm的深度）与混凝土中的化学成分发生化学反应，生成一种胶凝体，从而得到一个致密的整体，有效地提高地坪强度、密度。

1. 施工准备

渗透型混凝土液体密封硬化剂施工前耐磨地坪需要养护至少15d以上。需要地坪清洗机、大型研磨机、水管、洒水壶、水刮尺、灰刀、毛刷、拖布等。施工现场需要有持续的水源供应，主要用于清洗耐磨地面及多余的渗透型混凝土液体密封硬化剂。

2. 基层处理

（1）先对耐磨地坪基层用金刚石磨片进行重点打磨找平。

（2）采用喷灯烘干或稀释剂稀释对地坪表面油污进行处理，对基层潮湿区域进行风干或烤干。

（3）对地面局部破损处用同颜色耐磨材料修补后再打磨处理。

（4）施工前将耐磨地坪表面的灰尘、表面涂覆的养护液等物质用清水清洗干净，选用清洗机械进行施工。

3. 粗磨

采用500目金刚石软磨片对已完成的耐磨地坪表面进行打磨，清除表面灰浆，打开混凝土的吸收毛孔，坑洼处进行打磨找平。

4. 液体密封硬化剂施工

（1）待粗磨完成后，采用辊筒、毛刷等将混凝土液体密封硬化剂材料均匀涂布在混凝土表面上，让混凝土液体密封硬化剂材料渗透入混凝土表层，渗透时间根据天气情况不同会有所不同，基本待混凝土液体密封硬化剂材料变得黏稠时开始清除。渗透的时间基本控制在20～45min，如局部开始变干或将要成膜时及时喷水，并用毛刷或辊筒继续滚刷，最后将所有多余的材料清除干净。

(2) 对于需要防止油污的混凝土地面，可以在施工第一次渗透的基础上施工第二遍混凝土液体密封硬化剂；施工时需待第一遍混凝土液体密封硬化剂施工完成2h后进行，第二遍混凝土液体密封硬化剂材料的施工方法和第一遍施工方法一致，并保证材料黏稠时开始清除，防止局部区域因材料渗透时间过长形成粘膜。

(3) 渗透施工的材料用量约为0.2L/m^2，施工时按照当天施工区域的面积准备充足的材料。

5. 抛光

待混凝土液体密封硬化剂施工完成后，将多余材料全部清洗干净，并用拖布将表面少量积水清除干净。再用800目、1000目、2000目、3000目树脂磨片进行打磨、抛光，边角处用角磨机进行打磨、抛光。每次打磨之前需用水冲洗地面，然后用吸尘器将水吸干净。

6. 使用及养护

完成后的地坪在养护4h后即可以交给业主使用，在使用的前3个月内应保持对混凝土地坪的清洁工作，尽量控制在每3～5天清洁一次。通过清洁可使施工液体密封硬化剂的混凝土地坪尽快达到光亮、坚硬、抗污染。在地坪使用的1年时间内经常清洗地面可以增加地坪的亮度并可以提高抵抗污染物的渗透能力。如在使用中受到污染，可采用普通肥皂水进行清洁。随着地坪使用时间的延长，其耐污性会逐渐增强，亮度也会逐渐提高。

11.6 金属骨料耐磨地坪

金属骨料耐磨地坪可显著提高混凝土地面的耐磨性和强度，形成一个高密度、易清洁、不起尘、抗渗透的地面，能有效减少货运工具车轮对其地面的磨损；该地坪抗污力强，在清洗后不会出现掉色现象，并且具有良好的防侧滑性和光洁度，视觉效果显著。地坪施工不附加施工工期，可大幅度提高工程进度，提高经济效益，特别适用于车间、仓库、学校、超市等易磨损的地坪。

舒雪峰等[41]总结了金属骨料耐磨地坪的施工经验，可供读者参考。

11.6.1 施工方法

金属骨料耐磨地坪的施工工艺流程：施工准备→清理→抄水平、找标准→浇筑混凝土→混凝土找平、压实→撒布金属骨料→混凝土抹平、提浆→第二次撒布金属骨料→提浆、磨光→养护。

1. 技术准备及措施

因本工程地坪面积大、开间大（柱距为9m），为达到美观的效果，分格缝只能按柱轴线留设，再加上浇筑厚度薄，根据以往的施工经验和理论分析，这种情况很容易造成地坪裂缝、空鼓的现象发生。考虑到造成地坪裂缝、空鼓的主要原因是由于混凝土的伸缩变形和新老混凝土界面交接处的粘结力不够引起的。因此，决定在混凝土中掺加膨胀剂，膨胀剂不仅具有补偿混凝土伸缩变形的能力，而且能够提高新浇混凝土与基层界面之间的粘结力。本工程地坪混凝土中膨胀剂的掺量为4%。

本工程为厂房，墙体很少，分格缝的切割有两个特点：①工作量大、柱边与柱轴线位置均需切割；②切割质量要求高，同一直线上的缝误差不得超过1.5mm。为避免手工切割操作的不确定因素和误差，保证分格缝的顺直以达到视觉上的美观效果，综合经济考虑，采用预留分格缝的办法，具体做法如下：

（1）柱边四周分格缝：在浇筑大面积混凝土前，先采用5号角钢支模，提前2～3d浇筑柱四周150mm（踢脚线高度为150mm）范围的地坪，浇筑完毕后第二天拆除角钢，然后在已浇筑完毕的混凝土侧边用透明胶带纸镶贴塑料条，塑料条为两个4mm宽25mm高的成品空心塑料条叠加粘贴而成，此塑料条即为预留的分格缝。

（2）沿柱轴线方向分格缝：做灰饼时，沿柱轴线方向按地坪面标高拉麻线，采用水泥砂浆堆成三角形，水泥砂浆应低于麻线1mm，然后镶嵌塑料条，塑料条顶面即为地坪面标高，这样做还有一个好处，就是可以作为冲筋，用以保证大面积地坪的平整度。待砂浆达到一定强度后开始浇筑地坪，采用手工压光。

2. 基层清理

因该地坪对新浇混凝土与原结构混凝土之间的粘结力要求高，在施工前采用专业机具将基层混凝土表面的浮浆层剥落掉，特别是墙边、柱边等机械无法清理到位的部位，一定要采用人工凿毛。地面清理干净后，应提前1d浇水润湿，扫除积水并保证在混凝土浇筑之前无积水。

3. 抄测水平控制线、找标准

抄测水平控制线是大面积地坪平整度控制的最基础的工作。本厂房工程宽86m，长124m，落地面积为110664m^2，并且房间的开间大，最大的房间面积为1052m^2，如此大的面积造成水平控制比较困难，用普通水准仪引测误差较大，考虑到此种因素，本工程采用激光经纬仪进行抄测。具体做法是先将J6激光经纬仪调平，然后调节激光束的焦距，将激光束调制到最小，将光束点记录在墙面上，转动经纬仪进行下一个点的记录，每换一个点需调整一次激光束的焦距。最后用墨线弹出水平线，并用毛笔标识出水平线到地坪面的距离。测量过程中应注意测量顺序，先将整个长度方向的内廊测好，再从内廊引至房间内，最大限度地控制水平点传递过程中引起的累计误差值。经实测，每层闭合误差不超过±3mm，完全符合要求。根据抄测好的水平线做好灰饼，因房间面积大，灰饼数量为1个/m^2。因门宽度为3600mm，在门边两侧均要做好灰饼，以保证地坪的平整度。

4. 浇筑地坪

为保证与基层混凝土可靠的粘结，浇捣前应先扫水泥浆一度，水泥浆中掺水用量10%的108建筑胶水。混凝土应随拌随用、连续浇筑，不留施工“冷缝”。混凝土采用3m长铝合金尺刮平，然后用辊筒将混凝土碾压密实，最后再用铝合金尺找平一次，并刮出混凝土表面的泌水。

5. 第一次撒布金属骨料、提浆

耐磨地坪金属骨料材料用量为5kg/m^2。为保证耐磨地坪的耐磨度和光洁度等性能，金属骨料共分两次撒布。撒布的时间是关键因素，它随气候、温度、混凝土配合比等因素而变化，撒布过早会使耐磨材料沉入混凝土中而失去效果，撒布太晚混凝土已凝固，会使耐磨材料无法与其结合而造成剥离，因此准确的判别方法是：脚踩其上约下沉 5mm 时即可开始第一次撒布施工。第一次撒布量是全部用量的 2/3，按同一个方向撒布，拌合物应均匀落下，不能用力抛而致分离，撒布后即以木抹子抹平。待耐磨地坪金属骨料吸收一定的水分后，进行一次机械圆盘提浆作业，泌出水泥浆，使金属骨料与基层混凝土结合在一起。机械作业应纵横交错进行，均匀有序，防止材料聚集。墙边角处用木抹子处理。

6. 第二次撒布金属骨料、提浆、磨光

第一次撒布后约 1～2h 时，开始进行第二次撒布。第二次撒布量为全部用量的1/3，撒布方向应与第一次垂直。应当注意的是，在第二次撒布前应再次检查地坪的平整度，并调整第一次撒布的不平处。撒布后立即进行提浆作业，提浆作业不得少于两次。当面层材料硬化至指压稍有下陷时，采用未加装圆盘的机械进行磨光作业，磨光作业次数不得少于三次。磨光作业后如存在磨纹，应用薄钢抹子对面层进行有序、同向的人工压光，完成最后的修饰工序。

7. 养护

耐磨地坪在施工完成后的 4～6h 内，应在地坪表面涂敷养护剂或覆盖薄膜进行养护，防止地坪表面水分的急剧蒸发，确保耐磨材料强度的稳定增长，养护时间为 7d 以上，3d 后可上人行走。

11.6.2　施工注意事项

（1）浇筑混凝土前必须将基层上的油污、浮浆、砂灰、混凝土等清理干净，特别是墙根、柱脚部位，以增强新浇混凝土与基层混凝土之间的粘结力。

（2）混凝土拌制时，应严格控制坍落度；浇筑混凝土过程中应注意保护好分格缝处的塑料条。

（3）初次整平时，应用 3m 长尺仔细找平，并在提浆作业中不断检查平整度。

(4) 撒布骨料时，墙、柱、门等边线处水分消失较快，宜优先撒布施工，以防因失水而降低效果。

(5) 提浆作业时移动速度不应过慢，避免形成低洼而影响地坪的平整度。

(6) 同一位置提浆时间不能过长，也不应过短，以表面略泛浆液为宜，时间过长会影响新浇混凝土与基层混凝土之间的粘结力，时间过短会影响金属骨料与混凝土之间的粘结力而导致耐磨强度的降低。

(7) 磨光时应有序地进行，机械镘移动速度应快，以保证磨光效果。

(8) 在墙边、柱边及门边等位置，机械磨光有困难的地方可用木楔抹平、铁板压光。

(9) 地坪养护前 3d 必须防止人员随便进出或进行其他项目的施工操作。

11.7 环氧树脂耐磨地坪

环氧树脂耐磨地坪具有硬度高、耐磨性好、附着力高和耐化学药品性能等特点，广泛应用在工业地坪涂装领域。近年来，随着人们环保意识的不断提高，许多国家相继颁布了限制挥发性有机溶剂（VOC）的环保法规，涂料的水性化、无溶剂化和高固体分化已成为涂料发展的必然趋势。随着我国国民经济的迅速发展，对环境要求也越来越高，吕细华[42]为进一步帮助推广环氧树脂自流平地坪在工业建筑领域的应用，特编制了环氧树脂耐磨地坪施工工法，可供读者参考。

11.7.1 概况

1. 适用范围

要求高度洁净、美观、无尘、无菌的电子、微电子行业，实行 GMP 标准的制药行业、血液制品行业，以及要求耐磨、抗重压、抗冲击、防化学药品腐蚀的其他行业，也可用于学校、办公室、家庭等的装饰地坪。

2. 特点

选用高级环氧树脂加优质固化剂、良好助剂制成，表面平滑、美观、耐久，有一定弹性以及耐酸、碱、盐、化学溶剂、油类腐蚀，特别是耐强碱性能好，耐磨、耐压、耐冲击，总厚度3mm，使用寿命8年以上。

3. 工艺流程

环氧树脂耐磨地坪施工工艺流程，如图11-3所示。

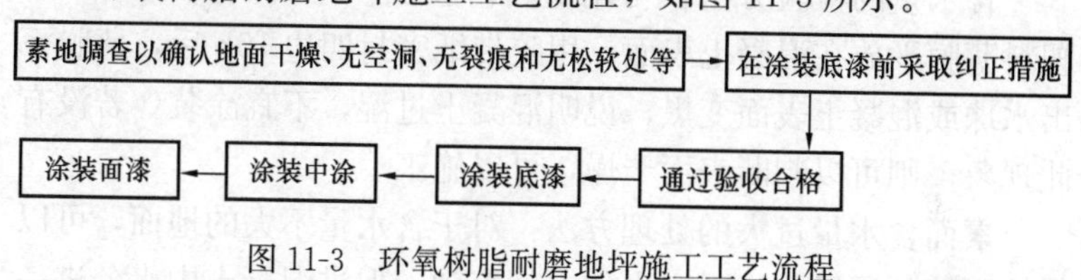

图11-3 环氧树脂耐磨地坪施工工艺流程

4. 结构示意图

环氧树脂耐磨地坪的结构，如图11-4所示。

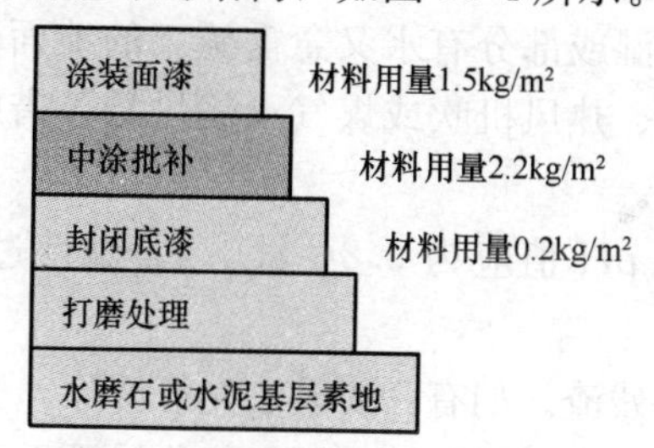

图11-4 环氧树脂耐磨地坪的结构

5. 主要施工机具

削磨机、吸水吸尘机、辊筒式砂纸打磨机、手动角磨机、手握式电动搅拌机、灰刀、铲刀、镘刀、角抹子、橡皮刮子、长柄绒毛辊筒、毛刷子、配料桶、水平仪、桶、盆、水勺、平板手推。

11.7.2 施工要点

1. 素地表面的处理

目的：清除地面表面的浮浆，使地面与底漆增加附着力，达到地坪涂装施工条件。要求水泥基面牢固、结实、不起壳，最好是水泥面与混凝土底层一起浇筑，以杜绝砂浆层起壳现象。如果是先浇筑混凝土后铺砂浆找平层，则要求砂浆层厚度大于30mm。对于高载荷的地面要求足够厚度的砂浆层，以防止车压后砂浆层脱块、分离、粉碎。干燥后的水泥层表面要求不起砂、硬度好，表面平坦，无凹凸不平、蜂窝麻面、水泥疙瘩等现象。施工时水泥表面要求干燥，含水量<6%。

含水量的检验方法：可用塑料薄膜法，把450mm×450mm塑料薄膜平放在混凝土表面，用胶带纸密封四边16h后，薄膜下出水珠或混凝土表面变黑，说明混凝土过湿，不宜涂装。若没有此现象，则可以判断表面干燥，可以施工。

素面含水量过大的处理方法：对于含水量不大的地面，可以保持环境的通风，加强室内的空气流动，促进混凝土中水分进一步挥发。对于含水量过大的基面可采用加热的方法，提高混凝土和周围空气的温度，加快混凝土中水迁移到表层的速率，使其迅速干燥。对于潮湿或部分有水又急需施工的地面，要采取吸水、擦干、太阳灯照、热风机吹或煤气火焰烘烧等措施使加速干燥，以达到施工要求。

地坪表面的pH值应为6.8～8.0。若碱性过大，需要使用水冲洗并干燥。

确保地面无残渣。如有，要设法先行清除。

对于水泥地面有油污的，先用氢氧化钠洒于已用水冲湿的地表面，用扫把反复擦洗，然后用水冲洗干净，直到表面无油迹为止。施工人员要穿长筒靴、戴橡胶手套操作，以防烧碱腐蚀皮肤。

对于有旧油漆的地面，如该油漆易起壳、脱落或与使用的涂料有反应，则必须全部铲除或打磨掉，然后才能施工。如该油漆面大部分附着力良好，可先铲除掉易脱落部分漆皮，再用打磨机或手持砂纸将旧油漆表层打毛，以增加新漆的层间附着力。

对于打过蜡的地面，须先用除蜡水清洗去蜡或请清洁公司除蜡。

对于掉在地面的防锈漆、乳胶漆、泡泡糖、沥青漆等，必须全部铲掉。

素地平整度使用 2m 直尺和楔型尺检查，应不大于 3mm，或者参照不同品种的施工工艺中的要求。对于不平整，有水泥疙瘩、浮水泥渣的地面，应首先打磨平整，凿平空鼓部位，并清理干净。

坡度应符合设计要求，允许偏差值为坡度的 0.2%，并不大于 30mm。

对于较深的伸缩缝，须先用彩色弹性胶填充到低于地平面约 1～2mm 的高度，然后用快干硬油漆腻子刮平，对于已填了沥青的伸缩缝，要将缝中的沥青铲平到低于地平面 1～2mm 的深度，然后用快干硬油漆腻子刮平，防止返色。

施工区域要有充足照明，避免交叉施工，有的工序必须封闭现场施工。

2. 底漆施工

目的：封闭表面的尘土，使底漆渗透地面，做面漆时表面平滑光亮。

（1）底漆施工前先进行地面含水率测定：以水分计测定，8%以下即可进行底漆涂装。若含水率 8%以上，也可用一块适当大的吸水纸铺在地面上，四周用胶带贴好，使吸水纸密封，一至两天后，检查吸水纸点燃情况。若易燃则可以进行涂装底漆，断续可燃则含水率偏高，需用潮湿底漆或做断水处理。难燃则含水率太高，地面应再保养，不宜施工。

（2）底漆按比例将主剂、硬化剂混合，充分搅拌均匀，在可使用时间内滚涂或用刮片涂装，涂装时要做到薄而匀，涂装后有光泽，无光泽之处（粗糙之水泥地面）在适当时候进行补涂。

3. 中涂施工

中涂批补施工（依地坪情况进行施工）：

（1）根据地面的情况来决定施工。地面较差或不平则必须施工中涂，才能保证面漆表面平整光亮。

（2）中涂施工方法，先将中涂主剂充分搅拌均匀，然后按比例将主剂、硬化剂混合，充分搅拌均匀。混合时应将硬化剂向有主剂的桶中央倒入，避免材料混合不匀。搅拌后，加入适量细石英砂（粉），充分搅拌均匀，倒在地面上，以镘刀全面做一层披覆填平砂孔，使表面平整。施工时，以齿尖除去大泡，并挑去粗粒杂质。若批补不平整，或者过于光滑，间隔时间长（如 3d 以上），则需硬化干燥后全面砂磨，以吸尘器吸干净。

4. 面漆施工

先将主剂充分搅拌均匀，然后将硬化剂向盛有主剂的桶中央倒入，避免材料混合不均。充分搅拌均匀后，倒在地面上，使用专用规格的镘刀涂装。涂装时发现砂粒杂质立即除去，大气泡用齿尖除去。搅拌桶涂料若呈硬化状态时，必须停止使用并随时更换搅拌桶。加入固化剂后的面漆必须在 30min 内使用完毕。

5. 面漆保养

面漆施工完毕 48h 后可上人，一周内不可用水、油、碱、酸等化学物涂粘。

11.7.3 工程验收检测方法及质量要求

1. 外观效果

外表色泽均匀、无漏刷、无裂纹、不起皱、无底漆泛出、平滑光亮；与基层结合协调牢固，无脱层、起壳，固化完全。目测 2m 范围内无不平整地方，无砂眼和色斑。面层应为高光表面，达镜面效果，反光面可允许映照物像有少许扭曲。

2. 厚度检测

直观检验可将面层标高与边界参照物的标高进行对比检查，如圆角底边高度，固定设备支脚淹没深度等；或者选点切开后用螺旋测微仪测定。应达到设计规定的 2mm 厚度，此厚度为平均厚度，即素地凸起处可能小于 2mm，素地低凹处则大于 2mm，整体的平均厚度设定在 2mm 以上。

3. 平整度检验

用 1m 靠尺检查，允许空间不大于 2mm，地面平整。

4. 附着力（黏结强度）检测

通过画格法（将对面层造成破损）：画 2mm 间距的方格，贴上胶纸后撕掉，漆膜无脱落为 0 级（最高级）。保证漆膜附着力为零级。

5. 抗冲击检测

用5kg铅球从0.1m高度落下冲击地面，无破裂、脱落现象，则抗击力为50kg·cm。此标准可保证地面经受5t左右汽车、叉车、铲车长期碾压后，不脱落、不分层。

6. 耐磨性指标

保证达到国家规定的环氧树脂漆标准，即耐磨失重少于0.02g，耐擦洗1万次通过。

11.7.4 安全卫生现场管理

材料储放：原材料必须存放于遮阳、避雨、通风、远离热源、明火的地方，以防止材料着火或变质。

消防措施：对施工人员要进行安全教育，施工现场严禁烟火，任何人不得在工地吸烟、点明火，应准备好消防器具。

现场保护：禁止交叉作业，施工期间严禁非操作人员以外的人员进入现场，未干的油漆面应拦绳并树立警示标志加以保护；任何人员进入已涂底漆的场地施工或视察时，必须脱掉鞋后才准进入。

11.7.5 安全生产及文明施工措施

（1）根据自身人数及工程需要配备专职或兼职安全员。

（2）根据承担的任务和特点，安排身体素质、工程技术、安全专业符合要求的人员上岗作业。

（3）不得违章指挥或强迫工人冒险作业，也不能强制工人连续作业时间太长。

（4）对施工班组进行施工前安全技术交底。

（5）对特种作业人员必须经过培训考核后才能上岗操作。

11.8 环氧彩砂耐磨地坪

环氧彩砂耐磨地坪是以彩色石英砂和环氧树脂组成的无缝一体化的复合耐磨装饰地坪。它通过一种或多种不同颜色的彩色石英砂自由搭配，形成丰富多彩的装饰色彩及图案，具有装饰质感优雅、耐磨损、耐抗压、耐化学腐蚀、防滑、防火、防水等优点，近年来在欧美等发达国家十分流行，被誉为“彩砂无缝硬地毯”，特别适用于机场、大型商场、展览厅、地铁、电子通讯、医疗卫生、高级娱乐及高用大楼、食品加工、办公室及学校的实验室等重视清洁，要求耐久性好的地方。

张永刚等[43]介绍了环氧彩砂耐磨地坪涂装施工工艺，现将其施工工艺及要求简要介绍如下。

11.8.1 环氧彩砂耐磨地坪的原料

1. 环氧树脂的选择

首先，环氧树脂要求能够在常温下成膜，并且涂料要求具有高粘结力、较强的机械强度、抗化学药品性和良好的电气性；其次，采用透明的无溶剂、低黏度的环氧树脂，使彩砂的色彩能充分表现出来，增加质感和美感，以保证地坪的优异性能和环保要求；第三，根据施工工艺性要求，环氧树脂必须是低黏度的，一方面，在混合砂浆阶段，低黏度可以使环氧树脂和彩砂更容易混合均匀，使树脂砂浆不互相粘合而易于铺装；另一方面，在涂料成膜过程中，低黏度可以使彩砂更容易沉淀到涂膜下层的，并且低黏度更易于消泡和利于流平。

2. 固化剂的选择

固化剂的选择原则上应该选用两种或多种固化剂进行复配，以达到所需要的镜面效果，一般来说，复配固化剂中应该含有抗水斑与抗白化的成分，同时固化速度相对较快的与较慢的固化剂复配以调节固化速度。

3. 助剂的选择

彩砂材料对于涂膜的要求很高，特别是厚膜的条件下，不仅要求涂膜在有限的时间内能充分流平，而且还要求厚膜中的气泡能迅速排出而膜表面不留下任何缺陷，因此，流平消泡剂等助剂的选择及用量是极为关键的因素。一方面通过加入各类助剂，降低涂膜成膜时的表面张力，有利于涂膜的流平和消泡；另一方面又要防止这类助剂过多地加入会引起不相容物，对树脂、稀释剂及填料间的粘结产生不利影响；另外，各类助剂的加入对涂膜的透明性必须不会产生负面影响。

4. 活性稀释剂的选择

国外的自流平涂料一般采用C12～C14缩水甘油醚、丙烯酸酯缩水甘油醚，能提供较好的镜面效果。而目前大多数国内厂家采用BGE等缩水甘油醚，由于BGE材料的表面张力大，造成流平性不佳；同时BGE材料的蒸汽压较高，较易挥发，在影响表面效果的同时，又不利于环保。故产品选用AGE作为活性稀释剂。

5. 彩砂

环氧彩砂耐磨地坪中的彩砂是指彩色石英砂，可赋予地坪多姿的色彩美感。应选择高品质彩色石英砂，石英砂应是圆形或球形颗粒状的，便于在施工过程中颗粒间自由滑动，从而使砂粒能够尽量“最紧密堆积”，使环氧彩砂层充分密实，可以节省面层的树脂用量，降低成本，并且保证地坪优异的抗重压性和耐磨性。宜采用经过磨圆处理的浑圆形颗粒状彩色石英砂，粒度范围在0.3～3mm。

11.8.2　基层处理

1. 基层要求

（1）基层必须是钢筋混凝土结构，强度等级不能低于C25。

（2）基层应用磨光机抛光，平整度应达到±3mm/2m。

（3）基层的粘结强度应大于1.5N/mm²。

（4）混凝土地面基层施工至少需要28d养护时间。

（5）基层底下必须设防潮层，基层含水率必须低于8%。

（6）施工时基层表面应保持清洁，不允许有污染物。所有污染物如脂肪、油脂状物、油漆残渣、化学物品、水藻与浮浆等必须清除。

（7）所有裂缝和凹洞必须采用专用材料修补。

（8）环氧树脂地坪施工温度应控制在5～10℃，相对湿度应控制在不大于75%，露点温度应控制在不小于3℃。

2. 基层准备工作

使用无尘打磨处理法去除地面和墙面上粘结不牢固的表层和

表面浮浆、油漆等污物，把原有基层凿毛。凿毛的作用是使基层与环氧砂浆层结合更加牢固。

3. 施工工具

施工工具采用日本(LANAX)F22型无尘打磨机1台；日本(LANAX)K30型无尘打磨机1台；日本无尘手提式(LANAX)S-40研磨机2台；德国(PERMA)集尘器1台；日本(LANAX)N-2型吸尘器1台；钢质刮片、铲刀和专用清理工具。

4. 施工方法

(1) 技术人员在进入现场前，须使用PT-90B含水率测试仪确定地面含水率，达到80%±2%以下的施工标准后，方可以进行以下程序。

(2) 施工人员使用钢质刮片、铲刀和专用清理工具将原有浮浆、浮砂除去。

(3) 确定局部落差较大处，使用F22型无尘打磨机打磨凸起的部分。

(4) 使用K30型无尘打磨机打磨全部地面。

(5) 使用无尘手提式S-40研磨机打磨局部落差较大处。

(6) 使用PERMA集尘器和N-2型吸尘器将地面及边角吸干净。

(7) 检查混凝土质量情况，如果有裂缝且缝宽超过1mm的，使用地缝切割机或手提式研磨机切割地缝，切割后的地缝宽度及深度要不小于6mm，使用吸尘器将被切割的地缝内的灰尘清理干净。

(8) 使用基层修补材料修补地面较大的凹窝和被切割的地缝。

5. 注意事项

要求混凝土的含水量应小于8%，以保证环氧树脂地板与混凝土的结合强度。

11.8.3 底漆施工

1. 材料

使用黏度较稀的三组分单色环氧底漆封闭并渗透混凝土基层0.1～0.3mm，确保地坪与混凝土结合。

2. 施工工具

施工工具为便携式搅拌机、钢质刮片、橡胶刮片、滚刷、专用清理工具等。

3. 施工方法

将材料按配合比充分搅拌，反应10min后，使用钢质刮片、橡胶刮片、滚刷，均匀涂在基层表面。

4. 注意事项

材料反应5min后使用，底漆要涂刷均匀，个别发白的地方要重新涂刷一遍，确保第一道底漆能够渗入混凝土表面。

11.8.4 局部修补施工

1. 材料

采用无溶剂环氧修补材料对表面不平处、裂缝处、凹凸处进行修补。

2. 施工工具

施工工具为便携式搅拌机、钢质刮片、专用清理工具、N-2型吸尘器等。

3. 施工方法

（1）清理铲除底漆表面的颗粒及灰尘，使用吸尘器清理干净。

（2）将腻子按配合比充分搅拌均匀后，涂在需修补处。

（3）裂缝开槽处使用无溶剂环氧砂浆材料修补平整。

（4）用配好的底漆将宽20mm的玻璃纤维布粘贴在裂缝表面。

4. 注意事项

腻子涂刷要均匀，局部较差部位要施工两遍以上。

11.8.5 彩色石英砂的施工

1. 材料

材料选用彩色石英砂，厚度为4mm。

2. 施工工具

施工工具为专用搅拌机、摊铺工具、抹刀等。

3. 施工方法

将彩色石英砂与环氧树脂按配合比充分搅拌，使用专用工具均匀摊铺在底漆表面并压实。

11.8.6 彩砂研磨工艺的施工

为满足使用要求，提高表面平整度和光洁度效果，采用专业的研磨机将环氧彩砂层进行研磨找平，使之形成光滑表面。

11.8.7 环氧树脂面层施工

为满足使用要求，表达产品效果，采用透明的环氧树脂，厚度为 0.5mm。

施工工具为专用搅拌器、抹平机、抹刀等。

施工方法是，将环氧树脂按配合比充分搅拌，使用专用工具均匀涂抹在彩砂表面。

通过以上工艺，克服了普通水泥地面带来的质量通病，施工后可产生不错效果，同时从耐磨、耐腐蚀、耐久性等各方面来看，该工艺作法的性能指标相对来说是比较优良的。施工过程的质量保证措施及相应技术指标见表 11-3。

表 11-3 质量保证措施及相应技术指标

工序名称	指标要求	检测方法及工具
基层处理	表面粗糙形同 20 号砂纸	目测
底漆施工	涂刷均匀、无漏涂 合适的材料用量	目测 电子秤
局部修补	无空鼓，平整	目测
彩色石英砂层施工	涂刷均匀、无漏涂 表面光滑、平整 合适的材料用量 合适的颜色配比 合适的石英砂配比	目测 电子秤 电子秤
面层	涂刷均匀、无漏涂 表面光滑、平整，无气泡、空鼓、起皮现象 合适的材料用量	目测 电子秤
验收	厚度、强度、颜色等参数见正文所述	

附录

WGD-Ⅰ型水泥抗裂抗起砂性能测定仪 使 用 手 册

1 主要部件介绍

1.1 冲砂仪

冲砂仪如图1所示，主要部件包括：底座①、砂盒②、定位环③、试件挂板④、出砂嘴⑤、砂嘴压环⑥、固定出砂口⑦、砂

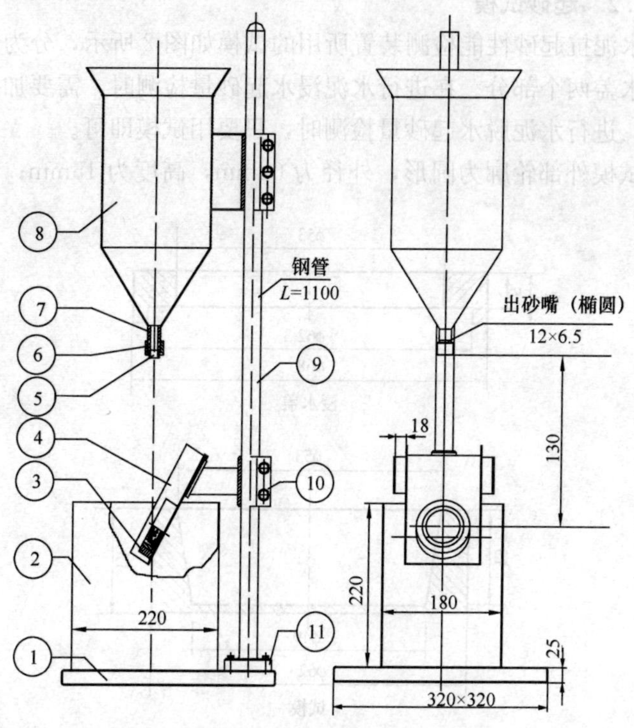

图1 冲砂仪结构示意图

桶⑧、立柱⑨、挂架⑩、法兰⑪。

冲砂仪用于加砂的部分包括：立柱上部用螺钉固定着的砂桶、砂桶下端的固定出砂口、固定出砂口内部低端的出砂嘴以及外部用于固定出砂嘴的砂嘴压环。其中，出砂嘴形状为扁平的椭圆。

冲砂仪用于放置试块的部分包括：立柱下部用螺钉固定着的挂架、可在挂架上移动的上面带有定位环的试件挂板、与定位环配套的检测试模。

在挂架上可来回移动的上面带有定位环的试件挂板处于中间位置时，试件挂板两侧距离挂架相应一侧的距离都是18mm；当试件挂板处于挂架中间位置时，砂桶、固定出砂口、出砂嘴、砂嘴压环、试件挂板、挂架以及定位环的中心都处于同一平面内。

1.2 起砂试模

水泥抗起砂性能检测装置所用的试模如图2所示，分为试模和浸水盖两个部分。在进行水泥浸水起砂量检测时，需要加上浸水盖；进行水泥脱水起砂量检测时，只要用试模即可。

试模外部轮廓为圆形，外径为62mm，高度为15mm；试模

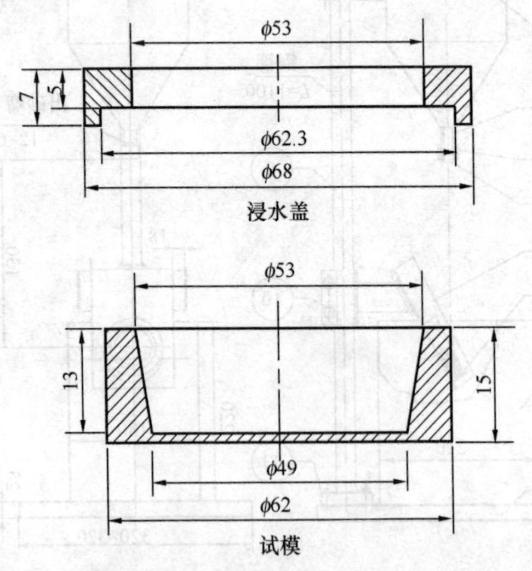

图2 水泥抗起砂性能检测装置所用的试模和浸水盖

中部为深度为 13mm 的凹槽，凹槽上大下小，边缘倾斜，上端直径为 53mm，下端直径为 49mm。一组试模共 6 个，并配有一个试模架。

试模架与试模配套，便于水泥胶砂试块的成型。成型时，将装有水泥胶砂试样的试模放入试模架中，然后置于跳桌上跳动成型。试模架如图 3 所示。

图 3　试模与试模架

当进行水泥浸水起砂量检验时，试模成型并刮平后，盖上 5mm 厚的浸水盖（接触一面涂上凡士林，防漏水），然后慢慢注入 5mL 温度为（20±2)℃的水（用一张浸过水的小纸条靠在水泥砂浆表面，让水顺着纸条慢慢流到模具内），置于已升温至 40℃的恒温真空干燥箱中按规定的程序进行养护。

1.3　抗裂试模

水泥抗裂实验用试模的外形如图 4 所示。抗裂试模采用四联

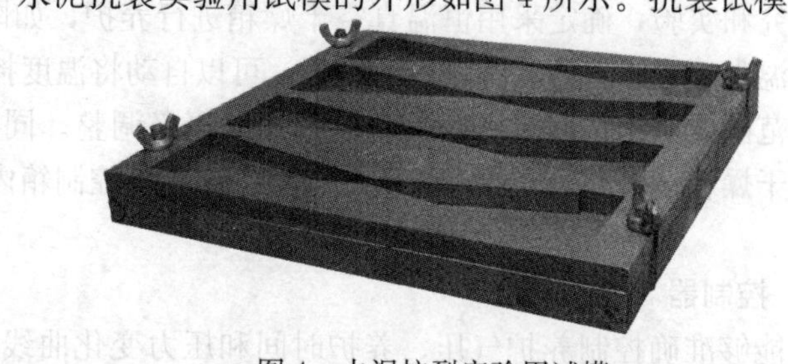

图 4　水泥抗裂实验用试模

模具，每条均为哑铃型，有效长度为 220mm，最大宽度为 50mm，最窄宽度为 6mm，深度为 10mm，具体尺寸如图 5 所示。

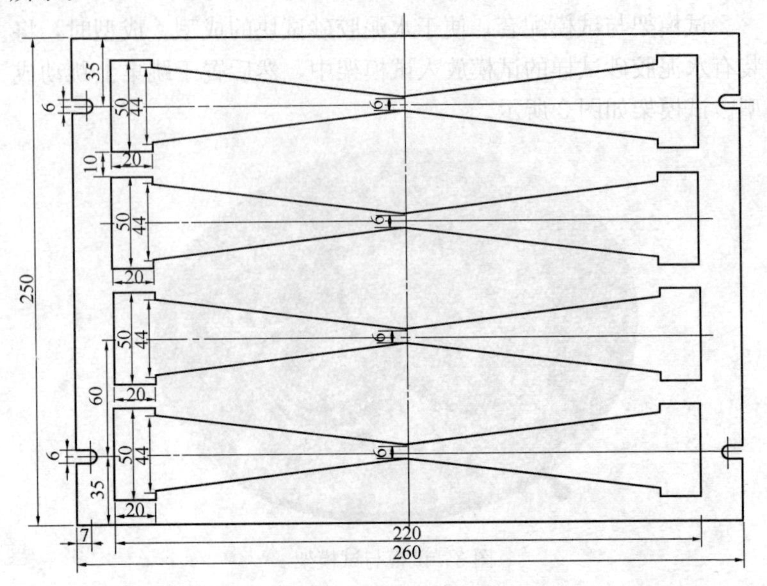

图 5　水泥抗裂试验用试模的尺寸

1.4　恒温真空干燥箱

由于水泥砂浆或混凝土表面的起砂量及水泥的可裂度大小均受养护时的水分蒸发强度影响很大。因此，起砂、抗裂试块的养护温度、湿度对其检测结果直接相关。为了能够对比不同水泥之间的抗起砂和抗裂性能的优劣，必须提供一个相同的养护条件。经反复研究和实验，确定采用恒温真空干燥箱进行养护，如图 6 所示。恒温真空干燥箱内有一块恒温铝板，可以自动将温度控制在规定的范围内，出厂时已调节准确，使用时不必调整。同时，恒温真空干燥箱还可与真空泵和控制器连接，按要求控制箱内的气压。

1.5　控制器

为了能够准确控制养护气压、养护时间和压力变化曲线等，

图 6　恒温真空干燥箱

提高水泥起砂量和可裂度检测结果的重复性，减少检测误差，专门设计了一个电子控制设备，做成控制器，如图 7 所示。

图 7　控制器

2　控制器电气连接方法

如图 8 所示，测定仪控制器使用前，应将压力传感器电缆插到控制器压力端口；电磁阀电缆和真空泵电缆分别插到控制器的电磁阀和真空泵插座上。最后，给真空干燥试验箱和控制器接上电源。

真空干燥试验箱电源：220V，50Hz，0.4kW；

真空泵：220V，50Hz，0.25kW；

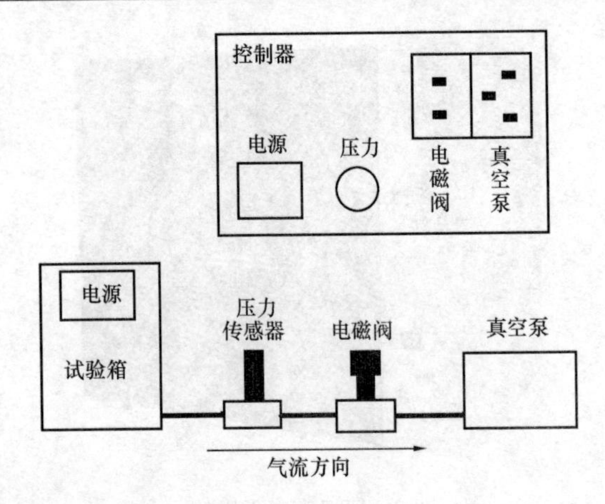

图 8　测定仪控制器电气连接方法示意图

控制器电源：220V 50Hz；保险：5A。

3　控制器操作说明

3.1　控制器面板

控制器面板左边显示当前仪器运行状态，有：起砂测定指示、开裂测定指示、仪器测定运行指示、预养指示和养护指示。

控制器面板上方为真空干燥试验箱内压力数值，显示范围 0～－1.00，单位：100kPa。试验测定运行时间，显示范围 0～3998min，其中预养时间最大为 1999min，养护时间最大为 1999min。

控制器面板下方为操作按键。操作按键有十个，包括测定参数设置按键和仪器测定按键。

参数设置键：[移位]、[减小]、[增大]、[设置]、[存储] 和 [返回]。

仪器测定按键：[启动]、[停止]、[起砂]、[开裂]。

3.2　控制器参数设置方法

如图 9 所示，起砂、开裂试验测定过程中压力参数介绍如下。

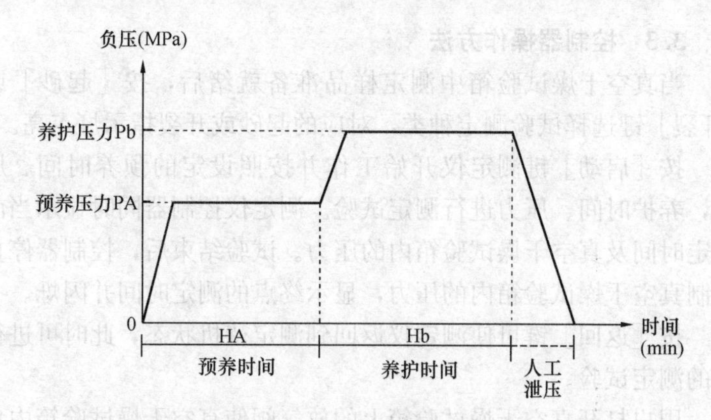

图 9　起砂、开裂试验过程养护压力的变化曲线

测定仪设置参数包含：起砂测定预养时间（HA）、起砂测定养护时间（Hb）、开裂测定预养时间（HC）、开裂测定养护时间（Hd）、起砂测定预养压力（PA）、起砂测定养护压力（Pb）、开裂测定预养压力（PC）、开裂测定养护压力（Pd）、起砂测定压力控制回差（PE）和开裂测定压力控制回差（PF）。

在测定仪停止测定状态时，按［设置］键，仪器显示起砂测定预养时间，如需设置参数可通过［移位］、［减小］、［增大］键修改参数值，修改完毕后按［存储］键保存参数值并返回到仪器测定待机状态。继续按［设置］键，仪器依次显示如上所述的测定仪参数，如需修改参数可按同样方法操作。按［返回］键则参数设置不保存并退出参数设置功能，返回到仪器测定待机状态。测定仪运行指示灯亮时不能进入参数设置功能。

压力回差参数可设置范围－0.01～－0.09（单位：100kPa），当真空干燥试验箱内压力值大于控制目标压力值超过压力回差值时，真空泵开启工作；当真空干燥试验箱内压力值小于控制目标压力值时，真空泵停止工作。压力回差参数设置越大，则真空泵开启频率小，同时，真空干燥试验箱内压力波动值增大。压力回差参数设置越小，则真空泵开启频率越大，真空干燥试验箱内压力波动值减小。一般可设为－0.03～－0.05 即可。

3.3　控制器操作方法

当真空干燥试验箱中测定样品准备就绪后，按［起砂］或［开裂］键选择试验测定种类，对应的起砂或开裂指示灯点亮。

按［启动］键测定仪开始工作并按照设定的预养时间、压力，养护时间、压力进行测定试验。测定仪控制器同时显示当前测定时间及真空干燥试验箱内的压力。试验结束后，控制器停止控制真空干燥试验箱内的压力，显示终点的测定时间并闪烁。

按［返回］键可使测定仪返回到测定待机状态，此时可进行新的测定试验。

用户打开真空干燥试验箱上的放气阀使真空干燥试验箱内负压释放完毕后，可取出试验样品。用户需关闭放气阀，以备下次测定试验。

3.4　控制器使用注意事项

（1）测定仪控制器压力显示－1.27（单位：100kPa）时，压力变送器连接电缆断线、电缆线未插好，变送器损坏；

（2）预养压力设定值必须低于养护压力设定值，否则无法完成测定试验；

（3）真空泵如果频繁启停，则需增大回差压力设定值，这样可以延长真空泵使用寿命；

（4）定期维护真空泵，注意清洁，加润滑油；

（5）定期维护真空干燥试验箱，保持清洁，如箱内灰尘进入抽真空管道，则可能损坏电磁阀、压力变送器和真空泵。

4　水泥起砂实验方法

4.1　适宜水灰比的确定

适宜水灰比是以水泥胶砂流动度在（140±5）mm范围内的水灰比，可由以下实验方法确定：

称取待测定的水泥150g、水180g、砂900g（水灰比1.2，胶砂比1∶6，成型用砂为用0.65mm孔径筛筛出的粒径小于0.65mm的筛下部分的标准砂），倒入行星式水泥胶砂搅拌机里自动搅拌均匀。然后参照 GB/T 2419—2005《水泥胶砂流动度测定方法》进行水泥胶砂流动度的测定，如果此时的胶砂流动度在（140±5）mm 之内，则水灰比 1.2 即为适宜水灰比。如果此时胶砂流动度不在（140±5）mm 范围之内时，需增减少量水量重新进行胶砂流动度测定，反复实验，直至水泥胶砂流动度在（140±5）mm 范围内，此时的水灰比即确定为适宜水灰比。

4.2　试块成型

（1）称取待测定的水泥 150g、按适宜水灰比计算并量取温度为（20±2）℃的水、砂 900g（粒径小于 0.65mm 的标准砂），倒入行星式水泥胶砂搅拌机里自动搅拌均匀。注意实验前，应将水泥、水、砂及搅拌设备放置在实验室内恒温至（20±2）℃，实验室相对湿度应大于 50%。

（2）首先将试模架固定在水泥胶砂流动度试验用的跳桌上，并安好试模，如图 3 所示。起砂试验用水泥砂浆搅拌均匀后，注入试模中，每次成型 6 个试模，然后将电动跳桌上下振动 25 次，表面刮平后，并将底部和周围擦拭干净。注意成型前，应将模具预先放置在真空干燥箱中恒温至（40±1）℃。

4.3　试块养护

4.3.1　水泥脱水起砂量试块的养护

所谓水泥脱水起砂量是指水泥砂浆试块在干燥养护条件下所测得的起砂量。

将成型后的带模试块放在恒温真空干燥箱中进行养护，恒温真空干燥箱养护温度设定为 40℃，试块放入恒温真空干燥箱内开始计时。首先在预养压力－0.03MPa 下养护 4.5h（预养时间），然后抽真空至真空表读数达到－0.04MPa（养护压力），养护 16h（养护时间）。养护结束后，仪器会自动卸压并冷却至室温。取出带模试块，擦去试模外侧黏附的水泥胶砂，称取每个带模试块的初始质量，然后进行冲砂检测。

4.3.2　水泥浸水起砂量试块的养护

所谓水泥浸水起砂量是指水泥砂浆试块在水膜养护条件下所测得的起砂量。

试模成型并刮平后，盖上5mm厚的试模盖（接触一面涂上凡士林，防漏水），然后慢慢注入5mL温度为（20±2）℃的水(用一张浸过水的小纸条靠在水泥砂浆表面，让水顺着纸条慢慢流到模具内)，置于已升温至40℃的恒温真空干燥箱中。恒温真空干燥箱养护温度设定为40℃，试块放入恒温真空干燥箱内开始计时。预养气压为常压，养护气压为－0.06MPa，预养时间为12h，养护时间为11h。养护结束后，自动卸压并冷却至室温，取出带模试块，擦去试模外侧黏附的水泥胶砂，称取每个带模试块的初始质量，然后进行冲砂检测。

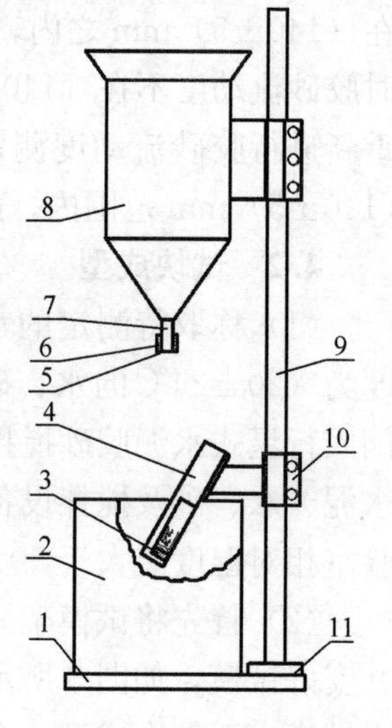

图10　冲砂仪示意图

1—底座；2—砂盒；3—定位环；4—试件挂板；5—出砂嘴；6—砂嘴压环；7—固定出砂口；8—砂桶；9—立柱；10—挂架；11—法兰

4.4　试块冲砂

（1）将单个带模试块放入冲砂仪中(图10)，用手指堵住出砂嘴，将500g砂（所用的砂为：1.25mm和2mm孔径的筛筛出的粒径范围在1.25～2mm的ISO标准砂），倒入砂桶，放开出砂嘴，利用从出砂嘴自由下落的砂对水泥胶砂试块的表面进行冲刷。在保证试块在定位环中位置不变的情况下，依次将试件挂板移动到挂架中间和两端，在每个试块上并排的三个位置分别冲刷1次。

（2）称取冲砂后试块的质量，计算出冲砂前后试块的质量差ΔM_i（单位：g）。

（3）重复上述（1）和（2）实验过程6次，计算出每个试块的质量差ΔM_1、ΔM_2、ΔM_3、ΔM_4、ΔM_5、ΔM_6。

4.5　起砂量计算

数据处理时，去除ΔM_1、ΔM_2、ΔM_3、ΔM_4、ΔM_5、ΔM_6中的最大值和最小值，计算出剩余4个质量差的平均值$\Delta\overline{M}$（单位：g）。然后，$\Delta\overline{M}$除以试块表面面积ΔS，即可得该水泥试样

的起砂量（单位：kg/m²），脱水起砂量和浸水起砂量的计算方法相同。

起砂量计算公式如下：

$$起砂量=\frac{\Delta\overline{M}}{\Delta S}=\frac{\Delta\overline{M}}{\pi\left(\frac{\phi}{2}\right)^2}=\frac{\Delta\overline{M}}{\pi\left(\frac{53}{2}\right)^2}\times10^3=0.45\Delta\overline{M}\quad(\mathrm{kg/m^2})$$

5　水泥抗裂性能测定方法

5.1　水泥加水量测定

称取水泥试样600g，采用水泥净浆流动度法（参见JC/T 1083—2008《水泥与减水剂相容性试验方法》），控制流动度（100±5）mm时的加水量。所用圆模的上口直径36mm，下口直径60mm，高度60mm。

5.2　水泥浆体搅拌

实验前，应将水泥、搅拌用水、搅拌锅放置在（20±2）℃、相对湿度不小于50%的实验室中，使实验用材料和设备与实验室温度一致。

采用JC/T 729—2005《水泥净浆搅拌机》中规定的搅拌锅，将600g水泥和适量水（控制流动度（100±5）mm时的加水量）加入锅中，按JC/T 729—2005的搅拌程序搅拌均匀。

5.3　成型

采用抗裂四联模具，如图4所示，在模具底面贴上一层光面玻璃贴膜纸，模具内侧涂上新鲜机油，实验前预先将其放在真空干燥箱中恒温至（40±1）℃。成型时，每个试样成型一板，每板四条。将搅拌均匀的水泥净浆倒入试模中，然后置于测定水泥胶砂流动度用的电动跳桌上振动25次，用钢直尺沿试块纵向刮除多余的水泥浆体两遍。

5.4　养护

将真空干燥箱的恒温板提前预热到（40±1）℃，并擦干箱内的积水，然后将成型后的带模试块放在真空养护箱中的恒温板上进行养护。在养护气压－0.04MPa和养护温度40℃条件下，养护21h（即设定预养时间为零，预养气压为－0.04MPa，养护温度为40℃，养护气压为－0.04MPa，养护时间为21h），养护结束后，仪器会自动关闭冷却。将试块取出，冷却至室温后测定开裂度。

5.5 开裂度测量

将中间已开裂的试块尽量往两边拉开，用游标卡尺直接测量裂缝的宽度，即为开裂度，单位为mm。

参考文献

［1］ 赵凤鸣，卢娜娜，吴学慧．厂房地面起灰、起砂的危害及预防[J]．黑龙江冶金，2010，30(2)：54-56.

［2］ 张玉鹏．水泥砂浆地面施工工艺分析[J]．商品混凝土，2012(8)：100-101.

［3］ 汤记文．水泥地面起砂的原因分析与预防措施探讨[J]．科技资讯，2007(10)：86.

［4］ 李照军，欧阳发朝．水泥砂浆施工中地坪起砂原因分析[J]．世界家苑，2013(5)：96.

［5］ 赵瑜，袁敬霞．浅谈水泥地面起砂[J]．城市建设，2010(26)：95-96.

［6］ 徐如九，左明．浅谈水泥地面起砂原因分析及建议[J]．林业科技情报，2006，38(3)：30-31.

［7］ 李万茂，马海峰，王颖．水泥砂浆地面起砂、空鼓原因分析与防治[J]．河南建材，2012(2)：5.

［8］ 于艳芝，李伟．浅析混凝土路面起粉起砂的原因[J]．无线互联科技，2012(8)：117-118.

［9］ 赵瑜，袁敬霞．浅谈水泥地面起砂[J]．城市建设，2010(26)：95-96.

［10］ 郭跃庚．浅谈水泥地面起砂的原因和防治[J]．科技信息，2010，(36)：247-248.

［11］ 邵淑玲．浅谈水泥地面起砂的原因及防治措施[J]．安徽建筑，2006，13(5)：144-145.

［12］ 李春亭．浅谈楼地面空裂起砂的原因与防治[J]．黑龙江科技信息，2007(7)：213.

［13］ 林宗寿．水泥工艺学[M]．武汉：武汉理工大学出版社，2012：269-272.

［14］ 王天慧．水泥砂浆地面起砂的防治[J]．黑龙江科技信息，2010(7)：224.

［15］ 游云彪．水泥砂浆地面起砂的预防与处理措施[J]．港口科技，2012(4)：17-19.

［16］ 焦生．水泥地面起砂质量通病防治[J]．中国新技术新产品，2009(8)：48.

[17] 陈卫．浅谈水泥地面起砂的原因和防治[J]．科技资讯，2012(11)：54.

[18] 杨明秋，张启忠．地面起砂的原因及防治[J]．辽宁建材，2009(9)：38-39.

[19] 周彬，许春天．房屋水泥地面起砂的原因分析、预防措施与治理方法[J]．城市建设，2012(20)：1-4.

[20] 万小平．防止水泥砂浆地面起砂的新做法[J]．石油工程建设，2005，31(5)：87-88.

[21] 胡国平，曾祥春．无砂细石混凝土在建筑工程中的应用——解决水泥砂浆地面起砂的新做法[J]．江西建材，2002(4)：32-33.

[22] 姜正平，胥惠芬．水泥混凝土地坪“起砂露石”的薄层修复砂浆研究[J]．苏州科技学院学报(工程技术版)，200316(4)：49-55.

[23] 杨兆春．掺加沸石解决混凝土表面“起砂”的实践[J]．水泥，2006(10)：25-26.

[24] 付贵．西安地铁设备房水泥砂浆地面起砂施工技术研究[J]．中国科技博览，2012(11)：181-182.

[25] 朱建强．一种新型的水泥地坪封固剂(Sealent)[J]．上海建材，2008(1)：45.

[26] 王全志．Fluat增强剂提高水泥砂浆耐磨性的研究[J]．施工技术，2006，35(11)：92-93.

[27] 潘珍香，王丽娜，徐娟．A5硬化剂控制地面起砂的技术应用[J]．安徽建筑，2010，(6)：191-192.

[28] 龙新乐，谭远石，等．一种混凝土地面起灰的处理方法[P]．中国：103044071 A. 2013. 04. 17.

[29] BEGUEDOU Essossinam，林宗寿．水泥起砂检测方法与影响因素研究[J]．水泥，2011(9)：1-3.

[30] BEGUEDOU Essossinam. 水泥起砂成因与改善措施研究[D]．武汉：武汉理工大学材料学院，2012.

[31] 林宗寿，杜保辉．一种水泥起砂性能的检测装置及检测方法．发明专利说明书，申请号：201410059030. x，武汉理工大学。

[32] 杜保辉，林宗寿．水泥起砂检验方法研究[J]．新世纪水泥导报，2014(4)：20-24.

[33] 杜保辉，林宗寿．通用水泥抗起砂性能研究[J]．新世纪水泥导报，2014(5)：1-5.

[34] 金勇刚．石灰石粉—粉煤灰—水泥胶凝材料性能的研究[D]. 长沙：中南大学，2011.

[35] 袁安君．水泥混凝土硬面起砂原因浅析及其预防和处理[J]. 上海铁道科技，2008(4)：82-84.

[36] 何毅．混凝土表面“起砂”的原因分析及控制措施[J]. 广东建材，2006(8)：66-68.

[37] 周鑫．水磨石地面施工技术及质量控制措施[J]. 现代经济信息，2009(5)：250-253.

[38] 苑得华，宏恩茶，张振叶．大面积钢纤维混凝土耐磨地坪施工技术[J]. 建筑安全．2010(6)：21-23.

[39] 单劲松．混凝土耐磨地坪施工工艺[J]. 建筑技术．2013(5)：415-416.

[40] 王丽静，连泽阳，孙永成．大厚度金刚砂高耐磨地坪施工技术[J]. 青岛理工大学学报，2014(6)：92-96.

[41] 舒雪峰，戴建明，陈杭生．大面积金属骨料耐磨地坪施工工艺[J]. 山西建筑，2007(5)：145-146.

[42] 吕细华．环氧树脂耐磨地坪施工工法[J]. 科技资讯．2009，20：48-49.

[43] 张永刚，张杰．环氧彩砂耐磨地坪涂装工艺的应用[J]. 建筑工人，2005(8)：10-12.

[44] 林宗寿，黄赟，水中和，等．过硫磷石膏矿渣水泥与混凝土[D]. 武汉：武汉理工大学，2015.